本书由2021年度山东建筑大学马克思主义学院横向课题"记忆、参与和阶层爬升：大学生学习获得感研究"资助，项目编号：X21072Z

知库

政治与哲学

生命体验与成长的扎根理论研究

孙风强　著

九州出版社
JIUZHOUPRESS

图书在版编目（CIP）数据

生命体验与成长的扎根理论研究／孙风强著．--北京：九州出版社，2023.10
ISBN 978－7－5225－2329－3

Ⅰ.①生… Ⅱ.①孙… Ⅲ.①人格—研究 Ⅳ.①B825

中国国家版本馆 CIP 数据核字（2023）第 198925 号

生命体验与成长的扎根理论研究

作　者	孙风强　著
责任编辑	沧　桑
出版发行	九州出版社
地　址	北京市西城区阜外大街甲 35 号（100037）
发行电话	（010）68992190/3/5/6
网　址	www.jiuzhoupress.com
印　刷	唐山才智印刷有限公司
开　本	710 毫米×1000 毫米　16 开
印　张	16
字　数	253 千字
版　次	2024 年 3 月第 1 版
印　次	2024 年 3 月第 1 次印刷
书　号	ISBN 978－7－5225－2329－3
定　价	95.00 元

前　言

陆游说"文章本天成，妙手偶得之"，我有点儿怀疑又有点儿相信。

相信的地方在于，自己写作的过程中确实偶有灵感，也确实写得洋洋洒洒。但"妙手"的感觉却不能让自己满意，虽然，每次写作的时候真的没有专门为了职称和外在的功利而去写，但是"妙手偶得"的状态却一直不能很好地切入，相反，"天成"的文章形成方式却是笔者所获最多的写作感觉，就像自己在另一本书《韦伯主义的行动诠释——民办高校农家子弟学习获得感研究》的后记中写的，如果不能动心，我绝不忍性，但感谢我的身体，它给了我很多讯息。因此，当我在手术中被麻醉之后，我进入了昏迷之中，在昏迷和半昏迷的时候，我的脑中出现了很多灵感，这灵感包括我对自己身体的陌生态度，我决定把这些东西写下来。

另外，受康德哲学的影响，我非常注重写作过程的概念和谱系，总体而言，我所坚持的动向是康德批判及其随后的胡塞尔批判路向，因此，很多概念是现象学的概念，读起来可能比较拗口，虽然如此，但胡塞尔的话鼓励了我，胡塞尔说人们遇到那些最终的基本概念，定义活动就结束了，我们只能去阐述产生这种抽象性概念的"心境"，以及再造这些观念的"心理过程"。在此，并不是为了故作高深，而是因为现象学本来就是新型的学科，它有自己固定的描述对象和概念体系，我没有办法，也没有能力在离开这些概念的情况下去描述我所要描述的问题。

　　我所要描述的对象是"身体↔精神自我"的自我同一性问题。在此，我并没有用"统一"这个概念，二者代表的问题取向不同，"同一"涉及个体性的问题，而统一则代表着个体性的共性问题，我肯定统一的概念价值，却认为统一的前提是"同一"问题。对此，有兴趣的读者可以去关注我的另一本书《康德曲行认知条件对教育社会学的启示》中的专门论述。另外，"身体的总体性"给予方式和"精神自我的人格性"是笔者坚持的观点，人格的原意虽然与面具相关，但是，人格与精神自我的认同过程恰恰塑造了自我的人格属性。

　　自我形成的基础并不是经验，经验中还是带有自然态度的痕迹，自我形成的基础是"体验"，也就是意识行为的意向过程，在这个过程中，个体意识"憋着法"地要去实现某种东西，它并不是一个盲目的过程，其在综合运用它所掌握的一切信息"在进行着"行为之前的决定工作，因此，行为的意向性关联与行为的经验关联存在不同的分析样式，前者是从"意识科学"入手，它是纯粹个体的行为，后者从"行为"这个可以观察和看见的东西入手，是社会共性的分析视角，前者强调行为的意识属性，后者强调行为的经验结果性。这就像韦伯举的那个砍柴行为的例子，从外在的行为样式，比如斧子、木材等是分析不出砍柴者是为了谋生去砍柴还是为了自己的取暖去砍柴的。

　　从个人的意向入手去分析自己的生命体验是本书所要讨论的重点，为此，我列举了自己手术经历的几个重要体验：自己的身体突然对自己很陌生；半睡半醒之间的思考明晰性；倒着活的路标——从同情到同情的悬置与发生；屁大点儿的事也许不小——畏的情感。这些体验让笔者体会到了不同于自然态度的经历，这让我开始将"自我"列为自己的研究对象。也就是说，自我不是一个意向尚未付诸行为的时刻，它是身体意识与精神属性之间的意识中枢，其发生于意向与意向关联的行为结果之间的综合过程，这很类似于舍勒对"回忆"这种意识行为的描述，即它将回忆分为直接回忆和间接回忆，其中直接回忆所体会到的时间向度是"过去→当前"；而间接回忆体验到的时间向度是"当前→过去"。

而自我就是当下化的"存有"。

由于笔者所要重点分析的对象是"自我意识"问题，所以，我们选择了现象学和扎根理论的方法，现象学的方法论有利于描述自我这个意识行为所折射的现象，而扎根理论的方法可以将这些现象的产生过程及其概念化过程描述出来。另外，就个体的成长素材而言，笔者列举了"明见性""生活世界的德行修养""适切性的发展"等概念，这些概念所要描述的东西是为了强调个体的发展并不是专注于外在需要的"追求"过程中，它往往蕴含在个体追求之后的"自反"过程中，所谓"自反"就是事情发生之后的"联系自我"，也就是当意向与意向相关物一起被给予我们自己之后，我们会产生一个想法——这是不是我想要的？而自我成长的土壤就在对"这是不是我想要的"这一问题的追问中。

另外，被给予方式的概念需要读者进行注意，我们习惯于将"主客二元"作为分析的框架，也就是主体和客体的互动，但是主客之间的逻辑性或进行过程却是自我真实的成长空间，我们需要一个方式来描述二者之间的发生性，为此，笔者采用了"主体→主观方面↔客观方面←客体"的描述方式，其中"主观方面↔客观方面"代表着意识发生的次级单位，也是更为真实的意识发生过程。另外，从康德开始，主体的主动性开始成为意识所一贯描述的对象，但是人类接受现实的被动性，即外在触发这一过程在康德那里是一种接受性，但康德的接受性是服从于"理性"的生成性的，它并没有获得思考的独立性。思考的被动性问题是康德及其后继者所忽略的问题。

被给予方式这个概念恰恰满足了描述意识被动性的需要，也就是说，人类的意识在面对外在物理事物的时刻，或者说对于因外在物理事物的触发所导致的意识起源而言，人类意识的状态是被动的。被给予性概念在于强调事物的单面显示和主体的观看方式，此时，客体所给予我们的东西并不是其整全的属性，而是其单面的显示性，而此时，我们自己的身体也就能够把握这个单面显示，这个时候，我们开始思考的对象变成了"看"本身，例如，不同身体位置下的事实显现，比如观看时刻的光线给予，如此等等。其更深层的寓意在于，身体的感知就不仅仅是"此时无声胜有声"的审美留白，它还是直面惨淡人生的科学态度。

另外，被给予方式也可以与"自身"结合，形成自身被给予方式。此时，身体的给予方式本身就变成了思考的素材，例如，身体带给我们的情绪、情感。这就像"感时花溅泪"一样。这样，我们自己的切身感知就开始为我们自己打开，而我们的意识努力方向在素材方面也就越来越丰满，它在被动性和主动性方面都有了明确的对象，而这对象也会让个体超越纠结和无助，从而将自己作为一个"未完成"的对象去悦纳。

目 录
CONTENTS

第一章

写作的缘起

本书的写作缘起于自己的一次手术经历，笔者因为意外导致胫腓骨骨折，需要手术，它让笔者得到了一些莫名的体验，这些莫名的体验让笔者对康德哲学的力学外在性与胡塞尔现象学的意识内在性有了一些新的感触，这些感触对于笔者的生命体验和自我成长都具有很强的启示意义，它让笔者鼓起勇气把这体验写下来，也算是抛砖引玉，希望能够给那些苦苦寻找自我的人一点儿帮助。

"身心合一"问题是笔者所持续追求的问题，也是自己一直坚持的生存心态，但是，手术的麻醉让笔者自己的手和自己的腿之间产生了"隔阂"——用自己的手去摸自己的腿的时候竟然感觉到陌生，这是一个很奇怪的现象，也就是在那一刻，"身心合一"或者说"身心整体性"问题开始变成一个挥之不去的梦魇：在身体的信息被给予性方面，到底是精神战胜肉体还是肉体战胜精神？另外，身体的被给予性是作为整体给予我们的，还是作为各个器官分别被给予我们，然后再由大脑综合给予我们的？

现象学二号人物舍勒认为"身心不分离"，"个体自我'持续得'如此之短，以至于——在不损害它的自我性的情况下——它更多的是在它的每一个体验中'变动着'（ändert）；并且它仅仅是在它的体验'中'变动着，因而并不是如此地变动着，就好像体验在它之中'导致'（verursachen）变动一样，就好像自我和它的体验首先是被分离开来的一样"①。如果按照舍勒所

---

① ［德］马克斯·舍勒. 舍勒全集：第 2 卷 伦理学中的形式主义与质料的价值伦理学：为一种伦理学人格主义奠基的新尝试［M］. 倪梁康，译. 北京：商务印书馆，2019：616.

描述的现象，"自我"一开始就存在于"体验之内"，二者在体验之内尚未分离，那么，身心之间的割裂是怎么发生的？

就我自己的成长经历而言，我确实体验到了某种程度的"身心分离"。小时候，乡邻的梦想大多都与吃有关系，一句"吃饱喝足还有啥不满足的"道尽了所有的梦想正当性。可是，不记得自己从什么时候开始，印象中也就是五六年级的样子，我的梦想既想要吃喝，还想要自己的其他追求，这些追求体验让自己这一路走来总好像"不着调"的样子，以至于自己拿到博士学位的时候已经过了不惑之年。并且，这个博士学位是我在放弃了自己大学和硕士专业的基础上重新开始的选择，那种发自本心地对教育社会学的爱好支撑自己一次又一次地走过困境，在这个过程中，体验远远大于经验，更进一步说，如果不算那种道听途说的传说，我也没有什么成功的经验可以借鉴。

在学习教育社会学的过程中，我体验到了舍勒所强调"自我同一"，即"所谓的自我同一性（ichidentität）并不是通过指向体验内涵及其相互间意义关系的认同行为（identifizierungsakt）才构造起自身。它毋宁是对所有那些作为直接同一的东西而被给予的内涵之体验的个体方式"①。也就是说，自我同一性并不是先去认同体验的内涵，然后再去体验自我的统一，而是自我的"同一"及其个体方式从一开始就构成了体验的内涵，这让我回想起自己童年的两大梦想：烧鸡和书。

我还清楚地记得自己有一篇直抒胸臆的作文，初中的时候，老师让我们写《我的梦想》，老师鼓励我们要说真话，我记得我的梦想开头就是一只烧鸡，"我有一个梦想，那就是等我长大了，有了钱，先买一只烧鸡吃，并且这只烧鸡谁都不能吃，只能我自己吃。后来我发现，烧鸡之外的梦想世界真没有办法说清楚"。后来，我买了自己的第一只烧鸡吃，我清楚地记得那只烧鸡是15块钱。我还有另一个梦想，就是要读很多书，读多少书是很多书我不知道，因为这个读书是我从十几岁到四十几岁一直在做的事情。

在读书的过程中，我体验到了现象学的"悬置"概念，因为，那个时候

---

① ［德］马克斯·舍勒. 舍勒全集：第 2 卷　伦理学中的形式主义与质料的价值伦理学：为一种伦理学人格主义奠基的新尝试 ［M］. 倪梁康，译. 北京：商务印书馆，2019：621.

的读书是在"偷偷摸摸"中进行的。在外人看来，那是一种不务正业的"看闲书"的行为，但是那个阶段的阅读经历真的是能够沉浸在阅读中的体验：不是为了考试，也不是为了那只烧鸡，就是因为读书很好玩儿，能够体验到书里面的故事。于是，舍勒所强调的偏好问题开始具有了扎根的体验。"'偏好'是在没有任何追求、选择、意欲的情况下进行的。所以我们也说'我偏好玫瑰甚于石竹'等等，同时，却并不考虑进行选择。所有'选择'都是在一个行动和另一个行动之间发生的。"①

我一直在回想，也许是自己童年的读书经历让自己的职业变成"读书"和"教书"。所以，体验到的"身心合一"让我觉得不是我选择了读书，而是因为我体验到了读书的美妙。此时，我们所感受到的东西就是舍勒所说的"偏好"，并且这个偏好不是理性的选择问题，"偏好"本身就是一个直观性的、直接被给予的意识，在这里，自我和体验开始变得重叠在一起，而身体开始成为承载。"身体这个事实组成是一个基础性的形式，所有器官感觉都在他之中得到联结，并且借助于它，这些器官感觉才是这个身体的，而非其他身体的器官感觉。只要器官感觉被注意到或自己凸显出来，就像例如在疼痛感觉的情况中一样，那么，其一，身体的那个含糊总体就始终作为它的'背景'而一同被给予；其二，但在任何器官感觉中，即作为在一个特殊种类的感觉中，身体总是作为总体而一同被意指。从以上所说已经可以看出，我完全不必通过——在一种逐渐归纳的意义上的——'经验'才'学到'：我们不是天使，而是拥有一个身体。"②

"身体总是作为总体而一同被意指"让我开始重新建构自己的"身心"问题，我甚至不再用"身心"概念来描述这个问题。其原因在于，"身"是"躯体的肉体性"还是"身体的整体性"？由于受到现象学的影响，我选用了"身体"这个概念来代替"躯体↔心灵"之间的整体性，另外，"心灵"或

① ［德］马克斯·舍勒. 舍勒全集：第 2 卷　伦理学中的形式主义与质料的价值伦理学：为一种伦理学人格主义奠基的新尝试［M］. 倪梁康，译. 北京：商务印书馆，2019：147.

② ［德］马克斯·舍勒. 舍勒全集：第 2 卷　伦理学中的形式主义与质料的价值伦理学：为一种伦理学人格主义奠基的新尝试［M］. 倪梁康，译. 北京：商务印书馆，2019：587.

者"心"这个概念一直也是我偏爱的概念，但是在学习了胡塞尔现象学的"自然态度"后，我越来越发现它更像是一个自然概念，它既不能说明自己是"心理学"的范畴，也不能说明哲学的范畴，而科学性一直是我对自己的要求，因为这个原因，我放弃了"心灵"这个概念，而选择了"精神自我"的表述，因此，在文字表述中只要涉及"心灵"都是指向"精神自我"。

　　这样，"躯体↔心灵"共同构成了"身体"，而"身体↔精神自我"共同构成了"人格"。于是，"身心分离"问题就具有批判的可能性，也就是说，身体对感觉的联结绝不是先用器官感觉定位以后再进行归纳的结果，它在给予性上具有"总体"性。这个总体性一同构成了"体验"性的时间发生，进而构成了心理的事件，也就是说，我们没有必要去追问一个事件的源头到底是生理的还是心理的，一个事件作为事件，在出现的那一刻，已经作为心理和生理共同作用的结果而给定了。例如，当我们特别疲倦的时候，我们的情绪就会产生波折，而当我们身体感觉有力的时候，我们的情绪就会高涨一些，而这一切都是以"身体"为承载单位而发生的事情。

　　因此，心理和生理的发生何者为第一性的问题其实是一个没有意义的形而上问题，这就像很多伟大的作家会和自己的故事人物同呼吸共命运一样，舍勒的"身体总体性"将我从这种形而上的泥潭中拖了出来。

第二章

现象学的方法论与扎根理论方法

　　采取一种方法将自己内心世界的东西拿出来似乎不是那么容易的事情，另外，将自己生命体验与成长的东西作为课题总有些不能登大雅之堂的感觉。然而，现象学和扎根理论让这些借口再也不能成为理由，这些借口很像弗洛伊德所说的：把不合心意的事实看成虚妄，继而找各种理由去加以反对，这是人类的本性，然而，布迪厄的《自我分析纲要》却将自己作为对象进行了社会学的分析，他强调说，"这不是传记"，而是一个场域概念下的社会学分析。既然是科学的分析，就需要科学的方法，而我选择了现象学作为方法论，选择了扎根理论作为自己的具体方法。

第一节　现象学的方法论

　　现象学的方法是一种"在……内"的方法，这种方法适合于笔者所选择的题目，就是内在性，这种内在性就对象而言，是"意识"的内在性，它是采用专门的方法将超越之物视为无效的方法。说到现象学，肯定会说一下胡塞尔的现象学和黑格尔的现象学之间的区别，其实二者的区别可以用一对词语来表达：黑格尔的精神现象学和胡塞尔的意识现象学。

　　从某种角度上说，黑格尔的旨趣仍然是康德学说的延续，就是认为"'绝对者'（Absolute）在人类历史与人类意识中，首先把自己'外在化'（externalising）到自然世界里面，然后'重新掌握'（regaining）它自己，借此使自己进化到一个更高的境界。因此，我们可以说，在黑格尔的体系中，它所要记录的就是绝对精神的'自传'（autobiography）——这乃是指绝对精神迈向全盘的'自我认识'的进步历程。他宛如是在追踪上帝在这个世界所遗留下来的足迹。总而言之，胡塞尔在 21 世纪初所创始的现象学与黑格尔的现象学，在意义上是迥异其趣的"①。

黑格尔的精神现象学仍然是一种"整全"视角下的现象学，与黑格尔不同，胡塞尔现象学是以个体体验为核心的现象学，是意识的现象学，因此，所谓的"在……中"可以表述为：在经验中、在意识中和在体验中。在这里，意识的对象不再涉及"整全对象"，而是"显现"，是事物的单面显现与主体的面对状态之间的关系。

一、客观设定的悬置

康德和笛卡尔是胡塞尔思路中的两个重要人物，他们代表的"批判"和"沉思"是胡塞尔思路中两个最为基本的方法，胡塞尔的目的是采用一种方法，将意识中的"超越之物"排除出意识的发生，或者说，采取一种方法对这些东西与意识之间的关系重新思考。在这里，胡塞尔将康德的判断明见性转向了"直观的明见性"，这就将感性的发生与"经验的原初关联"②。在这个关联中，超越之物和意识的超越功能再次被分别对待，超越之物指向于外在的、等待发生的对象，而纯粹自我的超越功能却是时刻等待"去发生"的主体。胡塞尔意识到，虽然康德强调了"假设的东西"在其思想中是"禁止之列"，但胡塞尔认为"康德并没有认识到，他在他的哲学研究中是立足于一些未经考察的前提之上的，而且他理论中的一些确定无疑的重要发现，只是出于隐藏的形态中，也就是说，它们并不是作为完成了的成果存在于它的理论中"③。

在康德那里，"验前综合判断如何可能"是其主要的问题，如果以这样的提问方式去推测胡塞尔的问题，那胡塞尔的现象学就是面向事实本身。如果说在康德那里，"感性→理性"是其思路的方向和公式，那么，在胡塞尔这里，则变成"感性↔（理性）"，也就是说其讨论的问题是将"理性"所

① ［英］E. 毕普塞维克. 胡塞尔与现象学［M］. 廖仁义，译. 台北：桂冠图书股份有限公司，1985：2.
② 李云飞. 现象学的原初经验问题［J］. 学术研究，2013（8）：26-31.
③ ［德］埃德蒙德·胡塞尔. 欧洲科学的危机与超越论的现象学［M］. 王炳文，译. 北京：商务印书馆，2017：132.

代表的超越之物放入括号之后的状态问题。"我们的意思是，每一种与此对象相关的设定都应被排除，并被转变为它的在括号中的变样。再者，更仔细考虑后，加括号这一隐喻首先较适合于对象领域，正如'使失去作用'一词更适合于行为或意识领域一样。"①

　　紧接着就是面向事实的双向态度，在康德那里，感受性和理性是认识的两大分支，他对于二者之间的根源性问题采用了"存而不论"的态度，但是，在胡塞尔这里，感受性开始成为奠基性的基础，理性成了悬置性的对象，具体而言，"我想做什么"和"世界要求我做什么"之间，康德选择了后者，就像它说的，头顶的星空和心中的道德法则同样重要，而胡塞尔却悬置了"世界要求我做什么"这样的问题，他所要处理的问题是"我想做什么"。"所有的世界之物，所有的空间、时间的存在对我来说存在着。这是因为我经验它们、感知它们、回忆它们、思考它们、判断它们、评价它们、欲求它们，等等。众所周知，笛卡尔将所有这些都冠之以我思（cogito）的标题。世界对我来说无非就是在这些我思活动中被意识到存在着的，并对我有效的世界。世界的整个意义以及它的存在有效性都完全是从这些我思活动中获取的。"②

　　这样，我不再去追问"世界是什么"这样的本体论问题，也不再去追问"我能认识什么"这样的认识论问题，在此，"我"作为一个体验者所要追问的问题是"我经历了什么"。就我的手术经历而言，从意外发生，到上手术台到我的所思所想都成了我的体验，都是我的经历，都是要接受的东西，这些东西是在理性言说被悬置，被放入括号之后的事情，它在"我思活动"中被意识为存在者，对我有效，并且这个有效性贯穿了我的整个生命过程，它的意义会成为我一直思考和慢慢地接受的东西。例如对待意外的态度，对待自己的一瘸一拐等一切。

二、主观意向的发生

　　意向性的概念用一句通俗的话说，就是"不怕贼抢就怕贼惦记"，"抢"

---

① ［德］埃德蒙德·胡塞尔. 纯粹现象学通论：纯粹现象学和现象学哲学的观念（I）
［M］. 李幼蒸，译. 北京：中国人民大学出版社，2004：43.
② ［德］埃德蒙德·胡塞尔. 笛卡尔沉思与巴黎讲演 ［M］. 张宪，译. 北京：人民出
版社，2008：6.

代表着一种行为的外在性，而惦记则代表着一个意向的内在性。所谓意向性，保罗·利科曾经有一段描述比较准确，即"因此意向性可以在现象学还原之前和之后被描述：在还原之前时，它是一种交通；在还原之后时，它是一种构成。它始终是前现象学心理学和先验现象学的共同主题。还原是最初的自由活动，因为它是世界性的虚妄的解放者"①。

也就是说，我们需要改变行为的外在观看方式，这是意向性概念的原点性问题，意向性概念的提出者布伦塔诺用这个概念来区分物理之物和心理之物。行为的外在观看以行为的物理轨迹为对象，个体内心的精神世界不是其描述的主要对象，然而，人与其他物种在对象关联方式上最大的不同在于，动物行为直接关联于外在事物，它仅仅为了本能和生存而与自然关联，人需要首先关联自我，并在关联自我的基础上再次关联于外在对象，也就是说，它会问出"这是不是我想要的"。这种关联可以让人的行为具有价值属性，也即他不是像其他动物一样地"吃喝拉撒"，他对自己的行为有明确的预期和判断，就像舒兹所说的，他有目的动机和原因动机，其中目的动机"是根据计划来说明行为；而真实原因动机则以行动者的过去经验来说明计划"②。

在行为的那一刻，个体的内心意识并非空白的，它在内心意向上已经关联意向相关物，只不过，这种关联方式是以"空泛"的方式与意向相关。在我们意向萌动的那一刻，发明性的行为属性就会出现，"我想要做一个带有自我属性的东西"开始作为内容出现在我们的意识之内，但是，如何实现及其这个实现内容如何与外在事物关联却在意识中表现得并不明显，这就是意向的空泛状态。另外，针对意向"空泛状态"的充实并不会来自外物的出现，它来自个体内心的认同性，也就是说，"空泛意向"的被充实并不是来自外在事物的普全属性，即它不能以类别的方式被给予，而只能以类别中的个体的形式而给予我们，这就像恋爱一样，失恋后失去的那个人是一个具体的、独一无二的个体，回避了个体自我的这种特有认同性和综合作用，以一个类别的概念偷换个体的普全式给予方式只会让个体的需求意向更加"空

---

① [德] 埃德蒙德·胡塞尔. 纯粹现象学通论：纯粹现象学和现象学哲学的观念（I）[M]. 李幼蒸，译. 北京：中国人民大学出版社，2004：366.

② [奥] 阿尔弗雷德·舒茨（A. Schutz）. 社会世界的现象学 [M]. 卢岚兰，译. 台北：桂冠图书股份有限公司，1991：101.

泛"，进一步说，意向需要的被满足来自"自我的"标准而不来自"外在的客观"标准。

　　这代表着"主观意向的看"这一现象学视角的发生，此时的空泛并非空虚，也并不是无，而是外在行为的"空"和内心意向的"要求被满足"的需求意识。空泛意向就是原因动机和目的动机之间的落差，而弥补这一落差需要生命自己的主观意义脉络，就像我的骨折经历，我还清楚地记得我那天像平常一样地，像我经验中的常态一样地去单位上班，还记得因为时间比较赶，电动车骑行得有点儿快，我的车把手碰到了路边的绿化带，在校园之内的减速带作用下车子出现了晃动，但是，中间发生具体骨折的经历却是我所无意识的，只记得我的电动车没有倒，我的腿钻心地疼……

　　当这件事情发生之后，"意外"开始成为我必须接受的一个情感要素，我需要一个理由让我自己释怀，然而，在那一刻，这个世界之内的一切理由和借口好像都对我失效了，或者说我已经被这个世界抛向了外边：那个时候的我正面临着考博的失利，面临着前途未卜，面临着人生的生离死别……

　　在这样的情境下，我被迫去寻找我自己接受这件事情的支撑要素，然而，在寻找的路上我除了体验到懊悔这样的情感之外好像真的没有别的什么有用的东西，例如，我曾后悔自己那天起来的有点儿晚了，也曾期盼它没有发生，这些情感像一滴墨汁滴进一杯清水一样得让清水慢慢地改变了颜色。可是，传说中的"客观性"却并没有发生，我到现在仍然不能接受失去它这个客观的结果，还在慢慢地消化中，对我来说，它就像深深扎在心里的一根刺，而我除了用生命的血肉来接受并层层包裹之外，没有其他的办法。什么客观性啊，那都是别人劝人的自娱自乐，对于我来说，我只能与它相伴而随。

　　想到这里的时候，我开始慢慢地体验到了现象学的"发生"和"把握"概念，体会到了感性的感受性和理性的言说性之间的巨大冲突。真实发生在我们自己身上的东西不需要言说，它需要的是体验，是把握"发生"的过程，并且这种把握不是理性的功能，而是接受自己的感性获取性，我们需要不停地在时间刻度中去铺设原因和目的，在自己的经验和在未来的期待中让自己的意识不断地构造自己，这就是利科那句话，"在还原之前，它是一种交通"。它就像一个蓄水池一样，将我们所有的意识连同方向在此汇集、汇集再汇集，而我们所有的外化行为仅仅是冰山一角。在这冰山的外围是可视化的外在行为，而支撑这行为的则是自我，支撑自我的则是人格。人格与自我就像磁铁与磁性的关系一样，任何一块磁铁都有磁性，有 N 极和 S 极，磁铁的磁性特征会在磁铁被无限分割之后依然保持，就像人格化的自我一样。

也就是说，我们的人格是我们自己内心最为核心的获取性，这种获取性本身所代表的是舍勒所说的内在的价值属性，观看它的方法来自现象学的还原，就是将所有的理性视角悬置之后的体验，而在这些体验中，意向性又像莱布尼茨所描述的大理石纹理一样，构成了我们行为的整个意识状态，它绝不是黑白这样的抽象事物，而是黑和白一起构成了行为的整体性。从这个角度上说，意向就像滴入水里的染料一样，瞬间弥漫在水之中，此时的水再也不是无色的了，意向性的颜色变成了水的颜色，就像我们说的，感时花溅泪，"感"就是意向性，此时的花不再是客观的花，它的露珠也不再是露珠，而是一个整体的"花溅泪"。

这也是我们选择现象学的一个原因，就像胡塞尔所说的，"摆脱一切迄今为止通行的思想习惯，认识和摧毁那类通行思想习惯借以限制我们思想视野的理智束缚，然后以充分的思想自由把握住应当予以全面更新的真正哲学问题，这样才有可能达到向一切方面敞开的视野：这些都是难以达到的要求"①。这句话的深刻内涵在于，我们如何面对自己，面对自己的生老病死，面对自己的感同身受的问题。

在这里需要多说一嘴的是，现象学的态度并不是一种自然态度，自然态度与现象学态度最大的区别不是本体论的"是什么"的问题，也不是认识论的"我能认识什么"的问题，它是意识体验论的，就是我体验到了什么。在此，言说的东西往往都可以被放入括号里面，这就像我们的阴阳鱼的图形，当我们将所有的共性的东西放入括号之后，我们自己的独一无二性就开始出现了，个性和共性就像阴阳鱼的任何一条直径，直径上的黑白部分代表着个性与共性之间的构成性，并且二者之间的构成是此消彼长的关系，共性越多，个性就越少，反之，也是一样的。

---

① ［德］埃德蒙德·胡塞尔. 纯粹现象学通论：纯粹现象学和现象学哲学的观念（I）［M］. 李幼蒸，译. 北京：中国人民大学出版社，2004：2.

三、现象学的觉醒、瞄向与射中

问题也许是我们在日常生活中运用最多的词汇，但是，我们并不能够自信地说我们每次面对问题都有一种"觉醒"的态度，且不说康德那句启蒙名言，所谓的启蒙就是摆脱人类强加给自己的不成熟状态，也不说胡塞尔那句自然科学造成的愚昧并不比神学更少，韦伯甚至将除魅当作学术的一个重要工作。总之，我们需要一种面对态度，或者说需要一种觉醒。

事实上，这并不是很容易的事情，仔细观看我们周围，你就会发现有很多人都在怨天尤人，或者自诩为明白，这就像康德举的一个例子，问题的提出者和问题的回答者都处于迷误状态，他们"一个人在挤公羊的乳，另一个人拿着筛子去接"①。我们很多时候都在进行这种无用的工作，我们并不清楚自己的问题是一个麻烦还是一个"真问题"。而这些与自我保持清醒有关：

"自我保持清醒的状态。更精确地说，我们必须把自我行为实际进行着的清醒状态与作为潜在性、作为能够实行该行为的状态的保持清醒区别开来，后者构成了这些自我行为实际进行的前提条件。觉醒就是把视线指向某物。被唤醒就是感受到一种情绪倾向的效力；一个背景成为'生动的'，诸意向性对象从那里或多或少向自我靠近，无论是这个或那个对象，它都起着把自我引向它本身的作用。当自我关注对象时，自我就在对象那里了。"②

"觉醒就是把视线指向某物"，而"被唤醒就是感受到一种情绪倾向的效力"，此时的自己就像王国维所说的，蓦然回首，那人却在灯火阑珊处。将"视线"指向某物并不是一种单纯的看，它是带有自我意向的心灵转向，就我自己而言，我本身是学习法学的，在学习法学的过程中，我其实并不快乐，虽然我相信理性的价值，但是，在读法学著作的时候我没有感觉到觉醒和视线的朝向。为了进行这种视线的朝向，我其实是花费了很多精力在上面的。

首先，我知道了法学不是我的最爱，我需要放弃这件事，这就像塞尚所说的，选择一件事和放弃一件事是一样的，原来的时候我并不明白这句话，

---

① [德] 伊曼努尔·康德. 纯粹理性批判 [M]. 韦卓民，译. 武汉：华中师范大学出版社，2004：97.

② [德] 埃德蒙德·胡塞尔. 经验与判断：逻辑谱系学研究 [M]. 邓晓芒，等译. 北京：生活·读书·新知三联书店，1999：99.

但是，当我自己真的去放弃这件事的时候，我才知道放弃真的好难。在这个过程中的一次生命经历加速了我的选择转向，那就是我曾经因为偶然的机会得以进入监狱与犯人近距离地接触，在接触中，我发现的是他们的可怜之处，而并不是对他们所犯罪行的愤慨，在那一刻，我内心的良知告诉自己，法学的路我走到头了。

其次，年龄和成长成本的问题，在这个过程中，金钱是一个重要的、绕不过去的坎儿，当大家聚在一起，都在讨论"挣钱""买房"等现实问题的时候，我却无法回避自己生命意义的问题，那个时候我已经过了而立之年。可是，我知道在那一刻，我如果不去寻找那个让自己满意的职业，或者说像东野圭吾所说的，找不到欲罢不能的爱好并发展成职业，我会一辈子不安心，于是，我就开始"瞄向"这个成长的问题，我告诉自己，如果不开始一段新的路，那么一辈子都会在放弃中过日子，而这样的生活是我不能接受的。

再次，我需要一种科学的态度，也就是一种"学科"化的思维，我必须知道自己喜欢的东西是在哪个学科，这个东西都有谁在研究。由于过了而立之年，我对生命里的很多东西不再那样盲目，或者说"科学精神"开始成为我要寻找的东西，我开始去省图书馆，我知道我喜欢的东西不再是法学了，所以，我就放弃了法学那个书架，但是，我也不确定我到底喜欢什么。人啊，这辈子一旦开始了自己探索的自知之路，这就决定了自己什么时候都是一个新的自己，就像我上课的时候给学生说的那句话，如果你每天都在死，你就每天都在活，如果你每天都在不死，其实你每天都在死，因为我想到了知道自己不爱什么和知道自己爱什么是一样地不容易。

最后，我需要给自己的最爱找到科学的突破口，就是现象学里所说的"射中"。这是我去省图书馆的原因。我当时有一个大概的想法，就是我的最爱是大文科的范畴。另外，科学化大多都有个舶来过程，为了少走弯路，我从书的名字开始，只要这本书的名字能够吸引我的注意，我就去看。另外，尽量选择国外的作者，在选择之前，先百度搜一下这个人，对这个人的学术思路进行一个梗概的了解，然后再去看。这个过程比较漫长，大约花了我两年的时间。后来，我发现了一本书——《世界著名教育思想家》，在那个时刻，我发现了读书的奥妙，它不是一种休闲的阅读，也不是应试的阅读，更不是自己年轻那会儿的"为赋新词强说愁"的阅读，而是学科化的阅读。

　　以此为契机，我找到了自己的学科定位，那就是教育学，此时，我体验到了现象学所说的"射中"。因为在读这本书的时候，我发现自己是与书一起呼吸，与书一起心动，而循着这本书的学科定位，我发现自己最喜欢的职业是教育学。于是，自我、教育、心灵转向等问题开始进入了我的思考范围之内，而杜威的那句"常说中国有数千年的矿产，都没有开采。我想，种种矿产和农林都是不要紧的，最要紧的是关于人生的发达。人是最要紧的，现在的青年男女都是将来国家的人才以制造各种实业，固然应该发达，而人的精神，亦必借教育而发达。矿产农林，现在不动它，将来还是有用处的，人的精神能力，是要趁早发达，时候过了，就没有用了。人的精神，是必要发展的，而实业的发达，还是依赖人的精神，若没有精神，实业就一定不能发达"①。这句话构成了我的思维原点。

　　这个原点的问题化就是去思考"人—社会"之间的教育问题，而这个问题也是我数十年一直思考的问题，教育在将我从一个农民变成一个市民的过程中到底起到了什么样的作用？这个作用是一份学历证书一样的"纸"，还是我在大学里的一份工作，还是在面对犯人时刻的恻隐之心？说到恻隐之心，我倒还真想举一个发生在我身上的例子，我小的时候，会在过节时帮爸妈杀鸡，那个时候觉得自己能够为家长做事很有成就感，但是在我考教育学博士时发生了一件事情，让我感到意外。

　　有一次，我在从单位回家的路上捡到了一只受伤的鸽子，那只鸽子因为翅膀被什么东西给打断了，不能飞起来了，我就给拿回家了。回家后我与爱人一起把这只鸽子给杀了，在杀的过程中，我怎么也没有办法下刀，纠结了好久，最后还是杀了给炖上了。可是，等熟了，我不知道为什么，就是不想吃，我觉得很难受，那一刻我想起古人那句"于我心有戚戚焉"，因为见到了一个生命的逝去，自己心里感觉很怪异。这怪异也说不上来，就是突然没有了胃口，这件事也是一个重要的生命发生问题。我觉得，教育在将一个自然人变成社会人的过程中，它给了我良知，这良知就像阳光一样，照见了我自己的一切，让我知道了生命的尊严，也让我知道了都是一种生命，虽然说不上像佛家所说的那样，但是，我也确实体会到了对生命的"敬畏"，我把

　　① 单中惠，王凤玉．杜威在华教育讲演 [M]．北京：教育科学出版社，2007：169.

这种敬畏写在了我的第一本著作之中。

这些生命经历在我一次又一次的体验中帮我"射中"了我所要瞄向的对象，也帮我选择了博士期间的大论文题目。它也同样支撑着我挺过了八年的考博时光，在这期间，我的同事都觉得我可怜，觉得我为了一件事情付出了那么久，却没有回音，我告诉我自己，考试就像买东西，我自己攒钱买我想要的东西，虽然没有买到，可钱还在我的口袋里。但是，当我真正考上了博士，却面临大论文的选择问题，因为自己母校的科研传统是量化的科研方法，而我对这些方法一无所知，当时吓得要死，也不知道如何是好。后来对生命的敬畏救了我一把，我想着既然我自己是个农家子弟，而又在民办院校工作过，为什么非要舍近求远呢？为什么不能就自己的生命经历进行选题呢？就这样，我选择了民办高校的农家子弟的学习获得感这样的题目，并因为这个题目获评答辩的优秀论文和校优秀毕业论文。

另外，"自然人—社会人"之间的教育通道问题是我最为感兴趣的问题，但是，我个人对二者间的定位却并不是一下子所"射中"的。因为学习法学的原因，我相信理性的力量，为此，我读了涂尔干的功能论和康德的《纯粹理性批判》，为了读懂康德的这本书，我花了大约三年的时间在其边缘性的书籍上。但是，就算我读了很多的理性描述，却发现"我做不到啊"，于是"我知道你说的是对的，可我做不到啊"这样的问题开始成为我的问题。后来，康德的哥白尼式的学术革命启发了我，也就是"山不转人转"——作为观察者的自己动起来，于是，我将问题变为了"你能做到什么，我们一起把你想做的东西做出来"。

"我想做什么"这样的问题对我来说具有"自我牺牲"的味道，因为从小受到的教育是"放弃自我去适应环境"，或者说，"这个世界不是你想怎样就怎样，而要看你能不能适应这个环境"。可是，事实上，我发现"适应"环境仅仅代表着一种"被动性"，当时还不知道有胡塞尔的"被动综合"问题，但是，在那一刻，我开始知道了"我想做什么"这样的问题是自我所没有办法回避的问题，这个问题能够被学科化是我在接触了现象学之后的事情，在那个时刻，我发现了现象学的"意向"概念，这个概念被胡塞尔描述为"发自内心地瞄向某物"。此时，我已经知道了自反的概念，就是联系自我的概念，于是，我开始反思名称和概念，名称代表着一种自然态度，而概念代表着动态的意向性瞄向过程。

后者全部是现象学的东西，事实上，我一直不敢切近胡塞尔这个人，只是从边角的方式切近这个人，例如，"我想要做什么"的问题在我心里出现之后，我在实际上已经走向了悬置理性的路，但是我却不知道这条路可以用"悬置"这个概念来描述，因为当时我还没有看过胡塞尔的作品，对胡塞尔只是有些耳闻，并不了解胡塞尔到底做了什么，甚至连现象学也不知道到底是什么东西。我对胡塞尔的了解是从舒兹开始的，直到博士二年级的时候，我才开始读胡塞尔的作品，第一本书是《纯粹现象学通论——纯粹现象学和现象学哲学的观念（Ⅰ）》，当时读的感觉很苦，但是由于经历过康德的《纯粹理性批判》，总体而言，在恐惧心理上相对要好一点。

关于为什么不敢去读胡塞尔，根本的原因还是"害怕"。为了这个"害怕"我专门去读了海德格尔的《存在与时间》，了解了其中的"畏"。因为胡塞尔的著作太多，而我有一个毛病，就是接触一个人就要将这个人的著作大体读一遍，我当时觉得自己没有那么多的时间，可是，在写作博士论文的时候，我发现没有办法绕过胡塞尔，才下定决心去读胡塞尔，用了一年多的时间读了他的《现象学的观念》《被动综合分析：1918—1926年讲座稿和研究稿》《内时间意识现象学》《经验与判断》等作品。当我读完这些作品之后，我才发现"我想做什么"这个生命本源到底有多么重要。

而这也成了我选择现象学作为自己方法论的缘由。在此，"自我保持清醒的状态""瞄向""射中"这样的概念开始进入我的内心世界，当然，在此我还是体会到了一件很苦的事情，就是自然态度的名称描述和概念描述之间的距离问题，这是一个读书的大问题，只要是能够在历史上独树一帜的学者，他们都有一个共性，那就是问题很清楚，方法很独特，概念体系庞杂。究其根源，就是因为他们需要一些独特的概念体系来描述他们内心的世界，这内心的世界就像高耸入云的高山一样，并不那么容易到达。

胡塞尔的现象学也具有同样的特点，这一点与康德哲学有相似之处。联合国教科文组织文化活动部国际合作署主任施耐德曾经做过经典的描述，"胡塞尔的影响彻底改变了大陆的哲学，这不是因为他的哲学获得了支配地位，而是因为任何哲学现在都企图顺应现象学的方法，并用这种方法表达自己……毫无疑问，美国的教育将会逐渐重视现象学方法和术语的普及，但是在此之前，美国的欧洲哲学读者将会遇到严重的障碍；这一说法不仅适合于存在主义，而且也适合于几乎所有当代的哲学文献"①。

也就是说，胡塞尔所使用的概念在表述词汇上有自己的特色，而这些特色为了能够流通就不得不采用原有的欧陆哲学的词汇，比如"理念"这样的词汇，但是，胡塞尔的哲学却是描述个体和集体之间的意识科学，就像它说的，"我，这个我包含所有这一切"②。在这里，"我"和"这个我"分别代表的是集体概念和个体概念，这对于"我"这一表达自己的词汇的习惯用法来说是一个理解的困境。事实上，这样的问题在胡塞尔现象学里随处可见，但是有一点确实肯定要借鉴的是，我们需要通过胡塞尔现象学的概念和理念来描述我们自己的内心世界。

另外，这些概念虽然理解起来具有困难，但是，它却是攀登胡塞尔及其现象学高峰的最近的路径，或者说有迹可循的路径。此时，我们就需要胡塞尔的还原方法、悬置方法、意向分析等方法，这些方法也让人生的意义问题具有了解决的可能性，其中"还原是最初的自由活动，因为它是世界性的虚妄的解放者。这样一来，我表面上失去了我实际上赢得的世界"③。所谓表面的失去是指向于"自然态度"，而自然态度就相当于我们所说的"想当然地认为"。这就像我们每天都生活在东升西落的太阳空间之内，如果我们要想走向科学路径，就需要让"东升西落"的自然态度失去效力，只有这样，我们才能接触到"日心说"这样的相对科学的概念体系。

当我们"还原"了自然态度之后，我们就开始"开眼"看世界，此时，内心的意向也就开始被我们自己所悦纳。"'意向'这个表达是在瞄向（zbzielen）的形象中表象出行为的特性，因而非常适合于那些可以顺当地、易懂地被标示为理论瞄向意图或实践瞄向意图的行为。……与瞄向的活动形象相

① ［美］赫伯特·施皮格伯格. 现象学运动［M］. 王炳文，张金言，译. 北京：商务印书馆，2011：xxxiii.
② ［德］埃德蒙德·胡塞尔. 欧洲科学的危机与超越论的现象学［M］. 王炳文，译. 北京：商务印书馆，2017：233.
③ ［德］埃德蒙德·胡塞尔. 纯粹现象学通论：纯粹现象学和现象学哲学的观念（I）［M］. 李幼蒸，译. 北京：中国人民大学出版社，2004：366.

符的是作为相关物的射中（erzielen）的活动（发射与击中）"①，此时，我们才有可能去瞄向更为科学的问题，也就更能瞄向和射中我们内心所要关注的科学问题。

就我自己而言，我选择法学的原因就是自然态度的结果，因为爸妈总是觉得公检法可以当官，可以与"权势"结合起来。这其实是胡塞尔所要描述的那个"我"这一自然态度的集体认知，在这个过程中，没有"这个我"这样的个体，当我决定放弃法学的时候，我就开始走向了"使其失效"的还原之路，当然，这条路上也不尽是还原的科学方法，也有左右摇摆的时候，但总体的意向却是走向这条路的，最后，当我看到那本教育学的书的时候，才体会到那个真正的射中。

当走过了这条路后，我才知道，所谓的理性是一种外烁的立场，而真实的清醒状态并不是对外在事物的清醒状态，而是对于康德的"我能认识什么"这种问题的清醒状态，这个状态在胡塞尔这里变成了方法，此时，这个独一无二的我开始成了一个对象。它不是简单的一种"在世"——"作为潜在性"的清醒状态。它更多的是一种实行的清醒状态，也就是说，它有自己的对象意识，并有意识地将自己的思考指向外在的对象，它像一种"置身局外"的态度，这种态度并不是一种理性的态度，而是将自己的处境作为对象去处理的清醒的自我，在这个清醒的自我中，个体我与经验我共同作为对象构成了清醒自我的"把握"指向。

第二节 扎根理论的方法

扎根理论的具体方法我主要受到了科宾和施特劳斯的《质性研究的基础：形成扎根理论的程序与方法》这本书的启发，科宾在这本书的献词"他触动了那些曾与他接触的人们的心灵，并影响了他们的生活"深深地启发了我的研究思路，我当时就在想，既然可以扎根资料，不管这资料是生活的还

---

① ［德］埃德蒙德·胡塞尔. 逻辑研究：二（1）［M］. 倪梁康，译. 北京：商务印书馆，2017：807.

是访谈的，那为什么我不能去扎根于我自己的生命体验并形成概念图式呢？

一、不再相信理论建构

理论建构的研究模式有一个弊端，它被陈向明描述为"理论资本主义"，就是通过照搬学术大师的"宏大理论"，使用"逻辑演绎的方法，通过自己的经验研究对其进行验证或局部修改。这么做的结果是导致'理论资本主义'（theoretical capitalism）的形成，极少数学术大师垄断了理论的生产，而大部分学者则沦为验证这些理论的'无产阶级'"①。不得不承认，就我们当下的社会研究而言，涂尔干的功能论、韦伯的科层制以及马克思的冲突论是大家频繁引证的东西，可是，真的去追问这种理论的创作源头，却又不知所云。

为此，科宾与她的老师开始形成了某种程度的区隔，即"我还想坚持安塞尔姆·施特劳斯的方法论愿景，虽然他现在已经去世，但是直至去世，他一直相信理论的价值及其对任何专业知识发展的重要意义。然而，我不再相信理论建构是发展新知识的唯一途径"②。也就是说，扎根理论的方法并不是一种理论建构的方法，它是一种扎根的方法，或者用现象学的"瞄向"来说，它是一种瞄向生活中的个体体验的方法。另外，它将整个的研究过程披露给读者，它不是理论演绎下的验证，而是探索理论形成的路径，"一些研究虽然提出了不错的理论，但没有介绍理论生成的方法、步骤和过程，而扎根理论研究者认为，衡量理论是否可信和好用，在很大程度上依赖于对理论生成过程的判断"③。

这种方法不是从已经被广泛认可的理论出发，去推测或者说验证现实人生的状态，它是一种"从资料中建立理论的特殊方法论"。本书中，"扎根理论"这个术语是在更加一般意义上使用的，表示源于质性资料分析的理论建

---

① 陈向明.通过研究实例展示扎根理论的发展［A］//［美］朱丽叶·M.科宾，［美］安塞尔姆·L.施特劳斯.质性研究的基础：形成扎根理论的程序与方法［M］.朱光明，译.重庆：重庆大学出版社，2015：ⅲ.

② ［美］朱丽叶·M.科宾，［美］安塞尔姆·L.施特劳斯.质性研究的基础：形成扎根理论的程序与方法［M］.朱光明，译.重庆：重庆大学出版社，2015：ⅺ.

③ 陈向明.通过研究实例展示扎根理论的发展［A］//［美］朱丽叶·M.科宾，［美］安塞尔姆·L.施特劳斯.质性研究的基础：形成扎根理论的程序与方法［M］.朱光明，译.重庆：重庆大学出版社，2015：ⅲ.

构（theoretical constructs）①，也即是说，这种方法不是从理论开始进行推论，它是从资料开始进行的归纳，也即，它不是从 A 到 A_1、A_2、A_3……的一种演绎式思维，在这种演绎式思维下，个体生活体验的无限性很容易被历史宏大叙事的理论所掩埋，这就像"疼痛""憋屈"一样的生理和心理感受的集合。如果我们身处其中，我们需要的是一种能够倾听的态度，在这种倾听的态度中，我们会将自己的体验表达出来，而在这个表达中，我们的言说就蕴含着理论和理论的边缘内容，这在某种程度上是一种弹性思考的方式，它需要不停地变换谈话和思考的背景，并将自己作为背景中的一员主动放置于原生态的情境中。

因此，它是一种与理论宏大叙事不同的归纳式、叙事性的研究，即从 A_1、A_2、A_3……到 A 的研究。另外，这个研究也不是从理性到感性的研究，更不是从感性到理性的研究，而是感性的研究本身，也即，研究的目的就是凸显感性，因此，与客观性的态度相对，这是一项敏感性的研究，"敏感性和客观性相对应。敏感性要求研究者将自己投入研究中去。敏感性意味着富有洞见，协同一致，能够抓住资料中相关的议题、事件以及意外情况。敏感性意味着能够呈现参与者的观点，通过沉浸在资料中承担起他人的角色"②。

二、心灵的同频

理论的建构并不是这种研究方法的主要侧重，恰恰相反，最大限度地揭示事实才是这种研究的侧重。对于研究者来说，他需要一种现象学的还原态度，就像电影《浪漫的老鼠》里说的，悲伤不是人类最强烈的情感，宽恕才是，"因为一点点的宽恕，就足以改变一切"，或像《爱丽丝梦游仙境》里红皇后等的那句"对不起"，但是，二者能够被心灵共振的源头却是《冰雪奇缘》里的那句话，"出自真爱的行动可以融化一颗冰冻的心"。宽恕的目的不是原谅别人，而是让自己和别人一起在宽恕里得到救赎，试想，如果我们发自内心地去向别人道歉，而别人却无动于衷，再诚恳的道歉也会被道歉者收

---

① ［美］朱丽叶·M. 科宾，［美］安塞尔姆·L. 施特劳斯. 质性研究的基础：形成扎根理论的程序与方法［M］. 朱光明，译. 重庆：重庆大学出版社，2015：1.

② ［美］朱丽叶·M. 科宾，［美］安塞尔姆·L. 施特劳斯. 质性研究的基础：形成扎根理论的程序与方法［M］. 朱光明，译. 重庆：重庆大学出版社，2015：35.

回。另外，如果我们自己做了需要道歉的事而不自知甚至无动于衷，这种伤害就像白皇后给红皇后的伤害一样是致命的伤害。这一切的情感在笔者看来都可以用"现象学的还原"来解释，也就是说，我们的情感失落越是在最短时间内得到救赎，它需要的成本就越少，得到救赎的释放也就越趋向肯定的方向，而这就是扎根理论的核心要素，与被研究者一起心灵共振。

"研究问题应该决定用来实施研究的方法论取向。还有其他理由包括：质性研究让研究者能够获得参与者的内心体验，能够确定意义是如何通过文化并在文化之中形成的，以及能够发现而不是验证变量。"①

在此，需要强调一种"价值中立"的新解读，这在某种角度上说涉及学界的韦伯主义②。韦伯的价值中立学说并不是去否认价值判断本身，韦伯不遗余力地强调，"免于价值判断（wertfredheit）非但不等于不做价值认定（wertungslosigkeit），更不是说价值之阙如（wertlosigkeit）"③。在此，笔者认为关于价值最准确的东西不是价值中立也不是价值认定，更不是价值阙如，而是价值悬置，将价值悬置之后，就会有情感的出现。科宾也曾经描述了一段其写作的经历：

"当我进入写作的'最佳状态'时，我发现自己在享受这个过程。我发现，我不是在描绘一整套新的方法，而是在将一直伴随着我成长的方法进行现代化的改造（modernizing the method），去掉一些教条，使一些程序更加灵活，甚至考虑如何通过计算机改进研究过程。"④

也就是说，研究者并没有将被研究者当作一个对象去处理，或者当作一个主客二元的分析框架来处理，而是研究者将自己"置身事外"，把自己的感官当作一个工具去同频被研究者的生命经历，这也是科宾所主张的"微分

---

① ［美］朱丽叶·M. 科宾，［美］安塞尔姆·L. 施特劳斯. 质性研究的基础：形成扎根理论的程序与方法［M］. 朱光明，译. 重庆：重庆大学出版社，2015：15.

② 孙风强. 韦伯主义的行动诠释：民办高校农家子弟学习获得感研究［M］. 天津：天津人民出版社，2022：49.

③ Hans Albert . Trakta tuber kritische Vernunft［M］. Tübingen：Mohr，1968：S. 62ff. （［德］马克斯·韦伯. 学术与政治［M］. 钱永祥，译. 桂林：广西师范大学出版社，2010：122.）（Wolfgang Schluchter 作的导言《价值中立与责任伦理——韦伯论学术与政治的关系》）

④ ［美］朱丽叶·M. 科宾，［美］安塞尔姆·L. 施特劳斯. 质性研究的基础：形成扎根理论的程序与方法［M］. 朱光明，译. 重庆：重庆大学出版社，2015：ⅹⅰ.

析"，即"其目的是提出观念，让研究者深入资料中，将注意力集中到那些看起来相关但其意义仍然模糊（elusive）的资料上来"①。在这个微分析的方法下，研究者能够深入被研究者的心灵深处，去体验被研究者的内心世界，并将这个内心实际作为稳定的基础来衡量他们的外在行为。

这里涉及一个很重要的"进入"研究资料的渠道问题，也就是翻转技术，"翻转的技术包括'从里向外'（inside out）或'从上而下'（upside down）来变换概念，从而获得一个不同的视角来审查一个短语或词语。换句话说，我们研究一个概念相反的或极端的情况，从而发现其重要属性"②。例如，我们在一个研究的访谈中发现，"有钱"和"听话"是民办高校农家子弟父母言说最多的话语。根据这样的话语，我们回想了自己的生命经验，发现这些经历具有很强的相似性，于是，我们就用"有钱"和"听话"作为语言编码的一个重要入口，来进入被研究者的内心世界。

当然，很多时候，有些经验也并不是我们自己所具备的，此时，我们就可以从另一个方面，或者说一个极端的案例，去追问"为什么没有生命的经验"，是因为我们的反感还是因为"欲而不得"。我们这样做的目的是悬置一些很难做到同频的案例，为了让同频有限制地发生，毕竟人同此情是一个共性的东西，我们需要不停地翻转，不停地去翻转我们访谈的概念相对面，在翻转中，我们就像顺藤摸瓜一样地慢慢靠近事情的真相。

在此过程中，"应然状态"的要求是需要被悬置起来的，我们自己的情感偏向也是需要警惕对待的，这可以有力地防止我们对待事件的一厢情愿。扎根理论不可避免地带有"反思"倾向，而这种倾向又不可避免地带有情感属性，"自我反思具有很强的情感倾向（cathartic），能够帮助我看到自己是如何偏向（slanting）资料的。我注意到，正像我在评论和思考备忘录里所写的，某些内容是我对资料的情绪反应的反思，而不是我对我的研究对象讲述

① ［美］朱丽叶·M. 科宾，［美］安塞尔姆·L. 施特劳斯. 质性研究的基础：形成扎根理论的程序与方法［M］. 朱光明，译. 重庆：重庆大学出版社，2015：64.
② ［美］朱丽叶·M. 科宾，［美］安塞尔姆·L. 施特劳斯. 质性研究的基础：形成扎根理论的程序与方法［M］. 朱光明，译. 重庆：重庆大学出版社，2015：87.

内容的概念化"①。因此,我们需要心灵的同频,就是先用反思的方式悬置应然价值的作用,然后,用悬置后的情感去体验事件的情感价值。这样,情感就会摆脱主观臆测的范围。情感与偏见不同,它是一种人格化的偏好,是一种自然化的情感特色,它需要被欣赏,却不喜欢被标签化。

三、形成概念

与贴标签的自然态度不同,形成概念的目的是形成言说的自我内容。在这个过程中,研究者承担着一种"有限关注"的职业责任,也就是说,研究者要扎根于资料,并从资料里形成概念。

"将研究者期待在研究中发现的预期看法放到一边,让资料以及对资料的解释来引导分析。编码也要求学会抽象地思考。观念不只是从'原始'资料中提取一个词语,然后将其用作标签。编码需要寻找合适的词语或者从概念上最能够描述资料所指的词语。实际用来分析资料的程序并没有寻找资料的本质或意义重要……研究者所拥有的最伟大的工具是他们的思维和直觉。最好的编码方法就是放松,让你的思维和直觉为你工作。"②

根据科宾的描述,我们可以发现"概念"的形成与形式逻辑的方法不同,它与现象学的逻辑更为接近:

"对概念起源的研究,无论是对那种带有绝对内容的概念,还是对那种具有相对内容的概念的研究,都是心理学的一个古老任务。如果我们说,'一个概念不能自为地被设想,而只能在一个具体的表象中被把握到,只能是以仿佛被埋入这个表象中的方式,或者,用一种比较有标志性的、类似通过体现术而显现出来的形象说法:只能通过通常的抽象途径而被把握到',而这种说法是正确的。"③

因此,对形成扎根理论方法的概念来说,有三个重要的要素:首先,悬

---

① [美]朱丽叶·M.科宾,[美]安塞尔姆·L.施特劳斯.质性研究的基础:形成扎根理论的程序与方法 [M].朱光明,译.重庆:重庆大学出版社,2015:35.

② [美]朱丽叶·M.科宾,[美]安塞尔姆·L.施特劳斯.质性研究的基础:形成扎根理论的程序与方法 [M].朱光明,译.重庆:重庆大学出版社,2015:171.

③ [德]埃德蒙德·胡塞尔.逻辑研究:一 [M].倪梁康,译.北京:商务印书馆,2017:xxv.

置假设；其次，概念与资料相关。

首先，悬置假设。

扎根理论的概念形成来自"资料"内容的表象，而不是来自假设，这是扎根理论方法与自然科学方法的最大区别，自然科学往往以假设为前提，通过经验的实验方法来验证假设从而获得科学的认知。扎根理论的适用对象以人和人的情感为主，其研究范畴更多的是社会科学或者说文化科学范畴，因此，它不是去设定假设，恰恰相反，它是悬置假设，也就是"盒子外思维"或者说"外边思维"。在这样的思维条件下，自我被一分为二：一方面它可以观看研究对象；另一方面，其自身就带有研究对象的资料属性。

对于自然科学而言，为了验证假设，需要不停地设定实验参数，并进行相关的实验，这是康德对待自然的理性方法，即"以受任法官的身份，迫使证人答复他自己所构成的问题"①。如果说康德的自然科学方法代表着牛顿力学的宏观世界，那么，扎根理论的方法就代表着人文科学的感性世界，在这里，不能适用康德的"逼问"方法，"逼问"的强势立场会让被研究者反感而导致资料"失真"。

因此，对于扎根理论来说，科宾的"放松"观念非常重要。即最好的编码方法是"放松"，或者说解压，在一次又一次的解压、放松中，资料本身的真实性就越可靠，得到的资料也就会越真实。用笔者自己的案例来说，当我用自己的手去摸失去知觉的腿，当我听到医生在手术中说着与手术无关的话题，作为局内人来说，我的感觉是紧张的，也是无助的。但是，当我采用了"放松"的方法，我才发现这个事情的另一面，即虽然手术台对于我来说是生命意义非常关键的一次经历，但对于医生来说，我仅仅是一个工作的对象，而这台手术也仅仅是他们夜以继日的工作中的一次平常的手术任务，在这平常的工作任务中，他们越放松，手术的质量就会越高，此时，整个手术相关人的资料就丰满了。

此时，资料的多元化就开始出现了，它变成了一种职业伦理和职业属性的问题，此时的我不再或者也不愿意用"标签"去标注一个"道德高地"，

---

① [德]伊曼努尔·康德.纯粹理性批判[M].韦卓民，译.武汉：华中师范大学出版社，2004：15.

也不再愤青一样地说什么世风日下，而是将自己作为一个研究对象和研究者放入手术情境中。此时，信息的多元和细节开始向我打开，我甚至像一个贪婪的饕餮一样不放过任何一点点细节，例如，我甚至想找到录音设备把我昏迷时刻的梦话记录下来，但当时条件的限制让我失去了那段灵感，我对这件事情耿耿于怀。这个时候的研究者和信息的关系就像柏拉图洞穴隐喻①中的"走出洞穴"那样的人，他靠自己的努力走出了洞穴，再也不满足于洞穴之内因为倒影而给予的二手资料，光线、真实的风景、丰满的世界，一下子出现在他的眼前，而作为研究者的那个人又像贪财的人见到了金矿一样，不愿意放弃一点儿碎石和乱屑。

其次，概念与资料相关。

表象与判断是形式逻辑的处理方法，与之不同，扎根理论的概念与"资料"强相关，它不需要研究者有什么表象性的假设，甚至说表象性的假设对于扎根理论来说是不恰当的，它需要的是研究者能够坦诚、放松。它要求"从原始资料中提取概念，并在属性和维度上发展这些概念，概念代表资料中所含有的思想观念的词语。概念是阐释，是分析的产物"②。此时，资料越原始，概念与资料之间的关联关系越原始，扎根理论的研究就越靠近实际。这需要将自己作为一个倾听者：一个能够深入情境的倾听者去倾听资料，并在倾听的过程中抓住思维的转向，因为此转向中可能暗含着概念的维度，"维度（是）概念属性中的变化形式，它们赋予概念以特殊性及变化范围"③。

另外，资料中的概念是"分析"出来的，这就需要借鉴康德的"分析概念"，即"述项 B 属于主项 A，作为隐蔽地包含在这个 A 概念里面的某种东西"④（后文中的分析概念都与康德的这个分析概念有关），在康德这里，

---

① 洞穴隐喻是柏拉图的一个重要隐喻，它认为一般人都是被捆绑在洞穴之内的，不能回头，只能向前看到背后的火光造成的面前墙壁的影子，所以，它认为这些影子就是真实的世界，有一些人可以挣脱捆绑，努力爬出洞外，看到真实的世界。

② ［美］朱丽叶·M. 科宾，［美］安塞尔姆·L. 施特劳斯. 质性研究的基础：形成扎根理论的程序与方法［M］. 朱光明，译. 重庆：重庆大学出版社，2015：169.

③ ［美］朱丽叶·M. 科宾，［美］安塞尔姆·L. 施特劳斯. 质性研究的基础：形成扎根理论的程序与方法［M］. 朱光明，译. 重庆：重庆大学出版社，2015：169.

④ ［德］伊曼努尔·康德. 纯粹理性批判［M］. 韦卓民，译. 武汉：华中师范大学出版社，2004：42.

分析判断是和综合判断相对的概念，所谓主项是谓语前面的部分，述项是谓语后面的部分，二者共同构成述谓判断，这其实也是一个概念的形成方式。但是，在扎根理论下，不能适用综合判断，它需要的是分析判断。

就我自己的手术经历这一资料形成过程而言，"手术"是主项，"是"是谓语，后面的是述项，"手术是疼的"这个概念形成方式就是通过分析，因为"疼"在"手术"中被人想过，但"手术是神圣的"则更像综合判断，它为手术增加了新的道德内容，即"在主项概念之上增加一个述项，而这个述项并没有在主项概念中为人所想过，而且任何分析也不可能从它之中抽取出来，因此这些判断就可称为扩大的判断"①。

事实上，手术中的我是以"盒子里的人"这个身份出现在第一次体验中，那个时候，我想象的手术经历是神圣的，在手术中，大家都一声不吭，神圣的气息弥漫在整个手术室，实际的发生却并非如此，此时，我存在两种概念编码方式：概念与资料相关还是与我自己的假设有关。在扎根理论的背景下，只有在我的假设被我自己悬置之后，手术这个资料的真实性才出现在我的面前，此时，对待资料的真实编码过程才会出现，例如"手术中失落"这个编码，它是手术中的真实情况吗？这种真实的情况是与我自己有关还是与资料有关，即与我自己的手术假设有关还是与真实的手术情况相关？

更进一步的资料编码表现在，"医患"之间的关系是因为真实的医生问题还是因为社会的结构性原因？换句话说，我们对医生不信任是因为我们自己的处境——患者的处境以及无法实现信息对等而产生的无助有关，还是与真实的医生不够尽职有关系？此时，"盒子外"的思路就慢慢地被打开了，并且，我对"医患"关系的盒子外思维越快地进行转换，我自己的情感悬置就越快地发生，资料与概念之间的关联方式就越准确。此时，概念不是我们走出资料的凭借，它变成了我们进入资料的凭借，并且是我们得以进入资料的不二选择。

四、概念的充实

在此，我们并没有使用"践行"而是运用了"充实"这个概念，这是一

---

① ［德］伊曼努尔·康德. 纯粹理性批判［M］. 韦卓民，译. 武汉：华中师范大学出版社，2004：43.

个现象学的概念，"关于充实的说法更具特色地表达了认识联系的现象学本质。符号行为（signifikation）与直观行为可以发生这种特殊的关系，这是一个最原始的现象学事实"①。所谓符号行为就是一种象征性的名称表达，而直观行为代表着认识的起源，直观行为的深入可以增加认识的趋向，进而将一种意识行为变成认识行为。

这就像按图索骥的例子，伯乐的儿子按照《相马经》的符号行为来寻找千里马，最后却找到了一只癞蛤蟆。这表明在符号行为中，伯乐的儿子并没有产生认识行为，而仅仅产生的是"意指"行为，这种意指行为就像我们日常所说的"我想做""我觉得差不多"的自然态度。然而，九方皋在相马的时候，却并不看颜色和公母这样的外在表征，仅仅去看是不是千里马，所以，九方皋在此产生的是认识行为，而不是一种意指行为，不是一种象征性的东西，而是一种纯粹的认识行为，所以，他能够找到千里马②。

在此，九方皋的意识行为就是一种概念充实的认识行为，并且是一种现象学的充实行为，也就是说，"意指"仅仅是一种自然态度的随便说说，它并不能成为研究中的"概念充实"。概念的充实是像科宾所说的，让"思维和直觉为你工作"，扎根理论的目的是最大化地呈现事实状态，为认识社会某种现象提供较为明确的基础，因此，扎根理论的资料再也不是自然态度的杂多，也不是像祥林嫂的乡邻一样地陪着掉几滴眼泪，它需要科学的态度和方法，而这方法之一就是概念的充实，这是验证我们为了靠近资料所选择概念的唯一办法。

"充实"就是不再从概念的名称入手，而是从概念背后的直观行为入手，

---

① ［德］埃德蒙德·胡塞尔. 逻辑研究：二（2）［M］. 倪梁康，译. 北京：商务印书馆，2017：1022.

② 原文为：秦穆公谓伯乐曰："子之年长矣，子姓有可使求马者乎？"伯乐对曰："良马可形容筋骨相也。天下之马者，若灭若没，若亡若失。若此者绝尘弭，臣之子皆下才也，可告以良马，不可告以天下之马也。臣有所与共担纆薪菜者，有九方皋，此其于马非臣之下也。请见之。"穆公见之，使行求马。三月而反报曰："已得之矣，在沙丘。"穆公曰："何马也？"对曰："牝而黄。"使人往取之，牡而骊。穆公不说，召伯乐而谓之曰："败矣，子所使求马者，色物、牝牡尚弗能知，又何马之能知也？"伯乐喟然太息曰："一至于此乎！是乃其所以千万臣而无数也。若皋之所观，天机也，得其精而忘其粗，在其内而忘其外，见其所见，不见其所不见，视其所视，而遗其所不视。若皋之相者，乃有贵乎马者也。"马至，果天下之马也。（列御寇. 列子［M］. 上海：上海古籍出版社，2014：227.）

"意指行为与直观行为之间的静态关系，我们在这个关系中谈到认识。我们说，这个关系建立了名称与作为被指称之物的在直观中被给予之物的意义联系。但在这个关系中，意指本身并不是认识。在对单纯象征性词语的理解中，一个意指得到进行（这个词语意指某物），但这里并没有什么东西被认识"①。在此可以明确地发现，一个单纯的"意指"行为并不是对待资料的科学态度。为此，科宾专门强调：

"记住有很多层次的概念。概念范围包括从低层次的概念到高层次的概念。高层次的概念被称为类属或主题，类属告诉我们一组低层次的概念所指向的或所代表的。所有的概念，无论哪个层次，都来自资料。只不过有些概念比另外一些更抽象。资料概念化的过程就像这样。研究者仔细阅读这些资料，目的是理解原始资料所表达的本质。然后研究者用一个概念名称来描述这种理解——研究者所定义的概念。"②

与资料关联于概念不同，此时，我们需要的是还原概念，也就是将概念"所指向的或所代表的"东西进行相关经验的知识迁移。还原的起点严格来说并不是一个概念性的思维工具，它更像一个表达性的"名词"，例如前文说的"千里马"，相信这个名词在不同的研究者伯乐、伯乐的儿子、九方皋那里代表着不同的东西，就认识论的充实而言，它才代表着一种认识元素——概念，此时，"如果我们想要理解知识符号的意义，那么，我们需要超越知识的符号这一物理特质，需要还原知识创设者的主体性和主观方面，此时，我们就能够理解他人"③。具体而言，与直观材料到概念的思维方式不同，在此的思维方式是从概念向直观材料的再一次深入。就像千里马概念下的那三个人，九方皋看重的是"天下之马者"，而伯乐的儿子却仅仅能够看到直观上形而上的《相马经》里的千里马概念，其缺乏最基本的"马"的直观充实行为，所以，他找不到千里马。

---

① ［德］埃德蒙德·胡塞尔. 逻辑研究：二（2）［M］. 倪梁康，译. 北京：商务印书馆，2017：1022.

② ［美］朱丽叶·M. 科宾，［美］安塞尔姆·L. 施特劳斯. 质性研究的基础：形成扎根理论的程序与方法［M］. 朱光明，译. 重庆：重庆大学出版社，2015：170.

③ 孙风强. 韦伯主义的行动诠释：民办高校农家子弟学习获得感研究［M］. 天津：天津人民出版社，2022：101.

第三章

生命的四个体验

第一节　自己的身体突然对自己很陌生

当从手术室出来的时候，我不小心碰到一个"热热"的东西，我很好奇身上竟然有这种东西，后来才知道这是我自己的腿，因为手术是局部麻醉，所以，我的手是有感觉的，而我的手摸到的腿却无法同步地告诉我那是我的腿，这就是我想说的"自我陌生的身体"，这让我想到了自己所关注的几个问题：其一，习惯思维的感知态度；其二，感知的中介；其三，在感知中如何祛除中介而实现感知的本己属性。

一、习惯思维的感知态度与认知的集体无意识

集体无意识借鉴了涂尔干和列维·布留尔的概念，它有两个维度，一个是这种意识观念以"社会平均"的方式存在于其成员的头脑中，另一个就是列维·布留尔对"集体表象"① 的界定。在习惯思维中，我们对自己的身体感知是需要大脑中枢的反射才能得到的，而当腿部被麻醉后，我的手去摸我自己的腿才是：那个手去摸那个腿，"我"这个习惯性思维范式的主体就被悬置起来了。而认识论转向的集大成者康德也在《实用人类学》中强调，人

---

① 列维-布留尔认为集体表象在于"这些表象在该集体中是世代相传；他们在集体中的每个成员身上留下深刻的烙印，同时根据不同情况，引起该集体中每个成员对有关客体产生尊敬、恐惧、崇拜等感情"。（［法］列维-布留尔. 原始思维［M］. 丁由，译. 北京：商务印书馆，2017：5.）

之所以与其他物种不同，并被提升到其他物种之上，原因在于人有思考的能力，而这种思考的能力就是"一切语言在用第一人称述说时都必须考虑，如何不用一个特别的词（即'我'）而仍表示出这个'我性'。因为这种能力（即思考）就是知性"①。

笔者做此分析绝不是无病呻吟，也不是哗众取宠的"较真儿"，而是因为现代思想脉络的"身体转向"：本体论、认识论以及后现代的"身体转向"。本体论对应着"这个世界是什么"，它以柏拉图的"理念论"为代表；认识论以康德的"我们能认识什么"为代表；"身体转向"代表着当代对"身体"的一种新的关注方式，它"一反近代从'外部'观身体的机械模式（所谓人是机器），而致力于从'内部'观身体。此种身体'内观法'滥觞于叔本华与尼采的意志哲学，而成熟于身体现象学"②。

现象学创始人胡塞尔对身体现象学的研究改变了从旁观的第三者去观看身体的实证思考方法，例如用数学的数据去描述身体的情感反应。他的研究是用身体现象"反过来构成心理与他者的世界，在身体的哲学探索上，获得了不同凡响的成果"。所谓不同凡响就是反思自然科学的实证方法对人文科学的滥用，以及以行为主义为代表的心理主义的"自然主义态度（naturalistic attitude）所忽略的真实体验的先验基础，寻求真实经验的明证性"③。

二、感知中介的言说内容

当下肢被麻醉后，我用那个手去触碰那个腿，这种感觉方式并没有经历我的"大脑中枢"这一中介，而这恰恰构成了一个全新的身体体验——本己的感知方式。这种感知方式与日常集体无意识的自然习惯思维不同，它是手和腿的直接接触，它启发我们在不经历中介的情况下进行直接感知，这种感

---

① ［德］伊曼努尔·康德. 实用人类学［M］. 郑晓芒，译. 上海：上海世纪出版集团，2012：3.
② 陈立胜. "身体"与"诠释"：宋明儒学论集［M］. 台北：台湾大学出版中心，2012：3.
③ 龚卓军. 身体部署：梅洛庞蒂与现象学之后［M］. 台北：心灵工坊文化事业股份有限公司，2006：29.

知不仅仅涉及身体的感知，而且也涉及价值的感知。例如现象学第二号人物舍勒就认为："价值是一客观的、永恒的及不可变的独特理想客体类（class of ideal objects）。它们是以吾人情感的意向对象（intentionale Genenstände des Fühlens）而被给予我们，就如颜色是视觉并经由视觉而被给予我们一样。我们在其中能认知的模式（mode）是超乎理智的把握之外，理智（the intellect）对此就像耳之于颜色一样是盲目的，心的情绪面——情感、偏好、爱好、恨、意愿——并不建立在认知上，但它们却有一个先天的特征（an aprioristic character）。在我们情绪的情感中（emotional feeling），我们亦即感觉到一些或此或彼具有特殊价值特性（value-quality）的东西。意向的情感功能并不需要所谓客观化的呈现、判断等活动（objectifying acts of representing, judging etc）的居间，而直接地与其对象接触。"① 也就是说，在我们进行一种价值评估之前，我们的情感已经为我们的感知进行了"直接的信息摄取"。

因此，就感知的感官化这一直接、本己的给予方式而言，将"感知中介"这一介质作为独立的对象进行思考具有很强的实践意义。一方面，其能够指向现代信息大爆炸的时代思维范式，信息大爆炸与自媒体可能会导致信息衡量标准的变化：事实很容易在感知媒介的作用下或主动或被动地将自己的注意力偏移。如伽达默尔所说，当我们口含一词欲说之际，我们就被锁定在一个遥远的思维方式上，并且这个遥远的思维方式来自古老的远方，它不在我们控制范围之内②。

这种中介作用和符号化表征让我们在信息获取和交流中越来越呈现出"异己化"的属性，异己概念是指我们所赖以交流和传达的信息不是本己获得的那个趋向，这种趋向会将信息感知获取者的注意力集中于"中介"所给予我的结果，而忽略了信息本身的直接获取。用符号互动论代表者 Blumer 的话说，我们并不是针对彼此的行为，"而是建立在他们赋予这些行为意义的

① ［美］阿弗德·休慈. 马克斯·谢勒三论［M］. 江日新，译. 台北：东大图书股份有限公司，1997：40.
② ［美］约翰·D. 彼德斯. 交流的无奈：传播思想史［M］. 何道宽，译. 北京：华夏出版社，2003：1.

基础上"①。这种"异己"的属性让我们越来越偏离了"自我的身体",它像一个日积月累的裂缝一样,阻隔在自我与他我之间。

这种情况会在当下新媒体的社会氛围下变得更加明显,它让我们的行为越来越偏离与本己获取方式相区别的行动性②。这让行为背后的行动者越来越表现出"盲目的盲从"和"一厢情愿的独断",试看每次的网络舆情不都是被这种思维模式所推波助澜的吗?因此,采用一定的思维方式将"中介"的神秘参与搁置起来也就变得重要。

三、感知对感知中介者的除魅

"除魅"是韦伯所提出的一个重要概念,他强调学术的工作重点在于"世界的除魅",也就是"解除魔咒",即"我们再也不必像相信有神灵存在的野人那样,以魔法支配神灵或向神灵祈求。取而代之的,是技术性的方法与计算"③。它所要解决的问题是信息获取或者说信息参与的非本己属性如何处理的问题,即"神秘参与"问题,这种神秘参与的价值定位在于群体性而非个体性,所以,这种参与的凭借和参与目的都没有"主客区隔",它无法在"对象"这一相对静止物上进行深入的、持久的思考,这样,主客之间的同一性就不是可以言说与论证的同一性,而是一种"先验"的同一性,于是,我们的思维就越来越趋向于"先验"④观念的论证,而非独立性的思考。这很类似于阿Q对革命的参与,他既不知道"革命党"就是和自己一样的穷苦民众,也不知道革命的目的,恰恰相反,他在自己的内心深处将自己

① BLUMER H. *Symbolic interactionism*. Englewood Cliffs, NJ: Prentice Hall, 1969: 19.
② 此处的用法涉及韦伯对行动(handeln)行为(verhalten)用法的区分,按照翻译者顾忠华的解释,"'verhalten'意义较广,指的是人类行为的任何形式,无论根据什么参考架构来分析这些形式,'behavior'(行为)都是比较恰当的英译。另一方面,就韦伯的技术性用法,'handeln'是指那些从主观范畴向度而言,可被充分理解的人类行为的具体表现,而'action'(行为)是比较恰当的英译"。([德]马克斯·韦伯. 社会学的基本概念 [M]. 顾忠华,译. 桂林:广西师范大学出版社,2010: 20.)
③ [德]马克斯·韦伯. 学术与政治 [M]. 钱永祥,译. 桂林:广西师范大学出版社,2010: 171.
④ 关于"先验"概念的思考,请参见拙作《韦伯主义的行动诠释:民办高校农家子弟学习获得感研究》。

无意识地置于革命的相对面，并且用"投降"这样的字眼儿来描述自己对革命的参与方式。

究其根源来说，"除魅"是对感知能力的解放，这种解放是以"去中介"为主要思维向度的，而这也是从启蒙运动开始的一个重要思维成就。例如，路德教派的宗教改革是以"去教士"中介来进行的，其强调每个人都可以直接和上帝交流。认识论转向的完成者康德提出知识的一个标准是只能贱卖不能贩卖，也就是他认为自己的知识都不是"假设"这一先验的可能性，而是一种"切身认知"的可能性，这一认知的要求也反映在他对启蒙所下的定义上："脱离自己所加之于自己的不成熟状态"，即"不经别人的引导，就对运用自己的理智无能为力"①。

这种认知模式对于中华民族具有独特的借鉴意义，它是中西文化的一个重要分歧。张岱年认为："西洋以分别我与非我为'我之自觉'，中国哲人则以融合我与非我为'我之自觉'。分别我与非我，故知论特别发达；融合我与非我，则知外物即等于自觉，而实无问题。因而中国哲人虽言及知识与致知之方，但未尝专门研究之。"②

认知者和"认知相对方"③一旦无法分清"我"与"非我"，就会让"概念"这一获得相对明晰界定的思维成果无法获得相对稳定的认识里程碑价值，这导致认识会在原有的传统里保持平面的运行，而不是在逻辑的纵深里获得越来越明晰的界定。这一点可以在西方哲学历史中获得相对明确的论证，例如"原子"这个概念是希腊时期就有的，只是后世在进一步的科学研究中越来越清晰。

因此，除魅的指向就是对学术思想中的僵化的形而上界定进行符合时代

---

① ［德］伊曼努尔·康德. 历史理性批判文集 ［M］. 何兆武，译. 天津：天津人民出版社，2014：22.

② 张岱年. 中国哲学大纲 ［M］. 北京：中国社会科学出版社，1982：8. 另外，冯友兰在《中国哲学简史》中也有相似的论证。两位都认为"认识论的问题之所以产生，是由于主观和客观已经有了明确的界限"。(冯友兰. 中国哲学简史 ［M］. 赵复三，译. 北京：生活·读书·新知三联书店，2009：28.)

③ 在此，笔者并没有用"客体"这个界定，因为很多时候作为认识的"客体"也是一个模棱两可的描述，它很像康德的"物自体"，只能被思考却不能被认识，因此，笔者用了"认识相对方"来强调被认识者相对于主体的一个视角面。

的重新解读，而解读的方式不能像现在自媒体一样地众说纷纭，它带有学术共同体的一些特有方法，其最为关键的问题就是概念的思考方式。这对于新时代的中华民族极其重要，因为中华文化的关键是"集体意识"的预设，这种集体直观方式是以自然天道为主要思考对象的，这与西方的"概念"思考方式不同。例如，韦伯就认为苏格拉底发现了"概念"的重要性，"不过苏格拉底并不是这世界上唯一有此创见的人。在印度，诸君也可以找到和亚里士多德逻辑十分相近的一套逻辑的开端。但在希腊地区以外，没有人像苏格拉底这样意识到概念的重要意义"①，对此，笔者曾经在一本书里论述了"名称"和"概念"的思维特点②。这也可以和张岱年的研究相印证，他认为"中国哲学只重生活上的实证，或内心之神秘的冥证，而不注重逻辑的论证。体验久久，忽有所悟，以前许多疑难焕然消释，日常的经验乃得到贯通，如此即是有所得"③。

举例来说，我们习惯用"时光"来论述"时间"，强调"一寸光阴一寸金"。就时间的描述而言，《论语》的描述方式是，子在川上曰："逝者如斯夫，不舍昼夜。"与孔子几乎同时代的苏格拉底没有讨论过这个问题，但是，就算它讨论这个问题，也一定会类似于奥古斯丁，即用"时间是什么"这样的概念描述方式，他一定是先问"时间是什么"，然后再问"时间让我们去做什么"。就像柏拉图在《理想国》里描述的，当凯发卢斯强调"按正义和虔诚生活的人'有希望做他甜蜜的伴侣，会使他的心灵欢乐，会照料他的晚年，这种陪伴着人的希望统治着凡人多变的心灵'"，苏格拉底既没有赞同，也没有反对，而是去问："说到正义，我们能不加限制地肯定说实话或归还借来的东西就是正义吗？"④

然而，后世的思考发展却出现了不同的结果，我们在重复"子在川上曰"的时候，并没有发展出"时间是什么"的思维范式。可是，时间概念却

---

① [德] 马克斯·韦伯. 学术与政治 [M]. 钱永祥，译. 桂林：广西师范大学出版社，2010：173.
② 孙风强. 康德曲行认知条件对教育社会学的启示 [M]. 北京：中央编译出版社，2019.
③ 张岱年. 中国哲学大纲 [M]. 北京：中国社会科学出版社，1982：8.
④ [古希腊] 柏拉图. 柏拉图全集：第2卷 [M]. 王晓朝，译. 北京：人民出版社，2003：277.

构成了后现代的重要描述主题，可以不夸张地说，现代思维是在康德与胡塞尔之间展开的，康德的时间是空间标准的时间，而胡塞尔的时间是"情感"标准的时间，而启发胡塞尔时间讨论的起点恰恰是奥古斯丁的那句话："时间是什么？"他用"时间"来描述自己身体的直观和感知切身性。

这一问题的意义在于，我们需要重新思考中西文化的"实践"模式，因为我们传统哲学的实践是"个人日常生活领域"，它与西方的"辩证唯物论所谓社会实践不是一个意义"①。也即是说，"实践之前"的个人意识状态是不同的，基于日常生活的实践往往强调一种"常识"，这种常识就像伽达默尔说的，它来自遥远的远方，但是常识有其自己适用的空间，例如太阳东升西落，但这与天文学的太阳系及其地球自转与公转绝对不是一个概念，后者的概念是科学的概念。

除魅的目的是构建主体，构建认识主体，这种主体可以用康德的那句"我说的都是我知道的，但我没有义务把我所知道的一切都告诉你来诠释"。它很大程度上来源于苏格拉底"无知"者假设，他用"产婆术""助产术"等思考方式逼问出个人的习惯性认知，后者很可能会用"捏造"的观念世界去剥夺"现实世界的价值、意义和真理"②。

它往往以"人家说"作为开头，至于"人家"是谁并不清楚，出错了也没有人承担责任。它代表着一种"一厢情愿"的表达，表征着一种集体无意识的神秘参与方式，其也可以被叫作"人云亦云"，它可以被言说，但不能被追问，一旦被追问，被追问者会认为受到了挑衅，要么生气，要么人身攻击，要么转移话题。因为，很多时候，我们生气是因为我们无助，这种无助就像奥古斯丁所描述的，想说明却茫然不解③，而这需要像苏格拉底一样地去承认自己的"无知"。

---

① 张岱年. 中国哲学大纲［M］. 北京：中国社会科学出版社，1982：6.

② ［德］弗里德里希·威廉·尼采. 瞧！这个人［M］. 刘崎，译. 北京：中国和平出版社，1986：2.

③ 奥古斯丁在谈论时间的时候说："那么时间究竟是什么？没有人问我，我倒清楚；有人问我，我想说明，便茫然不解了。但我敢自信地说，我知道如果没有过去的事物，则没有过去的时间；没有来到的事物，也没有将来的时间；并且如果什么也不存在，则也没有现在的时间。"（［古罗马］奥古斯丁. 忏悔录［M］. 周士良，译. 商务印书馆，1963：258.）

四、文化的价值除魅与破坏性批判

"承认无知"的主动态度就是为自己的生命成长进行价值除魅,"价值除魅"要求我们对"价值"本身进行重新组合,对基于自我生命所产生的独特体验进行重新排序。这种排序方式有两个向度,一个是按照柏拉图《理想国》中所描述的公共教育来进行,一个是类似于卢梭自然教育的视角,就像卢梭所说的:"生活得最有意义的人,并不就是年岁活得最大的人,而是对生活最有感受的人。"① 我们所说的价值排序和出发点是从自我生命开始的,在这里,自己的切身感受将会是个人自我成长的关键基石。

在此,生命的属性开始发生变化,它不再是公共教育的"竞争"属性。由于公共学校"有价值"的成绩并不是个人自我的绝对成绩,而是在竞争中胜出的"相对成绩",这种竞争属性将自己的同伴和同学当作了潜在的竞争对象;与之相反,自我生命的体验和成长目的不是竞争,而是"呈现",它代表着我们生活方式的翻转:信息的主动性和被动性的翻转。

在这里,我们需要面对一种克尔凯郭尔所说的"倒着活",即"一个人必须沿着他所由来的同一条道路倒行,犹如当把乐曲准确地倒着演奏的时候魔力就被破除了的情形一样(倒退的)"②,其针对的问题是生命信息接收方式的"社会性优先"之惯性思维。在儿童时刻,我们在摸到桌子的时候会咿呀学语,父母为了交流的需要绝对不会去摸桌子来和孩子一起"同感",而是会用语言告诉孩子"这是桌子"。这代表着信息的公共交流向度,也即"桌子符号"对"直观感受"的覆盖。然而,当我们用自己的切身感受去活着的时候,我们是从符号到感受的翻转,在这里"表象根本不含有符号内容。它的一切都是充盈;它的对象的每一个部分、每一个面、每一个规定性

---

① 卢梭在《爱弥儿》这本书里区分了"公共的和共同的教育"与"特殊的和家庭的教育",认为公共教育最好的著作是柏拉图的《理想国》,而特殊的教育则是自然的教育。他提出"要判断这个人,就必须看他成人以后是怎样的;必须在了解了他的发展、注意了他所走的道路之后,才能做出判断;一句话,必须了解自然的人"。([法]让·雅克·卢梭. 爱弥儿 [M]. 李平沤,译. 北京:商务印书馆,1978:13-17.)

② [丹]索伦·克尔凯郭尔. 非此即彼(下)[M]. 京不特,译. 北京:中国社会科学出版社,2009:5.

都直观地被展示，都不仅仅是间接地一同被意指。"① 虽然我们用语言表达的形式仍然是"桌子"这个符号，但是，符号背后的体验内容却在自我属性那里表现出差异，针对公共交流属性的"桌子"是符号化的桌子，而针对自我感受的"桌子"却是"去符号化"的。

对于这种切身的感受，我将之称为"信息获取的本己属性"②，与"非本己"属性的交流功能及其形式意义不同，"本己"性要求我们去深刻体验自己的生命经历，它需要我们对原生的"文化情境"进行还原，去发现被原生文化的符号性所覆盖的"本己体验"。例如，当我们摸某个东西的时候，父母会一遍又一遍地用字和词的发音告诉我们这个东西的名字，父母也会用自己的道听途说来为自己的某些教育理由代言。再比如，婴儿会用哭声来表达自己的"热""饿"等，但很多时候父母对温度的感觉却代替了孩子自己的感觉：如果父母觉得冷了，会理所当然地推论孩子也会冷，在这一冷一热之间，孩子的"本己性"就有可能被迫消失殆尽了。

更有甚者，文化的伦理属性③会让孩子的"本己表达"被动性地"失声"，如果文化认同孩子的自我表达，孩子的表达就会被冠以"童言无忌"的描述；反之，这个孩子可能会被冠以"叛逆期"或者"逆反"的负面词汇，这就是"破坏性批判"。相比较"叛逆"这一文化性结果而言，"生理

---

① ［德］埃德蒙德·胡塞尔. 逻辑研究：二（2）［M］. 倪梁康，译. 北京：商务印书馆，2017：1074.
② "本己"是与"异己"相对的一个概念，这来自胡塞尔现象学的一个重要界定，"本己"强调自我在组织自己生命上的主体性，他在感知的一切构成中都能够分清楚认知的主体和认知的相对方。它不是苏格拉底所批判的"一厢情愿"，也不是康德所推崇的"力量——逼问自然给自己答案"，它更类似于胡塞尔的本质观看方式，即"本质看是直观，而且如果它在隐含的意义上是看而不只是再现或模糊的再现，它就是一种原初给予的直观，这个直观在其'机体的'自性中把握着本质"。（［德］埃德蒙德·胡塞尔. 纯粹现象学通论：纯粹现象学和现象学哲学的观念（I）［M］. 李幼蒸，译. 北京：中国人民大学出版社，2004：5.）
③ 所谓伦理属性即来自李瑾博士的研究，其认为东方的学习方式是伦理皈依性的，而西方的学习理念是自然开拓性的。（李瑾. 文化溯源：东方与西方的学习理念［M］. 上海：华东师范大学出版社，2015.）

期"的界定更靠近我们的本己感知①。

因为，青少年的叛逆并非生理期的必然结果，其更多是一种文化教育的结果，例如，我们成年人也会在"实践"中感知到这种"叛逆"。可是，如果我们将自己的面对方式变为"自我呈现"，信息获取的"本己性"和"异己性"就会出现排列顺序的变化，在此，教育的目的就不是优先照顾公共性的他者，而是先自我并用自我的呈现去填充公共空间的颜色，此时，对独特个体的自我保护就会被认可："应该教他成人后怎样保护他自己，教他经受得住命运的打击，教他不要把豪华和贫困看在眼里，教他在必要的时候，在冰岛的冰天雪地里或者马耳他岛的灼热的岩石上也能够生活。"②

因此，与自然生存的优胜劣汰不同，生活的目的不再仅仅是去竞争，去消除竞争的他者，而是自我保护，这种自我保护的深层意蕴不仅仅涉及生命的保护，还有自我成长价值的"扎根"，即扎根于自己的生活感受，并在生活感受的基础上促成自我发展。例如，对待儿童的"舍己为人"现象，我们以前并没有考虑到孩子的自我保护。可是，如果孩子"力所不逮"而在救人的路上牺牲了自己的生命，那这种价值就不值得推广，或者也无法推广。因此，我们在孩子救助行为的价值界定中，允许孩子可以优先考虑自我保护的价值，这代表着一种主体性的价值排序，它需要对主体进行客观的"价值评估"从而认可他的"无法确知"。

在日常生活中的价值除魅需要警惕两种不当的面对态度：破坏性批判和"护短"。破坏性批判是以否定"发生"的方式来否定自己的过往，它类似于给孩子洗澡，最后把孩子与洗澡水一起倒掉的愚蠢行为，而生命体验就像洋葱一样，当我们为了否定自己一层又一层地把自己剥掉的时候，自己的精神和生命也就很快枯萎了。另一种是护短，就像阿Q一样回避自己的"不足"——头上的一块癞疮疤，只要别人提，他就发怒，而大家觉得他发怒很好玩儿，就越来越去刺激他，而阿Q呢，弱的就打一架，打输了，就说"我总算被儿子打了"。

---

① 人类学家玛格丽特·米德的研究发现，青少年情感的困扰不是一个生理过渡的必然问题，而是文化的产物。（陈奎熹. 教育社会学［M］. 台北：台北三民书社，2007：63.）

② ［法］让·雅克·卢梭. 爱弥儿［M］. 李平沤，译. 北京：商务印书馆，1978：17.

　　"护短"和"破坏性批判"的弊端就是因为"一厢情愿"而回避了"问题解决"的发生过程。在此，我想重新对"问题"这个概念进行界定，首先我们要分清楚"科学问题"和日常语言上的"问题"，中文的"问题"有两个英文单词对应：question 和 problem。二者所需要的动词并不同，前者是 answer，后者是 solve。二者在语言表述中的差异代表个体在其中的处理方式不同，前者需要一个 answer，也即是需一个"解释"，后者需要一个 solve，也就是需要一个"解决"方案。

　　这也回应着人文学者格尔茨的解释，前者代表着社会科学的方式，即"寻找复杂并使之有序"，而后者代表着自然科学的方法，即怀特海所说的"寻找简单并怀疑"①。这就表明自然科学具有与人文科学不同的思维范式。可是，在日常语言中，我们的"问题"内涵更多地指向"麻烦"，"这是一个问题"指向的内涵是"这是一个麻烦"，它很类似于英文中的"trouble"，它几乎没有办法与科学的思维方式相对应，对于"麻烦"来说，其没有答案，也在短时间内给不出一个解决的方案。因此，道德经说："孰能浊以止，静之徐清？孰能安以久，动之徐生？保此道者不欲盈。夫惟不盈，故能蔽不新成。"麻烦的问题解决方式只能是"静待花开"②，它不是一个学术思考的问题，而是一个生活常识的现实。

　　当我们分清楚上述"问题"和"面对"方式以后，我们就可以讨论我们生命态度的"转向"问题。胡塞尔的"转向"最类似于苏格拉底"教育即心灵转向"之箴言，而这种心灵转向是"自我的觉醒"，他认为这是自我靠近"了"对象的关键问题（即一种完成时态下的靠近），也就是说"醒觉行为是将目光朝向某物。被醒觉意味着经受一种有效的触发——背景变成'活跃化'，意向性对象从背景或多或少向自我靠近，某物吸引自我积极地朝向它。当自我朝向对象时，自我即靠近了对象"③。另一方面，对象本身中所暗含的主体样式也开始出现，"用现象学的术语说，每一一般可设想的对象，

① ［美］克利福德·格尔茨. 文化的解释［M］. 韩莉，译. 上海：上海译文出版社，2014：44.
② "静待花开"借鉴了北京师范大学教育学部康永久教授的启发，在此特意感谢。
③ ［德］埃德蒙德·胡塞尔. 经验与判断［M］. 李幼蒸，译. 北京：中国人民大学出版社，2019：55.

作为一可能经验的对象，都有其所与性方式的主体样态：它可以从晦暗的意识背景中出现，并从那里影响着自我并决定着自我进行注意性把握"①。

这就需要以我们自己的生命为对象，将我们自己的所学所感作为对象，像克尔凯郭尔所说的那样，"生活对于我来说成了一种苦涩的饮品，然而它却必须被一点一滴地、缓慢地、计量地服用"②。这对中华民族来说尤其重要，我们的生存心态中有太多"快乐"的关注，而缺乏深层的"悲剧"现实态度。比较我们的悲剧作品《窦娥冤》与《巴黎圣母院》就会知道，虽然它们都照顾到了读者的喜剧需要，但是《窦娥冤》却采用了回避现实的方式——以窦娥"还魂"来伸张正义，而《巴黎圣母院》却不同，它所描述的是两具白骨在一起，二者比较起来，后者要现实得多，更不用说荷马史诗《奥德赛》对奥德修斯回归路上的回顾自我的描述，其以承认发生的方式面对自我。

然而，我们会忽略"发生"与"意义"在我们内心的位置，就个体而言，发生的时候没有意义，所谓的"意义"大多是"后来回头再想"之后而进行确认的，因此，当发生和意义重叠的时候，我们就会豁然开朗并瞬间实现成长，就像那句话"当时只道是寻常"，也像王国维所说的"那人却在，灯火阑珊处"。在这里，胡塞尔对发生的界定相当准确，即"我们关心的不是第一次的（历史的以及在相应意义上的个人本身历史的）生成，也不是在一切意义上的认知之生成；我们关心的是这样一种产生作用，通过此产生作用，判断以及在其原初性形态中的认知，即自所与性的认知，是如何产生的——一种产生作用，不论它如何任意重复，永远产生相同的结果、相同的认知"③。

五、现象学的生命发生与还原

宫崎骏说，发生过的事情永远都不会忘记，只是你想不起来了。在此，

---

①　[德]埃德蒙德·胡塞尔．经验与判断［M］．李幼蒸，译．北京：中国人民大学出版社，2019：81.

②　[丹]索伦·克尔凯郭尔．非此即彼：一个生命的残片（上）［M］．京不特，译．北京：中国社会科学出版社，2009：5.

③　[德]埃德蒙德·胡塞尔．经验与判断［M］．李幼蒸，译．北京：中国人民大学出版社，2019：11.

我想说的是生命的发生与意义问题：发生的事情没有意义，所有的意义需要在你有力气的时候给它贴上标签，或者说，发生的事情仅仅是一个事件的草稿，你需要像克尔凯郭尔那样慢慢品尝，不停地给这件事换上新的意义服装①。

当 2016 年我胫腓骨骨折的时候，我没有学术和写作的想法，在发生的那一刻，我甚至都没有觉得这对我是一件大事，我只是觉得疼，钻心地痛，我还试图去用自己的脚站立起来，但却没有办法使劲儿了，在朋友的帮助下，我进了离自己最近的医院，在最快的时间内进行了手术，那次是局部麻醉，我没有想很多事情，只是感觉疼。医生说一年半以后可以拆掉钢板，而我拆掉钢板却经历了整整五年，这五年我几乎经历了人间百态：我拄着拐杖去参加博士面试，一瘸一拐地走在自己人生的路上，而这个考博的路我坚持了八年，这中间，我学会了扎根理论的研究方法，也学了现象学的还原方法，在此之前，我是一个康德的铁粉儿，四五年的时间都是围着《纯粹理性批判》打转转。

当 2021 年 8 月 3 日再次住进医院的时候，我完成了我的博士论文、出了自己第一本书，也经历了自己人生的最黑暗时刻，正在艰难地重新适应自己的生活，这并不是因为事情发生得近而让我记得，而是这次的经历对我来说更像一个救赎、还账和重新回首往事的过程，我记得我拿的书是荣格的《心理类型》，而五年前的那本书我却忘记了，至于为什么，我只能说"我想不起来了"。而荣格的这本书却不会让我忘记——终生不忘，在我出手术室的当天，我开始酝酿我的这本书，并决定用我自己的生命体验去写作，在这一天，很少发朋友圈的我给自己做了一个备忘录：

2016 年秋季，我因为骑电动车撞上绿化带导致粉碎性骨折，手术、打钢板，13 颗。后来考博，工作，一直没有时间拆钢板，8 月份，我开始准备手

---

① 很多时候，我们是用康德的"空间时间"来衡量发生问题，我们所说的发生的时间刻度是以"格林尼治天文台"的时间为准。严格意义上说，这是一个空间的时间界定，然而，空间时间的发生往往一去不复返，但是，我们内心对这件事情的态度却久久不能逝去，例如逝去的亲人、失去的恋人等，一些美好的事情也同样如此，这就像"故国不堪回首月明中"一样的。在此，我们想强调的不是康德的时间，而是胡塞尔的"内时间意识"，它开始于奥古斯丁对待时间的"发生"刻度，是一个主观意识的问题。

术，我没有哗众取宠的想法，也没有无病呻吟地哭闹要奶的态度。我就是想用自己的体验去做一个研究，也算是一个实践态度的样本吧。

在那一刻，我想到了两句话，一句是"传统中国学术主流看重的是'同乐'"，例如孟子就总说"与民同乐"而非"同哀"，"即使在动乱频仍的黑暗时代里，仍不改此衷。事实上，这和其他文化圈流行的'同哀归于人类，同乐归于天使'（Jean-Paul 语）恰成两极对比，而这也很可能是中国民族迥异于世界其他民族的特色之一"①。另一句话是鲁迅在《纪念刘和珍君》中的一句话："我将深味这非人间的浓黑的悲凉；以我的最大哀痛显示于非人间，使它们快意于我的苦痛，就将这作为后死者的菲薄的祭品，奉献于逝者的灵前。"我想借鉴一下：我将以我生命的血泪奉献于看客的眼前。虽然亚当·斯密曾经强调人"从来不会为了落在别人头上的痛苦而让自己去面对相同的情况和情绪"②。

在此，我无意于去赞成什么，但是，我的生命确实发生了，而我的骨折也确实发生了，并且骨折的时候，电动车连个皮儿都没破，而我却胫腓骨骨折了。虽然，两次手术的医院是同一家，虽然我的手术师是同一个人，但我不同了，第二次手术的时候，我觉得我的面对方式是一种科学化的态度。在此，借用胡塞尔的话说，就是"把所有与他人的主体性直接或间接有关的意向性的构造成果放在一边，首先界定那同一个意向性——现实的和潜在的意向性——的全部关系。因为，这个自我本身正是通过这种意向性，在它的本己中构造出来的。并且，在这种意向性中，这个自我构造与本己性不可分割——就是说，本身可以把意向性的本己性看作综合的统一性"③。

这也应和了前文所说的，事情的发生与自我成长的发生并不相同，在事情的发生时刻，自我往往处于感性的获取性中，这种获取性带有被动性，但一旦获得了解读感性的力量，科学的视角就会出现，此时，我们就不会用破

---

① ［德］马克斯·谢勒. 情感现象学［M］. 陈仁华，译. 台北：远流出版事业股份有限公司，1991：184（译注）.

② ［英］亚当·斯密. 道德情操论［M］. 王秀莉，等译. 上海：上海三联书店，2008：17.

③ ［德］埃德蒙德·胡塞尔. 笛卡尔沉思与巴黎讲演［M］. 张宪，译. 北京：人民出版社，2008：130.

坏性批判去否认自己的成长经历，而是会去区分意识内容的符号性和本己的感受性。这个感受性就像树根一样不仅仅扎根在肉体的感官之中——相比较肉体的疼痛还有文化的疼痛，这就好比是我们离开一个人只需要一刻，但是，因为离开一个人而产生的失恋情感却可能会终生难忘一样，在这种情感的发酵变化中，我们甚至会迷失自己，忘记了那人的面孔，而与他在一起的每一件事都会越来越清晰。

因此，这里所说的"发生"是生命体验的发生，对待这种发生的态度只有通过现象学的方法才能去发现，这里有两个问题需要再次强调。其一，我们来到的这个世界是"预先存在"的，在我来到这个世界之前，这个世界已经是存在的，或者说，这个世界的一切文化和文明范式都是既已存在的事实，我们对自己呱呱坠地的环境并不能进行"意识选择"，它所给予我们的不仅仅是有形的物理世界及其文明，还有看不见的、内在的文化世界，这是我们进行文化和文明传承的资源①。其二，我们需要做的是重新校正民族文化中的面对方式，在面对方式的调整中能够自反到自我的生活体验，进而从生活体验中获取滋养自我生命成长的营养。毕竟，"事非经过不知难"，就像前文所说，就连亲生父母也没有办法与我们有同样的肉体体验，但是，他们却可以和我们一起共享一个文化情境，例如，年龄一大就会怕冷，而孩子却因为活力旺盛并不太怕冷，但是，我们却可以在这个过程中体验到"爱"的文化属性。

此刻，克尔凯郭尔的"倒着活"的思维，以及王国维的《人间词话》的那句经典的话就有了可资凭借的生命意义："古今之成大事业、大学问者，必经过三种之境界：'昨夜西风凋碧树。独上高楼，望尽天涯路。'此第一境也。'衣带渐宽终不悔，为伊消得人憔悴。'此第二境也。'众里寻他千百度，蓦然回首，那人却在，灯火阑珊处。'此第三境也。"② 这也很好地论证了"倒着活"的一种高深境界。然而，倒着活也好，"蓦然回首"也好，最后都

---

① 关于"文化"和"文明"的界定，笔者借鉴了史宾格勒的界定，文化是观念性的、内在的，文明是外在可视化的，所有在本书中所用的"文化"和"文明"都是在此区隔下所使用的。（[德]奥斯华·史宾格勒. 西方的没落 [M]. 陈晓林，译. 台北：桂冠图书股份有限公司，1975.）

② 王国维. 人间词话 [M]. 上海：上海古籍出版社，1998：23.

需要面对自己的一个"在世"感，也就是我们所来到的世界并不是为我们私人订制的，我们需要借助自己的力量去活出自我，在活出自我的路上，我们需要采取一种方法去面对自己的过往。

当我们知道了"生命发生"的本己性之后，我们就可以谈论现象学的"还原"方法了。"还原"方法与破坏性批判不同，也与"护短儿"不同，它不是以"否定"生命发生的视角，恰恰相反，它需要回溯到自己生命的发生时刻。用奥古斯丁的话说，如果那里没有发生，那里就没有时间，同样地，如果那里有发生，那么，生命在那一刻就开始绽放出自己的颜色。这种颜色以"我还能再做一次"的能力为表征，用胡塞尔的话说，就是"此能力或许不是假设的'阐明形成物'（Erklàrungsgebilde），而是在'我能'和'我做'的个别性脉动中显现为经常性的施做因素，并由此可显示个别主体的和主体间的一切普遍性能力"①，也就是说，这种能力就像年轮长在树干中一样，是伴随个人一生的意识存在的，尽管它有时候像无意识一样地好像什么都没有发生，但是，就像宫崎骏所说，那仅仅是我们想不起来而已。另外，此时的对象也不是从外部被给予我们的，它是经历了我们的意识加工之后被我们有意识地加工和确认过的能力。

这很像我们的一种日常经验现实：我们被别人领着去一个陌生的地方，我们可能会对自己说我去过那个地方，但是，我们很难自信地告诉我们自己，我还能再自己去一趟并准确地找到那个地方。与之相对的另一个经历是：我们自己第一次误打误撞地走到一个地方，但是，在这个地方我们遇到了一个特殊的"事件"，比如我们偶然看到了一个自己着迷的物品，当时的发生可能是"无意识"的，我们也不会对自己有准确的答案——我还能做一次。上述两者在"我还能再做一次"这个能力上的发生仅仅存在于我们"有意识"地去寻找这一过程中，"有意识地去发现"被运用得越多，"我还能再做一次"的肯定性答复就越能被主体纳入"自信"的范围。

另外，上述例子中的第一个——被别人带着去一个陌生的地方，第二个——自己误打误撞地去一个陌生的地方，都是一种从外部所给予的信息，

---

① ［德］埃德蒙德·胡塞尔. 形式逻辑和先验逻辑［M］. 李幼蒸，译. 北京：中国人民大学出版社，2012：210.

其真实的存在和证明方式服从于康德的"客观时间",也即空间时间。此时,"客观的认知相对方"的真实情况对我们来说是"我估摸着"或者是"我觉得我可以",它类似于"苏格拉底追问"前的观念,也就是我们日常生活中"一厢情愿"的时刻,而真实的发生是"一切外部的东西都是在此内部(意识)的东西之内,并从此内部的自所与者和证实作用中获得其真实的存在"①。

这种"真实"性就是一种科学的态度,也是一种"直面"发生的果敢,它能够将个体的认知偏离出宿命论的公共发生,也能校正我们"重人生、轻认知"的经验思维,因为我们的语言范式和思维特点带有很强的集体表象方式。对此,读者如果有兴趣可以去参照张岱年的卓越论述,他认为"中国哲学最注重人生……至于知识问题,则不是中国古代哲学所注重的"②。他进一步指出,我们的"学"并不"专指"知识,而是兼指"身心的修养",它更看重日常活动的"践行"而非辩证法的实践。而公共领域的"非个体"性往往以群体对象为研究目标,于是,个体对公共领域的偏离就会被置于"不听话",或者"叛逆"。巨大的压力往往让个体的发生处于被忽略的地位,它让个体的独特自我发现面对巨大的压力成本,一旦失败,就会加剧集体的确证:看吧,我说不行吧!于是"人言可畏"的自我证实预言就应运而生了。此时的对象不再是"自我"的对象,而是放弃自我去成就公共空间的"放弃"或者"伪装"等对象化的自我,而非原初的自我。

第二节 半睡半醒之间的思考明晰性

在半睡半醒之间,我思考的问题是手术之前医生跟我的一段对话。手术的麻醉师没有男朋友,主刀医生问我们学校是不是有合适的人选,我不知道麻醉师是谦虚还是什么原因,她觉得大学老师会"瞧不上"她,说完这句

---

① [德]埃德蒙德·胡塞尔.形式逻辑和先验逻辑 [M].李幼蒸,译.北京:中国人民大学出版社,2012:213.
② 张岱年.中国哲学大纲 [M].北京:中国社会科学出版社,1982:8.

话，我就听到了手术中切割钢钉的声音，然后我就昏迷了，失去了意识。再后来我有一个模糊的印象：医生让家属数一数取下来的钢钉，那钢钉在我的记忆中是黑色的，但那个时候我的记忆很弱，感觉周围一片模糊。等回到病房，我开始进入半睡半醒之间，却发现自己的思维极其活跃，这突然就让我想起了尼采对自己经历的一个描述，"在七十二小时头痛和剧烈头昏所引起的痛苦中，我却具有理智上的极端清醒。然而在冷静的状态下，我想出了许多东西，可是在我较为健康的时候，反而不够细密，不够冷静来获得这些，不够冷静来获得这些东西的"①。我想到了"瞧不上"的问题，亲密关系是自私自利的还是精心算计的，爱和敬畏之间的关系，手术的相对主体性问题——医生是工作，而我却是生命，等等。感觉灵感像井喷一样地在大脑里挥之不去，而我却无可奈何，因为我无法动弹，我睁不开眼，也停不下来思考，我甚至用手在那本《心理类型》上写下灵感，但是，醒来发现是一塌糊涂。

一、"瞧不上"的文化误解

一个人"瞧不上"另一个人的文化成因是我着迷的概念。这涉及"理解""同情"和"爱"这样的字眼儿。这种感觉涉及我一直思考的一个人和另一个人的关系问题，也让我想到了胡塞尔的"主体间性"的问题。以我的麻醉师所说的"大学老师会瞧上不我的"这句话来说，它既有集体无意识的再制现象，例如"剩女"现象，用文化的观念来分析，"剩女"是一个公共性的、业已成立的集体观念，但是，我们还有另一个词——单身贵族。可"单身贵族"的描述却无法平息社会公共领域的"剩女"观念。

出现"不对称"的原因在于集体无意识和个体有意识之间的交互关系，用涂尔干的话说，集体意识以社会平均的方式存在于每个人心中，此时，"如果一个成人对这些基本的规范一无所知，并且拒绝承认它的权威，那么这种无知和不从就会被人们毫不犹豫地说成是一种病态的征兆"②。以"剩

---

① ［德］弗里德里希·威廉·尼采. 瞧! 这个人［M］. 刘崎，译. 北京：中国和平出版社，1986：2.
② ［法］埃米尔·涂尔干. 社会分工论［M］. 渠东，译. 北京：生活·读书·新知三联书店，2013：37.

女"这个集体概念为例，它背后蕴含着"男大当婚女大当嫁""成家立业"
"贤妻良母"等一系列的"家庭文化"要素，这些要素以"文化专断"的方
式存在于每一个人的内心深处，它不针对个人，而个人却也很难与之相抗
争，它像欲望被打开的无脸男一样，不断膨胀，而每个人却都对他无可奈
何，除非有人问出"你是谁"这样的个体性话语。

为什么？因为文化就像巍峨的高山，你在远处看它的时候往往"叹为观
止"，你会惊叹于高山和自己的渺小，以及你观看高山时刻的"观感"，这个
时候，你往往一句话也说不出来。可是，一旦你进入高山，深深地扎进高
山，你就会浑然不觉得被同化，奈何你真有"力拔山兮气盖世"的勇气，你
也只能是"奈若何"。这种感觉就像我们面对文化性习惯态度的主观感受，
很多时候，我们觉得不爽，却也无可奈何，我们知道自己生气了，却也说不
出"归罪于谁""归罪于何处"，因为个人的"感觉"是具象的，而文化性
的集体无意识却是抽象的，二者之间存在一种文化融合的个人努力，是一种
人自己的生命性的努力。

除却这种文化性集体无意识的"非对等"关系，还有另外一个原因：文
化性要素在个体内心"发生"的初始并没有经过个体的"意识"认同。这在
很大程度上构成了"文化"不信任的原因，这种文化性的不信任被文化学者
史诺称为"两种文化"之间的冲突，我将之称为"文化性的无意识对抗"，
用史诺的话说，就是"两个集团有着无法互相理解的鸿沟，有时甚至对对方
带着讨厌或敌视的态度（特别是有些年轻学者）。他们中的绝大多数人，对
对方都缺乏了解。在他们心中，对方的形象非常奇怪、扭曲。他们生活态度
的差异非常大，以至于在情感层次上，也缺乏共同基础。非科学家倾向把科
学家看成自以为是的冒失鬼"①。

然而，福柯却用自己的"外边思维"给出了一个独特的答案，他区分了
"否定性评价"与"过渡到外边"的自我提升。他在评价布朗修的语言时有
一段启发性很强的话语："布朗修的语言不是辩证地运用否定；辩证地运用
否定，是令那被否定者进入心灵的不安内在性中。像布朗修那样否定自己的

---

① ［英］查尔斯·史诺. 两种文化［M］. 林志成，刘蓝玉，译. 台北：猫头鹰出版事
业部，2000：97.

论述，是令它不断地过渡到它自己之外，不但在每一刻剥夺它刚讲出来的，也剥夺它陈述的权能；是让论述留在它所在之处，即远在自己之后，以有自由可以开始。"① 这让我想起了"自嘲"，别人的嘲笑可能会让我们走向自卑，进而将嘲笑的话当成语言性的暴力，而自嘲的话却可以为自己塑造一个厚厚的甲壳，然而，这还是离自由很远。

自由来自自我的提升，这提升与"心灵的不安"无关，而是一种现象学的还原态度，"如果我们回溯到其直接的经验材料，那么现象学还原首先获得一个核心的现象学事实（tatsache），它留在纯粹的内向态度（inneneinstellung）内并且构成后续研究最初的出发点。如果我们更深入地探究，那么我们就会认识到，从这里展露出通达一门关于纯粹主体性之发生——而且首先是关于纯粹主体性的纯粹被动性的基础层次之发生——的普遍理论的入口"②，在这里，"被动的经验成就"（erfahrungsleistung）与"自发的思想成就"（denkleistung）之间开始有了区分，后者是"做出确切意义上的判断和裁定的自我的成就"③。在这里，"否定性"不再是一个"一厢情愿"的不认同，而是一种指向自我对象化成长的"提升"，是一种走向外边的自由。

例如，躺在手术台上的我在听着医生聊着家常，这时候的我，感觉自己像砧板上待宰的羔羊一样，但"瞧不上"所引发的思考直接被我转化成了"自卑"问题，并且让我想到了自己的回答，其实很多时候，我们并不是"看得上看不上对方"，这是一种"身份制"的思维方式，而不是"契约式"的思维方式，在契约式的思维方式下，我们只是合作，只是一起去做一件事情，哪怕这件事是一件终生的事情，就拿婚姻来说，也仅仅是大家凑在一起去共同完成一种叫作"爱"的情感。我还想到了怎么样从"爱"到"敬畏"的情感过渡问题，我甚至用笔在半醒半迷之间写了些东西，但是，当我醒来后我却什么都想不起来了，那些灵感就像夜里的露珠，随着阳光的出现消失

---

① ［法］米歇尔·傅柯. 外边思维［M］. 洪维信，译. 台北：行人出版社，2006：102.
② ［德］埃德蒙德·胡塞尔. 被动综合分析：1918—1926年讲座稿和研究稿［M］. 李云飞，译. 北京：商务印书馆，2017：146.
③ ［德］埃德蒙德·胡塞尔. 被动综合分析：1918—1926年讲座稿和研究稿［M］. 李云飞，译. 北京：商务印书馆，2017：87.

殆尽了，这种感觉非常不爽。

虽然如此，我还是剩下了一些"生命的发生"。此时，"瞧不上"及其背后的主体缺失问题、文化不信任问题都开始成为我生命中慢慢思考的问题，就像克尔凯郭尔所说的"计量服用"的问题，而这些问题在进入自我之前都经历了我的"意识"认同，都是我自己给自己的问题，此时的人生不再是一个"刺猬"样的扎人的东西，而变成了张开的拥抱，生命也开始走出了康德式的独断——纯粹理性。在这里，真实的认同和认真并没有本质的区别，"纯粹的自身给予之重复的观念的可能性属于每一个曾经被凸显的真实的存在，而且一切重复都可以被装入一个认同的综合，而且只是认同的综合。据此，真的东西也就是一种同一的和唯一的东西，就像相应的同一性自身那样"①。

二、理性抑或精致利己的算计

在我半睡半醒的时候，我就打算将这次生命经历进行选题和写作，但是，当我把这个想法告诉朋友的时候，得到的是两种话语"至于吗""好家伙，真厉害"。我觉得这两句话离我同样远，它甚至像"对不起"和"谢谢"一样陌生，但在稍微清醒之后，我在备忘录上写下了这样的话：

我躺在病床上，这个手术我已经准备了五年时间，可是，真来了，还是让人感到害怕。骨头疼和肉疼不同，各式各样的语言对我内心的发生也不同——意外、命该如此、老天报应，还有"天将降大任于是人也"那样的话，但有一句话是"你得成为多厉害的人啊，吃了那么多苦"是对我恰如其分的，这些语言都在描述我的手术，可我觉得这些都是经验式的言说，而不是体验式的，而"我的体验"需要新的形式，比如，从大约五年前的那个早晨，发生就已经开始了，它每时每刻都在发生。

现在回想起来，这感觉仍然是"新的"和"同一"的，但是，那两句"旁观者清"式的视角却开始让我反思"理性"这个词。在日常的习惯思维下，所谓的理性就是"冷静"，一种将自己置身于世外的虚拟世界，就是离

---

① ［德］埃德蒙德·胡塞尔. 被动综合分析：1918—1926 年讲座稿和研究稿［M］. 李云飞，译. 北京：商务印书馆，2017：247.

开感性思维，说到底，是对身体感知的回避，难道这事情真的像索福克勒斯对自己性能力消失后的回答一样："别提了，朋友，你讲的这回事我已经洗手不干了！谢天谢地，我就像从一个最野蛮的奴隶主那里逃出来似的。"①另外，如果理性真的离开了自己的身体的本己属性，那理性与精致利己的算计又有什么分别？连我们自己的感知都缺乏了通向自己思维的通道，那还有什么是我们生命的真实发生呢？

针对这样的问题，索绪尔的伟大工作给了我启发。他认为，我们说出来的话语具有两个明显的向度，一个是自己的切身本己体验，一个是公共性的"语言"。这一点在索绪尔之后已经成为共识：针对公共属性的是"语言"，针对个人的是"言语"，这里不是语言学的研究，所以在此想追求的不是"语言"的真实性问题，而是"言语"的真实性问题。用福柯的话说，就是"作为外边的话语，用它的字词来容纳它对着说话的外边，这论述将会具有评论的开放性：那在外边不断呢喃者的重复。但作为永远停留在他所说者外边的话语，这论述将会是一个不断的前进，朝向那绝对锐利并从未领受语言的光的拥有者"②。

在此需要明确的是，我想把自己写的文字指向"身体"这一感知的拥有者，但是，当我决定这样做的时候，当我真实地把自己的选题定下来的时候，我还是面对着自己的自我怀疑，同时也面临着罗兰·巴特尔所说的"作者之死"的概念，在此，我想到了毕加索所说的话："一幅画挂上墙，就死了。"③但苏格拉底也说过，诗人爱自己写的诗歌就像世人爱自己的儿子一样，可如果按照福柯的解释，一句话对自己永远是开放的，那么，我也接受一句话：对听众来说，是死掉的语言。可是，这次生命的事件对我来说，我不接受它的死亡，我接受克尔凯郭尔的"按剂量服用"。我决定把它写下来为自己的生命经历奠基，我特别不信邪，决定以命相拼！

---

① [古希腊] 柏拉图. 柏拉图全集（2）[M]. 王晓朝，译. 北京：人民出版社，2003：275.

② [法] 米歇尔·傅柯. 外边思维 [M]. 洪维信，译. 台北：行人出版社，2006：104.

③ 陈丹青. 陌生的经验：陈丹青艺术讲稿 [M]. 桂林：广西师范大学出版社，2015：129.

在此，丹尼特的那句话给了我勇气和力量，他说从"胆大冒失的错误"中学到了比"谨小慎微的回避"更多的东西。这些像一个奥德赛式的探险和回归的冒险之旅，"不是孤立地认识问题"而是"跨越了许多领域；对许多令人困惑的问题的解决方案。与对话和提出异议的过程难分难解地融在一起，无法分离，在这个过程中，我从胆大冒失的错误中所学的东西，常常比从谨小慎微的回避中所学到的要多"①。

我为此找到了一个能够说服自己的理由，公共的语言没有义务为你的生命奠基，而一个人需要为自己的生命发生去捍卫，这种捍卫也是一种生命的敬畏，别人也许会用"至于吗"来表达他者生命的"无病呻吟"和"为赋新词强说愁"的不理解，也可以表达一种"好家伙，真厉害"的恭维和礼貌，但我宁愿相信那句话，他是能看到"痛苦"与"成长"的话语。它像"你得成为多厉害的人啊，吃了那么多苦"②。

另外，我的身体被麻醉后的真实体验也给了我信心，在日常的、习惯性的感觉中，手和腿以及大脑是一起进行感知的，这类似于集体无意识的感知方式。但是，当我们的腿被麻醉之后，我的手对腿的感知方式发生了变化，此时，腿由于被麻醉被孤立出了习惯性的感知系统，在这里，本己性或者有意识的部分仅仅是手和大脑，而腿开始表达出其陌生的属性，它在不用提出"我"这个主语的情况下也是成立的。具体而言，身体被麻醉后，手的感知是相对于腿的本己感知，由于腿无法在神经系统里与大脑同步，它也就不是一个感知的主体，而只能是客体，这就让感知因为缺乏了某种中介（在此是大脑）的"异己"性而获得更本己的特征。用福柯的外边思维来说，当腿被麻醉后，它就开始走向了外边，这是习惯感知之外的本己性和自我发现的属性。

在进行了上述的啰唆之后，我想我们可以重新去校正"理性"的问题，我并非否认理性的价值，而是否认以"理性"的名义去阉割"感性"的理所当然。换作我的生命体验来说，不是因为读了书让我变得理性，而是有了切

---

① ［美］丹尼尔·丹尼特. 意识的解释［M］. 苏德超，李涤非，陈虎平，译. 北京：北京理工大学出版社，2008：1.
② 这是北京师范大学的康永久教授听到我"腿断"后说的话，我在此引用并感谢。

身的生命体验之后，那些读过的书开始有了新的生命。因此，就"理性"这个词语背后的结构或者说其根基而言，我不认为它是"冷静"，也不认为它是一种"事后诸葛亮"。恰恰相反，我觉得它是一种文化的态度和生命直观，例如，文化学者格尔茨就认为文化是一种生命的知识和态度，文化"既不是多重所指的，也不是含混不清的：它表示的是从历史上留下来的存在于符号中的意义模式，是以符号形式表达的前后相袭的概念系统，借此人们交流、保存和发展对生命的知识和态度"①。

说"理性"是一种价值直观，来源于舍勒的界定，舍勒认为我们需要分清楚"价值事物"（善业）和"价值直观"（意愿），价值事物在现实生活中指向规范、利益等，而价值直观与个人的意愿生活息息相关，我们不能将价值直接指向于外在的价值事物，而应该指向于内在的价值直观，否则"每一个善业世界都可以通过自然或历史的力量而部分地被摧毁。如果我们的意愿在其伦常价值方面依赖于善业世界，那么我们的意愿也会一同被涉及"②。具体而言，理性是一种思考的能力，这种能力以胡塞尔所说的"内时间意识"为核心，代表着意识在个人内心的"当下化"，也就是说，我们将过去的、现在的和未来的"发生"重新借助思考能力而集中于当下，并在这个当下中进行生命的再体验，即"我们通过目光的变化可以发现，这个当下的、现在的、持续的体验已经是一个'内意识的统一'，时间意识的统一，而这正是一个感知意识。感知无非就是构造时间的意识连同其流动的滞留与前摄的各个相位"③。

另外，"理性"就其起源来说，它本身就来自希腊人对人类"本己性"的追求，它并不否认身体的感知，而是强调"思考的独立性"。古希腊哲学家为了寻找"构成人在宇宙中之独特地位的原理"，这原理"并不是来自于

---

① ［美］克利福德·格尔茨. 文化的解释［M］. 韩莉，译. 上海：上海译文出版社，2014：44.

② ［德］马克斯·舍勒. 舍勒全集：第2卷　伦理学中的形式主义与质料的价值伦理学：为一种伦理学人格主义奠基的新尝试［M］. 倪梁康，译. 北京：商务印书馆，2019：36.

③ ［德］埃德蒙德·胡塞尔. 内时间意识现象学［M］. 倪梁康，译. 北京：商务印书馆，2017：188.

生命的进化，它甚至是与生命和生命的表现相对而立的"①。于是，希腊人采用了"logos"这个词，或者也叫作理性。因此，理性并不是与肉体的感性相对立的概念，而是与能够呼吸的生命相对立的概念，这来自荷马的区分，"荷马区分了身体（demas，sōma）和心魂（psuchē②，或者魂气）。人死后，psuchē从口中呼出，离开肉体，前往哀地斯控掌的冥府，像一缕青烟"③。也就是说，荷马时代的古希腊人认为 psyche 是能够离开身体的某种独立性。

与 psyche 相类似的另一个词语是苏格拉底界定的 soul，这个概念在苏格拉底之后越来越被认可，其倾向于"独立思考""自觉的人格"的现代意义。另外，就荷马的用法而言，他仅仅强调 psyche 是在死后离开人的部分，在"荷马那里，psyche 在字面上完全是'鬼魂'的意思。他是某种在人活着时呈现在一个人那里的东西，而在死时就离开它。事实上，它就是'鬼魂'，是一个正在死去的人所'抛弃'的东西"④。也就是说，psyche 代表着人格中的"灰色地带"，与之相关的还有"阳光地带"，那就是苏格拉底所界定的"soul"，总体来说，psyche 这个词更加中性，但就用法而言，它更偏向于英文的"ghost"这个词语。

因此，psyche、soul 和 logos 共同构成了人类的理性要素，它并不是否认身体感知的存在，而是强调"清醒时刻""认知发生"和"道德人格"等内涵，强调我们的独立思考能力对肉体感知的超越性，而非一味地否认属性。试想，如果我们因为理性而否认身体感知的"鲜活"属性，我们的思考还能有什么内容？不言而喻，它会让人变得人云亦云，一旦被审问其对自己所说话语的自我面向，就是说，一旦我们问，你不要总是拿"人家说"来说事，

---

① ［美］阿弗德·休慈. 马克斯·谢勒三论［M］. 江日新，译. 台北：东大图书股份有限公司，1997：71.
② 笔者并不知道这个词语的英译词语，但是，在泰勒所撰写的《苏格拉底传》里，认为"在荷马那里，psyche 的意思在字面上完全是'鬼魂'的意思"，它不与 soul 等同，后者是苏格拉底所创造的概念，即灵魂，"灵魂是他正常的醒着时的智力和道德性格的所在地"，是一个"自觉的人格"。（［英］A.E. 泰勒. 苏格拉底传［M］. 赵继铨，李真，译. 北京：商务印书馆，2015：68.）
③ ［古希腊］荷马. 伊利亚特［M］. 陈忠梅，译注. 南京：译林出版社，2017：11.
④ ［英］A.E. 泰勒. 苏格拉底传［M］. 赵继铨，李真，译. 北京：商务印书馆，2015：69.

你自己觉得呢？他往往就会变得"不知所云"。这恰恰证明了康德的重要论断——思想没有内容是空的。这个时候，个人就会迷失在语言和信息的错综复杂中，就会出现一种"迷失"性的被动结果，而他者的信息或者说文化的无意识再制就会以个体"蒙昧"的方式进入其认知中，柏拉图的"回忆说"及其理性主义在某种程度上需要对这种态度负责。

柏拉图认为，现实的东西都不够稳定，转瞬就会消失，稳定的东西是神在我们来到这个世界之前提前给我们写入的东西，而我们通过自己的回忆可以想起神给我们写入的内容。这样，他就在绕过"发生"的基础上将某种价值观念绕开了身体感知的本己性，于是，原因的外在性就被直接嫁接在神秘的主体上，这为人类教条主义的发端开了一个坏头儿。罗素认为"柏拉图以后，一切哲学家的共同缺点之一，就是他们对于伦理学的研究都是从他们已经知道要达到什么结论的那种假设上面出发的"①。

然而，这并不是真实的"理性"，而仅仅是一种精致利己的算计，它会让个人的精神生活出现或迷茫或独断或诡辩的"一厢情愿"②。其一，他会变得迷茫，这种迷茫会深入他的内心，因为，他需要回避自己的身体感知，而身体感知又是他生命中的独一无二的东西。其二，他会变得独断，身体感知一旦被否认或者阉割，他就会把"未经尝试"的东西当作真理，此时精神性的东西就会和迷信性的东西缠绕在一起，在此，我们所说的迷信不仅仅涉及有形的鬼神这样的东西，它更多是与知识或者权力的权威相关。其三，他也会变得诡辩，因为人会首先相信自己的东西，当自己所信任的东西在未经自己校正的情况下被否定，他就会奋起捍卫，不管被捍卫的东西是真理还是一句话，争论的双方到最后会不欢而散，但很多时候，争论的双方会忘记自己争论的源头到底是什么。

为什么会这样？其原因就在于苏格拉底所说的，这种人生没有经过校

---

① ［英］伯特兰·罗素. 西方哲学史：上［M］. 何兆武，李约瑟，译. 北京：商务印书馆，1963：113.

② 这来自日本学者的一个界定，苏格拉底认为人类最重要的是"灵魂"，只要琢磨、修炼"灵魂"，就能变成"美好的人""良善的人"，而"当人在'坚守某种信念'时，并不会注意到自己的'一厢情愿'"。（［日］富增章成. 别笑，我是正经哲学书［M］. 徐雪蓉，译. 天津：天津人民出版社，2018：4.）

正。另外，冒险尝试新的东西要比保守更需要方法，保守不需要方法，因为已经有很多前人的现成的东西让我们使用，但是，冒险尝试不同，试想人类历史的每一次进步，都有相应的方法创新与时俱进，然而，这种方法的发现绝不是上文所反对的"旁观者清"这样的模拟，它来自个人身心合一的具身认知。而只有这个时候，认知和方法的契合点——科学化的对象才会出现。

科学的对象是在发现信息的本己性之后出现的，这种本己性贯穿了认知者和认知相对方，他们共同为科学对象的出现奠基，此时的"对象"不是作为"客体"的对象，而是作为认知者有明确意识指向的"对象"。用现象学的话说，"对象，并且任何一个对象，都有自己的特点，都有其内在的规定。这转化为现象学的说法就是：任何一个一般想象得到的对象作为一个可能经验的对象，都拥有自己的被给予方式的主观模态：它可以从模糊不清的意识背景中浮现出来，从那里对自我发出刺激并规定自我去集中注意地把握"①。

因此，理性更倾向于舍勒所使用的"精神"，"谢勒（即舍勒）更喜欢用'geist'（精神）一词，因它不但包括观念中具思考能力的'理性'（renson），并且还包括对本质的直观知觉（intuitive perception of essences；Wesengehalten）之能力，以及某些种类的意志性和情绪性行动如和善（kindness）、爱（love）、懊悔（repentance）、怖惧（awe）等。与'精神'相互关联的行动中心，谢勒称之为'人格'（person）"②。这样看来，现象学对于"psyche"和"soul"的界定存在向苏格拉底回归的特质，也就是要求我们具有"自觉"和"自我成长"的属性。另外，强调理性对身体感知的趋向仅仅是强调理性的本己性，而不是否定"理性"，它是将日常语言的理性进行现象学还原，因为很多时候，我们只能保证自己思考能力的成长，却无法保证其内心的"算计"，就像康德说的，一个人所说的必须真实，但他没有义务必须把全部真实都公开说出来。

---

① [德] 埃德蒙德·胡塞尔. 经验与判断：逻辑谱系学研究 [M]. 邓晓芒，等译. 北京：生活·读书·新知三联书店，1999：135.
② [美] 阿弗德·休慈. 马克斯·谢勒三论 [M]. 江日新，译. 台北：东大图书股份有限公司，1997：71.

三、自己与别人之间的当事人困扰

关于自己和别人之间的同情问题，我的生命体验是一种"当事人困扰"。当自己被人架上手术台，我真的找不到一个理性的视角，让自己站在一个客观的阳光地带隔岸观火。例如，当医生在面对我的身体的时候，对于他们来说，我仅仅是一个生命现象或者说工作对象，他们没有必要去"同情"我的感受。事实上，医生的聊天内容有时候确实会大尺度：会无视我这个切身体验者的存在。记得曾经的一次手术经历中，我的医生和另外一个医生聊昨天吃的什么，我清楚地记得他说羊肉炖萝卜。

然而，当真的"有同情"发生的时候会怎么样呢？它也许会出现情感流淌的过犹不及，负责我骨折手术的主刀医生是个好人，我曾经听他聊了一个类似的特别经历，他的儿子小时候手臂骨折了，他一开始也想着自己做这个手术，可是，"手里拿着手术刀，却怎么也下不去手"。这是他说给我的原话。在日常生活中，这种情况的发生甚至比上文的"同情"更为现实。但在一个外人的理性视角看来，自己的父亲给自己的孩子做手术应该是一件特别安全的事情，可事实的发生却并不如此。

为什么？这其实来源于我们日常生活中的"理性假想"。例如，一件事情在发生的时候我们会生气或者懊悔，但是，这件事发生过之后，我们回头再想的时候，我们会感觉："至于吗？我当时怎么不能理性些呢？"这其实是将我们与外在世界的联结媒介偷换了，在发生的时刻，我们是以当事人的身份参与其中，我们与外在世界的联结方式是我们整个身心，但是，当我们回头看的时候，我们与世界的发生就不再是整个身心了，而是站在了和别人一样的外在位置，此时的"理性假想"让我们和别人混同了。

为了解决这个"当事人困扰"问题，我想到的问题是作为人的本初参与性，意向的参与和假想的参与哪个才是更为真实的发生。我们渴望别人分担我们的痛苦，也渴望别人来分享我们的快乐，于是"人同此情"就出现了，但是，我们并没有深究这种"同情"的现实可能——我们参与他人情感的意愿问题。亚当·斯密强调这种同情感的获得来源于"想象"，"这种感情产生于我们看到或设身处地地想到他人的不幸遭遇时"①。他认为"感官绝不会也绝不可能超越我们自身所能感受的范畴，只有通过想象，我们才能形成有关我们感觉的概念"②。然而，这种"想象"的同情被舍勒所否认，"对于这种参与其他人感受而分享其喜乐忧愁的伦理学奠基方式，谢勒不予以赞同。他指出这种喜乐忧愁的分享只是一种'感受'（gefühle），而感受是随情况而变的，它不必然要涉及一个对象，它借由联想、知觉或想象而与对象连接在一起，故而在感受中我们多多少少有可能是'没有对象的'（objektlos）"③。

针对这种"随情况而变的"感受，我有三个问题：第一，他人的"肉体感受"能否作为要求成为我们的感受指向？第二，"想象的可能性"一旦"随情况而变"对于我们的危害是什么？第三，如果"同情"真的"随情况而变了"，我们的克服方法是什么？以上文所说的为例，当陌生人和自己儿子作为手术对象出现在医生面前的时候，医生的情感状态确实不一样了。之所以如此，是因为"当事人"的内心状态出现了差异，而非客观情况发生了变化，因此，对这个问题的分析也就不是没有必要的。

（一）他人的"肉体感受"能否作为要求成为我们的感受指向？

在此，亚当·斯密的理解是对的，"感官感觉"无法超越本身，这是人的自然属性，可它不是人的社会属性，在社会属性下，我们对情感的理解还有一种自动的"期待"，试想，我们在看电影的时候，不也期待"坏人"得到应有的下场吗？甚至，我们的整个观影过程都在等待这个结果的发生，如果这个结果发生了，我们就会欣然欢喜，而这个结果没有发生的话，我们就会怅然若失。其原因就在于，情感是一种"意识主导"的心理功能，它发生于自我与"既有心理内容之间的过程"，是在"接受或拒绝（'愉快'或

---

① 这里的同情概念是借鉴了亚当·斯密的"联想同情观"概念，他认为"无论一个人在别人看来有多么自私，但他的天性中显然总还是存在着一些本能，因为这些本能，他会关心别人的命运，会对别人的幸福感同身受，尽管他从他人的幸福中除了感到高兴以外，一无所得……即便是最恶劣的暴徒，即便是全然无视社会法律的违法者，也不会完全丧失同情心"。（［英］亚当·斯密. 道德情操论［M］. 王秀莉，等译. 上海：上海三联书店，2008：3.）

② ［英］亚当·斯密. 道德情操论［M］. 王秀莉，等译. 上海：上海三联书店，2008：3.

③ 江日新. 马克斯·谢勒［M］. 台北：东大出版社，1990：115.

'不快') 的意义上赋予心理内容某种特定价值的过程"①。然而这种"意识主导"的心理功能之发生是存在"偏好"的,其发生的媒介是个人的发生意向,同样的事情,我们可以采取拒绝的态度,也可以采取接受的态度。

因此,"肉体感受"不能作为我们同情的基础,究其根源就在于它并没有被意识的意向向度所关照,也就没有办法成为一个"客体化行为"。而同情却不同,它至少要在意识的接受或者拒绝维度上给出一个态度,这个态度构成了"客体化行为"的关键因素——意向性,而"任何一个意向体验或者是一个客体化行为,或者以这样一个行为为'基础'"②,"'非客体化行为'则意味着情感、评价、意愿等价值论、实践论的行为活动,它们不具有构造客体对象的能力"③。也就是说,肉体感受仅仅是同情现象的素材,其还需要一种客体化的意向体验,一旦没有这种意向体验,肉体感受也就无法实现有效的生命建构,无法实现生命的"惊险一跃",此时,生命会对自己的病痛或者怨天尤人,或者麻木化地认命。

在此,我们可以发现,同情需要一个"意向体验"的科学精神在里面,这甚至是一个人得以为人的关键要素,也许是这个原因让舍勒认为"人格是那个直接地一同被体验到的生活——亲历(Er-leben)的统一——不是一个仅仅被想象为在直接被体验物之后和之外的事物"④,舍勒否认那种背离"意向发生"来谈论情感的做法——离开"直接被体验物"的之后或者之外的方法去同情情感。在此,我们反对一种"恻隐之心",认为这种情感的所谓同情仅仅是人类情感的自然表达,是尚未客体化的自然言说。试想,在没有"发生"真实同情与理解的条件下,一个人表达出的同情很可能是一种盲目的附和,这和祥林嫂的街坊没有什么区别,它不仅不会给当事人带来宽慰,反而会给自己"戴上高帽子",也就是相信自己是一个"随和"的人。事实上,

---

① [瑞士] 卡尔·荣格. 荣格论心理类型 [M]. 庄仲黎,译. 台北:商周出版社,2017:484.

② [德] 埃德蒙德·胡塞尔. 逻辑研究:二(1)[M]. 倪梁康,译. 北京:商务印书馆,2017:952.

③ 倪梁康. 胡塞尔现象学概念通释 [M]. 北京:商务印书馆,2016:20.

④ [德] 马克斯·舍勒. 舍勒全集:第2卷 伦理学中的形式主义与质料的价值伦理学:为一种伦理学人格主义奠基的新尝试 [M]. 倪梁康,译. 北京:商务印书馆,2019:542.

这仅仅是一些"集体无意识"的满足，否则，也就不会出现后来的结果——当祥林嫂一直不停地唠叨阿毛的时候，街坊再也不会同情，而是带着蔑视。

这看起来是个家长里短的小问题，但在我看来却是一个涉及家国的文化大问题，试想，在一个民族或者一个家庭或者一段人际关系的社会背景下，大家对肉体感受者这种切身的体会一方面没有办法给予切身体验，另一方面，交流的核心又因为缺少"客体化"态度错过了意向性体验及其情感的发生这个关键内核，这很容易让情感的同情变成盲人骑瞎马的危险，这就在交流的双方之间形成一个"集体无意识"的鸿沟。一边是肉体感受因客体化不足而无法言说，一边是因为缺乏意向性的客体化凭借而理解无能，于是，人和人之间的关系就会被动地停留在"直接被体验物之后和之外的事物"这一外围的空间中。

这样，我们就没有办法在人与人之间实现富有建设性的交流和合作。此时，"想象的可能性"开始代替现实的发生性，于是，个人开始随意地解释，例如，我们在和人交往的初期，总是觉得对方心里会"有数"，而却忽略了相对方也会在"有数儿"问题上做有利于自己的解释，这样，在时间的流变中，一个人会随着自己的期待一次又一次地落空而畸变出"怨气"，而另一个人呢，由于他并没有跟随前者进行"同情"维度的"同频"，所以，他可能会在面对"怨气"的时候表达出"无辜"，这更会加剧怨气的质变。另一方面，面对人生的疾苦，我们虽然有很多的文章和诗篇，但却闭口不谈"苦"是什么，它是怎么发生的，我们的文化历史上也缺少绝对的"悲剧"。我们有"苦其心志……困于心，衡于虑，而后作；征于色，发于声，而后喻"等话语，却没有现代意义上的意识科学。

（二）"想象的可能性"一旦"随情况而变"对于我们的危害是什么？

在同情问题上，如果出现用"想象的可能性"代替"发生的现实性"这一趋向，那么，同情就会让同情持有人自己出现困扰，它会增加我们的"不当期待"和"独断"。此时的心理发生仅仅指向结果性的情感表现，例如"恨""懊悔"等应该表现的样子，就像祥林嫂的邻居所要表现的样子一样。可是，一旦"随情况而变"的情况不是真实的情感发生情境，而是面对情境之后的观念生成，就像上文所说的庄子案例，对死者的尊重是一个集体观念的"理性"要求，但是"庄子"这个当事人对待此情境的观念构成是我们忽略的情感情境，后者是个体性的现实情感发生，据此，鼓盆而歌和痛哭流涕应得到同等地尊重。

一旦我们按照集体观念的表象方式进行思考，那么，我们在自己的情感描述内容中就没有区分那些"可分离的、不属于意向本质的组成部分：在行为意识中（在意向本质中）经历了对其立义的'内容'，即感觉材料与想象材料"①，这样，我们就对自己的表象行为做了宽泛的理解，而这种理解的指向是涂尔干所说的刚性团结，即集体表象以平均的方式存在于每个社会成员心中，此时的情感就会出现胡塞尔所说的"认之为真的"② 的广义理解。因为它含有"判断"这个理性的思维加工方式，而在判断中，以"应然"为要求的集体表象方式就以集体无意识的方式成了我们的思想凭借。

此时，我们觉得我们会采取某种情感的立场，可是，由于我们与这种情感的发生方式并不是"当事人"的切身感受情境之发生，而是社会性观念的集体要求——一个标准化的表现，于是，想象作为一种发生凭借更类似于荣格幻想概念的结果——幻象，即"某个观念综合体，而且还因为不合乎外在的事实情况而有别于其他的观念综合体。虽然，幻想最初可能建立在一些与实际体验有关的记忆图像的基础上，但幻想的内容却不符合外在的现实，大体上，它们只是一种实现、一种创造性心理活动的结果，或是一种具有能量的心理要素组合而成的产物"③。

然而，这种幻想的"不当期待"也确实存在于我们心中，但它仅仅是一些"观念的综合体"，并且它并没有区分"感觉材料与想象材料"，其导致了一个结果：能动性的人和被动性的结果之间的无法结合，此时人的思考内容并不是情境，而是观念，并且是一个尚未被校正的观念。这就决定了思考出现缺乏情境内容的空想现象，其原因就在于他并没有区分"我想"和"我觉

---

① ［德］埃德蒙德·胡塞尔 . 逻辑研究：二（1）［M］. 倪梁康，译 . 北京：商务印书馆，2017：969.

② ［德］埃德蒙德·胡塞尔 . 逻辑研究：二（1）［M］. 倪梁康，译 . 北京：商务印书馆，2017：952.

③ ［瑞士］卡尔·荣格 . 荣格论心理类型［M］. 庄仲黎，译 . 台北：商周出版社，2017：509.

得"之间的感觉材料和想象材料，这就让他的思维在对象的确切指认上出现混乱。

这种混乱会将"问题"界定为"麻烦"，此时，个人的情感关怀很容易被情绪释放所掩盖，"情感是一种可供个体任意支配的功能，而情绪通常不具有这种功能。情绪由于本身那种可被察觉到的神经支配而明显地与情感有所区别，因为，大部分的情感缺乏这种神经支配，或只具有相当微弱的神经支配"①。也就是说，情感和情绪的最大区别在于"个体任意支配"，一个人没有办法支配的部分情感就变为了情绪，而一个人只要为自己的情绪化找到理由，情绪就会反过来压制情感，这就是我们能够理解很多的情感，却很难理解一些情绪的原因。这就像庄子当年的鼓盆而歌，同样是面对死亡事件，庄子认为自己的妻子重新开始了人生，值得庆贺，这对庄子来说是能够让他自己支配的情感。

此时，基于同情的想象就表现出来积极的意义，所谓同情想象的积极意义是指同情作为一个能动性的想象活动，它与人类情感发生的真实情境强相关，而与人类文化性的观念弱相关，这就避免了荣格的"幻想"，也避免了胡塞尔所批判的"认之为真"。甚至它也远远地回应了康德的思想与直观的关系，康德认为思想需要以观念为内容，而观念代表了直观的方向。在这样的思想下，同情所凭借的东西就不是观念，而是客体化的直观方式，观念的价值在于大家能够凭借观念与所直观的内容进行交流。

具体而言，同情所赖以存在的直观代表了我们客体化行为的初步阶段——自然感觉阶段，进一步的发展才是同情的独特的社会性积极价值，它能够让大家走到一个共同的情境面前进行共同的观看体验，否则，同情就变成了无本之木。其弊端就是将交流的目的变成了说服，变成了将别人工具化进而让别人顺从自己的说服，因为它将"看法"剥离了当事人曾经的情境，将干瘪的外在表现当作了"感觉材料"，而没有区分感觉材料和想象材料。事实上，我们看到的东西远没有我们想象的东西对我们的观念形成那样直接，例如，一旦我们明白了庄子的真意，并尊重了当事人的情境面对方式，

---

① ［瑞士］卡尔·荣格.荣格论心理类型［M］.庄仲黎，译.台北：商周出版社，2017：465.

那就会出现真实的同情，而不是一种集体无意识的"不当期待"。

（三）如果"同情"真的"随情况而变了"，我们的克服方法是什么？

同情之所以会出现不当期待或者独断，其根源在于同情的发生需要借助"表象"行为，而我们表象的对象有两个：一个是直观要素，另一个是"观念综合体"。这就像"狗"，我们可以表象直观要素——狗这种生物，也可以表象观念综合体——走狗、奴性或者忠诚。这就像胡塞尔所正确指出的那样，表象是多义的："显而易见，与'表象'相关的表达也与之相符，是多义的。这一点尤其切中关于'一个表象所表象的东西'的说法，即关于表象'内容'的说法。"①

"表象"是"vorstellung"这个德语的翻译，偶尔也被翻译成"观念"，康德用来表示"放在心灵之前的东西"，它的内涵极其广泛，"感性直观、范畴、理念，各种各样的原理等都可以被称为表象"②。胡塞尔的还原方法让"表象"带有了"直观"的要素，"我在这里要说，如果我们在现象学上查明了在表象与对此表象之表象之间的这个区别，一个表象行为本身便会直接直观地展示给我们。但如果这种情况不存在，那么我们就无法找到任何一种可以论证这样一个区别之合理性的论据"③，也即我们需要找到"表象"这个动词与"对此表象之表象"的意义附加之间的确切关系，而这种关系的发生与情境的当下化及其充实有关。

关于"充实"，胡塞尔强调"现象学的统一得以产生，它现在自身宣示为一种充实意识。对象的认识和含义意向的充实，这两种说法所表达的是同一个事态，区别仅仅在于立足点的不同而已。前者的立足点在于被意指的对象，而后者则只是要把握两方面行为的关系点。从现象学来看，行为在任何情况下都存在着，而对象则并不始终存在。因此，关于充实的说法更具特色地表达了认识联系的现象学本质。符号行为（signifikation）与直观行为可以

---

① ［德］埃德蒙德·胡塞尔. 逻辑研究：二（1）［M］. 倪梁康，译. 北京：商务印书馆，2017：969.
② 邓晓芒.《纯粹理性批判》讲演录［M］. 北京：商务印书馆，2013：57.
③ ［德］埃德蒙德·胡塞尔. 逻辑研究：二（1）［M］. 倪梁康，译. 北京：商务印书馆，2017：971.

发生这种特殊的关系，这是一个最原始的现象学事实"①。

例如，"你这人还真狗啊"这句话，对这句话的同情来源于不同的现象学发生性充实意向，我们可以通过上文说的观念综合体——忠诚或者奴性与之发生关联，此时，我们的情感状态就会出现些许的分歧：忠诚的发生会让我们有安全感，而奴性的发生却让我们气愤。另外，在现象学发生的语境中，我们对"狗"的直观不仅仅包括对狗这种生物的自然态度，它还有"表象行为本身便会直接直观地展示给我们"这样的直观行为，就像我们前文所说的，基于自然态度的肉眼直观代表着我们的肉体感受，它很难同情，但"表象行为"却可以通过直观予以同情。

此时，"狗"这个观念综合体的发生凭借不再限于肉体直观，在进入表象之后，我们的思维会产生一个"充实"行为，也即用我们的直观去充实我们的观念符号。"纯粹符号的行为是'空乏的'意向，它们缺少充盈因素，因此对于客体化行为来说有效的只能是质性与质料的统一"②，而此时的质性和质料不再仅限于肉体直观这一自然要素，它开始将"你这人还真狗啊"这句话的整体作为对象，去还原这句话的发生情境，去想象这句话的现象学发生基础——彼时彼刻的"情境"。

这样，我们会将康德的"放在心灵之前的东西"进行转译。此时的发生不再是从直观到概念的康德模式，而是一个从观念到直观的还原模式。胡塞尔认为"表象某物现在就意味着：对一个单纯被思维的东西进行一个相应的直观，亦即对一个虽然被意指但远远还没有充分直观化的东西进行一个相应的直观"③。康德的发生模式是单向的，这很像一个刚开始会说话的孩子与其亲人的交流。例如，孩子刚开始咿呀学语的时候，他会对着汽车"啊……啊"地发声，而亲人则会用观念来进行回应——"汽车"。在这里，"自我比对象更原初地具有同一性，而且对象可以说是从自我那里

①　[德]埃德蒙德·胡塞尔.逻辑研究：二（2）[M].倪梁康，译.北京：商务印书馆，2017：1022.
②　[德]埃德蒙德·胡塞尔.逻辑研究：二（2）[M].倪梁康，译.北京：商务印书馆，2017：1091.
③　[德]埃德蒙德·胡塞尔.逻辑研究：二（1）[M].倪梁康，译.北京：商务印书馆，2017：963.

才承袭了它……但这个联系——正如对象与行为一般的联系——不是片面的联系，而是一个相互的联系"①。大体而言，我们听到的东西具有观念性，看到的东西带有直观性，在生命原初的发生方式上，我们是从"听"到的观念开始融入这个世界，但当自我作为一个主体将"观念综合体"作为认识对象进行认识的时候，就会出现克尔凯郭尔所说的"倒着活"，此时，我们需要将康德的"心灵"之前的东西走向"直观充实"，即从观念到直观的回归。

第三节　倒着活的路标：从同情到同情的
悬置与发生

一、柏拉图的理念与亚里士多德的"自己知道"

总体而言，现象学的转向代表着"柏拉图理念"的悬置之路，悬置是一种现象学的方法，与批判性的悬置、怀疑论式的悬置及其不可知论式的悬置都不同，它的要求在于"不允许有任何立场"②。它要求我们克服主观臆断，这种主观臆断让人在浑然不觉中用一种观念性质代替了另一种观念性质，而在此态度执掌中，我们将事实状态移除出了我们的认识范畴。例如，同样是用智谋，对于我们自己人来说，我们就用足智多谋，对于敌对者来说，我们就说诡计多端、狡猾等，这些词语的适用在文学作品中是可以的，但是，在认识论中却要尽力避免。因为认识论的文学用法会让认知的发生走入神秘主义的隐喻，这来自柏拉图的工作。

在柏拉图那里，"观念的形态"或者说"理念"是一个"是什么"的"本体论"问题，它对丰富多变的外部世界采取了不信任的立场。为了克服

---

① ［德］马克斯·舍勒. 舍勒全集：第 2 卷　伦理学中的形式主义与质料的价值伦理学：为一种伦理学人格主义奠基的新尝试［M］. 倪梁康，译. 北京：商务印书馆，2019：546-547.

② ［德］埃德蒙德·胡塞尔. 欧洲科学的危机与超越论的现象学［M］. 王炳文，译. 北京：商务印书馆，2017：298.

这种多变性，柏拉图认为"理念"或者说"观念"是一个稳定不变的存在，人类获取它的方式是回忆：

"灵魂是不朽的，重生过多次，已经在这里和世界各地见过所有事物，那么它已经学会了这些事物。如果灵魂能把关于美德的知识以及其他曾经拥有过的知识回忆起来，那么我们没有必要对此感到惊讶。一切自然物都是同类的，灵魂已经学会一切事物，所以当人回忆起某种知识的时候，用日常语言说，他学了一种知识的时候，那么没有理由说他不能发现其他所有知识，只要他持之以恒地探索，从不懈怠，因为探索和学习实际上不是别的，而只不过是回忆罢了。"①

从这段引文我们可以发现，柏拉图的方法将人类认知发生的凭借转向了外部世界——理念，而获取的方式也是"回忆"这种超越于经验发生的神秘方法，就像他所说的"探索和学习实际上不是别的，而只不过是回忆罢了"。这样，他就将人类与外在世界的真实关系及其情感关联给消弭了。

与柏拉图同时代的亚里士多德强调个体的具体发生，他正确地指出"个体内部的发生"方式，亚里士多德"已经特别强调学问不是以实用为目的的。他以为人类有目的的活动有两种，一种是目的在外的，一种是目的在内的。前一种以这一活动自身以外的事物为目的；因为目的的既达，这一活动即自停止。后一种即以这一活动自身为目的；因此它继续不断向前进行……希腊人研究科学，目的就在研究；因此科学继续发展"②。亚里士多德在这里表现出与柏拉图非常不同的趋向，他更加强调一种个体的获取性和内在性，因此，他认为"每个人对他知道的东西做判断时，这个判断就会是一个好判断"③。

另外，与柏拉图的"回忆"说知识获取方式不同，亚里士多德强调"知道为什么"的重要性，他认为知道为什么的是技术家，不知道为什么而只会做的是经验家，技术家比经验家更聪明，因为"知其所以然者能教授他人，

① ［古希腊］柏拉图.柏拉图全集：第1卷［M］.王晓朝，译.北京：人民出版社，2003：507.
② 江日新，关子尹.陈康哲学论文集［M］.台北：联经出版事业公司，1984：8.
③ ［古希腊］亚里士多德.尼科马亥伦理学［M］.刘国明，译.北京：光明日报出版社，2007：6.

不知其所以然者不能执教；所以，与经验相比较，技术才是真知识；技术家能教人，只凭经验的人则不能"①。在这里，亚里士多德用三个方面将人类认知活动的目的性从外部转向了内部：其一，将回忆说所塑造的外部原因转向了"自己知道"这一内部的原因；其二，将"理念"的外在性转向了"知道为什么"的内在性；其三，将认识对象的"神秘性"回忆及其灵魂学说转化为"发生的原因探求"。

这样，柏拉图将"发生"问题置于了"人"的外部，亚里士多德却将"发生"问题置于了人的内部。然而，在随后的中世纪中，人类认知范式的主流思想却是柏拉图式的，而不是亚里士多德式的，"公认的各派哲学——柏拉图派的学园、逍遥学派、伊壁鸠鲁学派和斯多葛派——都一直存在着，直到公元 529 年才被查士丁尼大帝（出于基督教的顽固性）所封闭。然而这些学派，自从马尔库斯·奥勒留的时代以来，除了公元 3 世纪的新柏拉图派而外……没有一派表现过任何的生气"②。

这样，在随后的时代，如何将柏拉图的理念进行悬置成为主要哲学的问题，或者说成为主要的认识论问题。在文艺复兴以及随后的思想脉络中，我们越来越知道所谓的"观念"仅仅是一种直观方式下的观念，仅仅是我们对"自己"直观到的要素进行不同表象的结果，而不同的表象设定代表着不同的观看方式。

二、笛卡尔的怀疑方法

针对柏拉图的"回忆说"及其理念的客观性，笛卡尔提出了"我思故我在"来推翻这个学说，即"即有我，我存在这个命题，每次当我说出它来，或者在我心里想到它的时候，这个命题必然是真的"③。笛卡尔明确表达了自己写作《沉思集》的目的是悬置一些不切实际的想法和感觉，从而找到他心

---

① [古希腊] 亚里士多德. 形而上学 [M]. 苗力田，译. 北京：商务印书馆，1991：2.

② [英] 伯特兰·罗素. 西方哲学史：上 [M]. 何兆武，李约瑟，译. 北京：商务印书馆，1963：350.

③ [法] 勒内·笛卡尔. 第一哲学沉思集：反驳和答辩 [M]. 庞景仁，译. 北京：商务印书馆，1986：25.

心念念的那个阿基米德点。他说："恰恰相反，我宁愿不要人去读这本书，除非他能够和我一样认真地沉思，以便将他们的心灵从感官和先入为主的观念中摆脱出来。"①

笛卡尔的思路是这样的，如果灵魂真的像柏拉图所说的那样，它是不死的，并且带有神提前写入的信息，而神不会怀疑自己，所以，神也不会写入一个怀疑自己的存在，那么，一定有另一个怀疑的主体性"我"存在，并且这个我，"是一个在思维的东西。什么是一个在思维的东西呢？那就是说，一个在怀疑，在领会，在肯定，在否定，在愿意，在不愿意，也在想象，在感觉的东西"②。这样，笛卡尔就打破了柏拉图及其继承者所开创的带有神秘主义的思维模式，而这个模式的主要思路并不是去认识这个世界，而是为了表达对上帝的信仰情感。

笛卡尔开创了"从神到人"的思维模式，从此以后，人的主观性及其转向开始变得具有认识论的意义，然而，笛卡尔的悬置方法是怀疑式的悬置方法，因此，它也就无法避免对自我的怀疑。他一方面改变了柏拉图以来的"神秘主义"，神秘主义曾经是整个中世纪时期的思维模式，这种模式以对上帝的情感为主要方向，"主流的基督教会所宣扬的信仰与爱的准则却排斥知识：依照基督教的价值观，只因为拥有知识而显得卓尔不群的属灵人，其实是比较没有价值的人"③。另一方面，笛卡尔也开始了一种被称作"笛卡尔之妖"的主观怀疑方式，"笛卡尔以后的哲学家大多都注重认识论，其所以如此主要由于笛卡尔。'我思故我在'说的是精神比物质确实，而（对我来讲）我的精神又比旁人的精神确实。因此，出自笛卡尔的一切哲学全有主观主义倾向。"④

实事求是地讲，笛卡尔怀疑方法的积极意义在于将神秘情感转向了人类

① DESCARTES R. Meditations on First Philosophy [M]. Translated and Edited by John Cottingham, Cambridge：Cambridge University Press, 1996：8.

② ［法］勒内·笛卡尔. 第一哲学沉思集：反驳和答辩 [M]. 庞景仁，译. 北京：商务印书馆，1986：29.

③ ［瑞士］卡尔·荣格. 荣格论心理类型 [M]. 庄仲黎，译. 台北：商周出版社，2017：31.

④ ［英］伯特兰·罗素. 西方哲学史：下 [M]. 何兆武，李约瑟，译. 北京：商务印书馆，1963：87.

的认识论这样的问题，也即从神学向科学转化的分水岭作用。但是，笛卡尔的"怀疑"方法推崇"精神"性，他认为精神比肉体更具有确定性："我首先看出精神和肉体有很大差别，这个差别在于，就其性质来说，肉体永远是可分的，而精神完全是不可分的。因为事实上，当我考虑我的精神，也就是说，作为仅仅是一个在思维的东西的我自己的时候，我在精神里分不出什么部分来，我把我自己领会为一个单一、完整的东西。"① 在此，怀疑这种精神性的存在开始具有比肉体更加稳定的价值。

另外，自笛卡尔以来的主观性认知活动的转向是一个大问题，在此不能全面展开，但他的思路确实卡在了人类思维转向的里程碑的位置上，而这个脉络从某种角度上说是越过了柏拉图与亚里士多德之间的纷争，或多或少是向苏格拉底的回归，即未经省察的人生不值得度过。然而，这个省察的对象却不是人生的自然性——吃饱喝足这样的问题，它涉及我们心灵之中的观念的成因问题，或者说表象问题，就像《理想国》里描述的，当我们按照正义去活着的时候，我们是否对正义本身的内涵有过界定？

然而，笛卡尔的思路并没有离开本体论的思维空间，他还是想要找到那个稳定的支点。也即他的理论预设与柏拉图并没有根本的区别，在此，他的思路有一个大的弊端，那就是"怀疑自我"，一旦神学的外在视角不再成为怀疑的对象，或者说外在目的的被怀疑对象——神消失之后，人就开始怀疑自我。事实上，也确实如此，笛卡尔将神秘情感转向了人类的认识论范式，但是随后的哲学分歧并没有消失，它变成了经验论和理念论之间的分歧，经验论以洛克为代表，理念论以莱布尼茨为代表。

三、洛克的批判模式

洛克同样以柏拉图的"回忆说"为理论对手，只不过他所采用的方法并不是怀疑，而是批判，他的问题是："他是如何得到那些观念的？"他进一步批判那种靠回忆来获得"受生之初"的观念标记，提出了他著名的白板说："一切观念都是由感觉或反省来的——我们可以假定人心如白纸似的，没有

---

① ［法］勒内·笛卡尔. 第一哲学沉思集：反驳和答辩［M］. 庞景仁，译. 北京：商务印书馆，1986：98.

一切标记，没有一切观念，那么它如何会又有了那些观念呢?"① 在洛克的思维里，这些东西的来源在于经验。洛克是经验论的鼻祖级人物，"洛克对形而上学是蔑视的……'实体'概念在当时的形而上学中占统治地位，洛克却认为它含混无用，但是他并没有大胆地把它完全否认"②。

不可否认，洛克的经验论思维范式对后世的心理学和哲学产生了深远的影响，知识获取方式的经验凭借也让它更容易被人亲近。与笛卡尔低估身体的价值不同，洛克认为"感官"对象是观念的第一来源，对自己心灵活动的各种知觉是我们观念获取的第二个来源，"我们的心灵在反省这些心理作用，考究这些心理作用时，它们便供给理解以另一套观念，而且所供给的那些观念是不能从外部得到的。属于这一类的观念，有知觉（perception）、思想（thinking）、怀疑（doubting）、信仰（believing）、推论（reasoning）、认识（knowing）、意欲（willing），以及人心的一切作用"③。

现在看来，这些东西也许并不是那么"惊人"，但在洛克的时代，这些思想是革命性的。它所说的"那些观念是不能从外部得到的"这一论断非常具有创造性，其"发生"学的启发也许延伸到了胡塞尔的"内时间意识"。另外，洛克发生的外部感官性还是带有先验的视角，他说"我们的感官，在熟悉了特殊的可感的物象以后，能按照那些物象刺激感官的各种方式，把各种事物的清晰知觉传达于人心"④。在这里，熟悉了"特殊的可感的物象以后"是一个充满迷惑的界定，试想，一个孩子在刚刚学习说话的时候，他会发明自己的词语，他会将斧子叫作"扁头槌"，当然，这个名字带有其原有事物的痕迹，但却也包含了个体内心的那种自动性在里面——发生的纯粹内在性。

事实上，洛克在这里并没有注意到"发生"的纯粹内在性，其"熟悉了

---

① ［英］约翰·洛克. 人类理解论［M］. 关文云，译. 北京：商务印书馆，1959：73.
② ［英］伯特兰·罗素. 西方哲学史：下［M］. 何兆武，李约瑟，译. 北京：商务印书馆，1963：139.
③ ［英］约翰·洛克. 人类理解论：上册［M］. 关文云，译. 北京：商务印书馆，1959：74.
④ ［英］约翰·洛克. 人类理解论：上册［M］. 关文云，译. 北京：商务印书馆，1959：74.

特殊的可感的物象以后"还是带有观念发生的验前本己属性①。因为，这一部分的观念熟悉过程可能是社会文化的传播。这里有一个例子，在我的孩子两岁的时候，她的眼睛里进去了一些柳絮或者其他的小东西，这时候老人会用舌尖儿给她舔出来，所以，她也知道了这个东西。后来，有一次，她拉臭臭，因为没有擦干净，她感觉不舒服，于是，她对老人说：舔舔。此时大家既感觉难为情，又感觉好笑，"舔屁股"在我的老家具有的文化内涵，就是一个人放弃自己的自尊去讨好别人的行为。然而"舔舔"此时就面临"观念"和"动作"的独断。

此时，最容易发生的误解来源于"舔舔"这个字眼在"被给予性"上所面对的主体是个体还是一般化的文化要素。所谓"童言无忌"就是这个道理，我们之所以对"童言"保持了开放态度，就在于他们在适用语言的时候所采取的立场是个体立场，而洛克却否认这个立场，"每一个特殊的事物万不能各有一名——第一点，每一个特殊的事物并不能各有一个特殊的名称"②。事实上，这里涉及一个自然立场和文化立场的问题，在自然立场下，洛克的弊端还不太明显，但是在个体的文化立场下，发生的"本己"性是一个需要悬置的问题。

对这一问题的讨论并非无中生有的矫情，其中折射了思维方向的差异。总体而言，在现象学的发生观念产生之前，整个人类的认识论其实还是从外部走向"心灵"的外烁立场，洛克在此也是将外在的事物在心灵之中的发生问题作为研究对象，因此，其触发要素的考量也更多是关注外在事物的动机概念，而动机类似于亚里士多德的"动力因"，它将人类认知发生的凭借指向了外部，这导致动机是经验心理学的一个重要的描述方法。"当我们描述某种力——它作用于有机体或有机体内部，发动并指引行为——时，我们便

---

① 所谓的验前属性是德语 a priori 在韦卓民中的翻译，其中的关键词汇 a priori 一般翻译成"先天的"或"先验的"。但是韦卓民认为应翻译成"验前"。韦卓民认为这个词"先天"容易与"与生俱来"相混淆，而"先验"与"transzendental"的"先验"译法重叠，故翻译成"验前"，即"在经验之前"的意思。参见 [德] 伊曼努尔·康德. 纯粹理性批判 [M]. 韦卓民，译. 武汉：华中师范大学出版社，2004：7.
② [英] 约翰·洛克. 人类理解论：下册 [M]. 关文云，译. 北京：商务印书馆，1959：421.

使用动机（motivation）这个概念。我们也用动机概念来解释行为强度（intensity）的差异。我们将较强的行为看作较高动机水平的结果。另外，我们还经常使用动机概念来说明行为的坚持性（persistence）。高水平的动机行为，即使行为的强度较低，通常也会持续下去。"①

　　然而，"动机"这一外烁的立场很容易让个体的表达以无意识的方式进入社会文化的权力范畴。以上文孩子嘴里的"舔舔"为例，如果以外在动机为考察标准，就会出现分歧，"舔舔"在这里就不再仅仅是去掉眼里的小东西的本己性动作，它变成了一个"侮辱"性的动作，并且这种侮辱情感的发生凭借不是直观要素，而是洛克所说的去个体感觉及其相关具体情境的"观念"。此时的个体由于缺乏文化观念的主体性而成为被裹挟的对象，这个时候连基本的理解都很难做到，更不要说什么同情的话了。为此，胡塞尔专门提出"我，这个我，超越于所有对我有意义的自然的此在之上，并且是每一种超越论的生活的自我极。在这种超越论的生活中，世界首先纯粹作为我的世界而有意义；用一种完全具体化的说法来说，我，这个我，包含所有这一切"②。在胡塞尔这里，发生不再是洛克的经验心理学所要借助的动机概念，因此，它有点儿类似于亚里士多德的"目的"因，这也决定了他用意向性来描述人类行动的原因。此时，这个思路开始由外部转向内部，而认识论历史也出现了莱布尼茨的针锋相对。

四、莱布尼茨的大理石纹理批判

　　从某种角度上说，"发生的本己性"，或者说将自我作为一个对象去认识是莱布尼茨的重要贡献。当洛克用"白板说"来反对柏拉图的"回忆说"的时候，他并没有考虑到人类个体的天赋差别，为此，莱布尼茨提出了它著名的"大理石纹理"论断，"我也曾经用一块有纹路的大理石来做比喻，而不把心灵比作一块完全一色的大理石或空白的板，即哲学家们所谓的 tabula

① ［美］赫伯特·L·皮特里. 动机心理学［M］. 郭本禹，等译. 西安：陕西师范大学出版社，2005：12.
② ［德］埃德蒙德·胡塞尔. 欧洲科学的危机与超越论的现象学［M］. 王炳文，译. 北京：商务印书馆，2017：233.

rasa（白板）"①，也就是说，心灵的内部发生既不是白板一块，也不是外在世界的直接映像，它是一种带有能动性的生成物。为此，莱布尼茨批判经验主义的固执，认为经验主义的联想和禽兽的联想一样，"他们以为凡是以前发生过的事，以后在一种使他们觉得相似的场合也还会发生，而不能判断同样的理由是否依然存在"②。

为了讨论人类认知发生的本己性，莱布尼茨区分了"知觉"（perception）和"统觉"（apperception），前者对于认识的作用在于"表象"，而后者与发现自己有关。莱布尼茨所使用的词语为"s'appercevoir"，它是一种"对内部状态的意识或反省的认识"③，从某种角度上说，莱布尼茨在笛卡尔和洛克的基础上开创了更为革命的理论，他一方面批判洛克的白板说（前文已经述及），另一方面，他批判笛卡尔学派忽略发生的内在性，"包含和表现单元或单纯实体中的诸多的过渡状态不是别的，即是人们所称的知觉，你应该把它和以后要出现的'领悟'或'意识'妥为分别。就是在这点上笛卡尔学派的学者们犯了大错，将一个不能体会到的知觉视为什么也不存在"④。

莱布尼茨的这段话具有很强的启发性，虽然它的单子学说被冠以独断的罪名，但如果我们联系胡塞尔的"我，这个我"就会发现，他的内心是在思考一个自我意识的问题，也就是将自我作为一个对象去思考的问题，在此，"表象"更多涉及我们的肉体感官的获取性，而统觉则涉及我们思维的自动性。而这个自我意识在洛克和笛卡尔那里并没有得到区分，这让他们两个人的思维很容易陷入形而上的泥潭中无法自拔，也许因为这个原因，"统觉"这个概念被后世的康德所借用。

另外，不管是柏拉图的理念说，还是洛克的白板说，还是笛卡尔的怀疑

---

① ［德］威廉·莱布尼茨．人类理智新论：上册［M］．陈修斋，译．北京：商务印书馆，1982：6.

② ［德］威廉·莱布尼茨．人类理智新论：上册［M］．陈修斋，译．北京：商务印书馆，1982：5.

③ ［德］威廉·莱布尼茨．人类理智新论：上册［M］．陈修斋，译．北京：商务印书馆，1982：113.

④ ［德］威廉·莱布尼茨．单子论［M］．钱志纯，译．台北：五南图书出版公司，2018：68.

说，都带有一种独断的想法，这让我们在肉体表象与内意识之间无法取舍，就算我们像苏格拉底所提倡的那样去校正我们的观念，也没有办法去澄清我们面对观念的主体，而一旦面对的主体没有了，主体的面对方式也就消失了，这就让双方讨论的焦点掉进了经验主义的过去式思维。也就是说，就算我们知道了某件事情的发生与引起这件事的原因，这也只能表明，我们此时知道的东西是"因果"性，而不是"因果必然性"，此时，如果我们想要发生的事情按照自己想要的意向去发展，那么我们就需要重新塑造条件，而此时的条件涉及一个"微调"的现实，这一微调导致"因果必然"的机械模式无法适用。

事实上，人并不是一个被动的承担者，人的内心一直具有某种程度的发生意识，当然这一部分是由康德来最后完成的。康德曾经举例子说，我们看到某人去挖墙脚，从经验的视角看，我们只能在墙倒掉之后才能说出"挖"的动作与墙倒掉之间的关系，可事实上，我们并没有看到倒掉，那是什么在言说"你别挖了，墙会倒掉"，不言而喻，这就是莱布尼茨的"统觉"。而一旦离开了这个统觉，我们对外在事物的面对方式就仅仅剩下了"表象"这个自然观看方式，就算有情感的加入，也仅仅是被动地加入，此时的情感发生就像离开了情感枝头的叶子一样，飘荡在空中，等待着枯萎与误解，其原因就在于情感成了观念的附属，而不是情境的交流工具。

五、休谟对因果必然性的悬置

（一）休谟的工作

休谟所关注的问题不是外在自然范畴的因果必然性问题，它所涉及的是观念的内心发生，"在笛卡尔哲学中，也和经院学者的哲学中一样，原因和结果间的关联被认为正如逻辑关联一样是必然的。对此见解的第一个真正严重的挑战出于休谟，近代的因果关系哲学便是自休谟开始的"[①]。所谓"逻辑关联"就是将事物抽象出一个符号，并将符号作为主语予以描述的情况，用舍勒的话说，就是"即人格根本不是别的，就是一个理性的，即遵从那些

---

① ［英］伯特兰·罗素. 西方哲学史：下 ［M］. 何兆武，李约瑟，译. 北京：商务印书馆，1963：201.

观念法则的行为活动的各个逻辑主体。或者简短地说：人格在这里是某个理性活动的 X"①。

为了克服这种弊端，休谟区分了两种关系：自然的关系和哲学的关系。他说"关系（relation）这个词一般被用来指两个相当不同的意识（sense），要么，基于这种特征，两个观念（ideas）按照前述方式在想象中被联结起来，并且其中一个观念自然地指向了另一个。要么，其指向我们认之为真（think proper）得去比较它们时所依赖的那些特殊情况，这种情况甚至包含我们在假想（fancy）中对两个观念的随意联合……并且在哲学中，我们扩展关系用以指称没有任何联系原理的特殊比较领域"②。

在这句话中，休谟将因果还原到"关系"中予以考察，也许就是因为这一点，他的理论打破了康德的独断思想，而其积极的贡献就在于他区分了"想象"的发生和"直观"的发生。而所谓的"因果关系"在休谟看来仅仅是一个"想象"的发生，也即，我们在日常观察中只能直观到 A 现象和 B 现象的继起关系，但是 A 和 B 之间的"因果"必然性问题却是无法直观到的事实。康德有一段话也许是专门写给休谟的，"我因此就得扬弃知识，以便替信念留有余地。形而上的独断论，即没有事前对纯粹理性加以批判就认定有可能在形而上学中进行的这种成见，乃是一切总是很独断的、敌视道德的怀疑态度的根源"③。

在这里，休谟所要解决的问题是知识的动态进步性以及近代知识所标榜的"因果必然性"传统。众所周知，近代的自然科学范式尤其是牛顿力学塑造了"因果必然性"的机械原理，这毋庸置疑是真理，然而，因果必然性的自然机械逻辑在人类心灵中的发生问题却一直没有解决。康德也许就是因为这个原因才提出"悬置知识"，从后文来说，他所要悬置的"知识"应该是带有因果要求并试图将人放入因果要求中的理论架构。

① ［德］马克斯·舍勒. 舍勒全集：第 2 卷　伦理学中的形式主义与质料的价值伦理学：为一种伦理学人格主义奠基的新尝试［M］. 倪梁康，译. 北京：商务印书馆，2019：541.
② HUME D. A Treatise of Human Nature［M］. Edited by David Fate Norton；Mary J. Norton New York：Oxford University Press, 2000：14.
③ ［德］伊曼努尔·康德. 纯粹理性批判［M］. 韦卓民，译. 武汉：华中师范大学出版社，2004：25-26.

这其实还是一个"理性"的发生假设，也就是通过抽象掉具体生活领域之后剩下的东西，一个抽象化的符号"X"。然而，感性的杂多却不能被这个理性的假设所全部包括，这就像同样去看管蟠桃园，孙悟空为了克制自己的感性冲动所要付出的情感成本肯定远远大于一个肉食动物的情感付出，因为猴子对桃子的关联方式是情感的，是天生的，所以，我们也就不能用一个自己理性设定的"X"来代替情感的发生。另外，我们也不能将抽象化的结果指向理性，这样，抽象就会变成一个"事后诸葛亮"，是一个后来加上的东西，而人类真实的发生情况却不是如此。在发生的当时，我们抽象掉所有的外部因素之后所剩下的东西是情境的面对方式及其关联要素，也就是说，我们抽象化之后剩下的结果并非理性，而是一个情境的特有面对方式。

（二）休谟工作的意义

从知识革命的历史进步性角度上说，笔者认为休谟的工作并不输于卢梭和康德，其积极的意义在于库恩所说的，"在观念上放弃"这样一种创造性或者说规范的偏离性。《局部》里陈丹青有一句话挺好玩，"好的写作，是偏离规范的写作……所谓偏离规范，并非作者不认同规范，而是总会有天才蹦出条条框框，他们个性特别强，感觉特别灵，听从自己，放纵自己，忽然发现稍微犯一点儿规，出一点儿格，作品更好玩，更有意思，更有快感"[1]。

这一点尤其适用于当下的知识大爆炸时代，在知识的大爆炸时代，"科学史家已经发现，越来越难完成科学累积发展观所指派给他们的任务"[2]。为了破解"科学累积发展观"，波普尔提出了"驳斥"的学说，这种驳斥学说已经成为科学发现所推崇的真理发现方法，也就是学会质疑的方法。然而，这种方法的前提并不是反叛，而是一种离开或者说重新面对权威的方法。对此，库恩用"反常"来描述，"'反常'（anomaly）一词中的'a'其意为'非'（not），与在'非道德的'（amoral）或'无神论者'（atheist）中的用法相近。'反常'就是与似律规则相悖；更一般地，与预期相悖"[3]。

---

[1]　陈丹青. 局部：我的大学［M］. 北京：北京日报出版社，2020：15.

[2]　［美］托马斯·库恩. 科学革命的结构［M］. 金吾伦，胡新和，译. 北京：北京大学出版社，2012：2.

[3]　［美］托马斯·库恩. 科学革命的结构［M］. 金吾伦，胡新和，译. 北京：北京大学出版社，2012：19.

　　事实上，这种重新观看涉及涂尔干思想的被悬置，在涂尔干那里，所谓的教育就是"年长一代对年青一代的影响"。然而，工业文明和信息文明的时代变迁让知识的衡量标准开始下移，"年长一代"的常规知识权威与"个人"学习者的具体要求之间也在发生尼采所隐喻的"走出森林""离开老人""上帝死了"这样的变化。与之相对的认识论和其他精神领域也表现出同样的特征，如康德的"认识论转向"和胡塞尔的"面向事实本身"，如物理学从牛顿力学向量子力学的转化，如音乐领域的莫扎特开始关注"平民"生活，如绘画领域的印象派开始关注自己眼中看到的世界。

　　此时，知识的稳定性要求远远低于知识的创造性属性，与之有关的知识人的要求也不再是理性和感性的问题，它变成了知识的面对方式问题，而这种面对方式的前提是如何对待知识的过去式权威。就历史发生而言，存在两种权威面对方式：一种是马克思的历史唯物主义观看方式，就是将知识的因果必然性放入历史发生时刻的具体情境，去研究知识及其因果必然性的意义；还有一种是韦伯的意向关联式的观看方式，这种观看方式并不强调历史情境，而是强调个人意向关联这一更加主动性和个体性的因素。

　　就历史动态的演进谱系而言，韦伯式的面对方式类似于苏格拉底的范式，也即从个人"关联"角度来讨论和批判知识规范。休谟的模式与这一谱系特点具有内在相合之处，即"未经省察的人生不值得度过"这样的个人生命活动问题。在此，波普尔的评论是中肯的，他说"休谟的伟大功绩在于破除了这种不加批判地把事实问题——quid facti——和论证合理或有效的问题——quid juris——等同起来"[①]，而康德的批判范式与亚里士多德、马克思的批判方式具有类似性，与韦伯对知识关联的个体化不同，前者仍然强调知识的客观性及其历史情境的支点。

　　说到这里，笔者想强调一种新的观看方式，那就是倒着看的观看方式，这种观看方式既与韦伯的个人意向关联方式不同，也与马克思的历史唯物主义不同，二者的观看方式都是静态的观看方式，而非动态的，笔者在此想要强调的是一种动态的观看方式。历史一次又一次地证明，知识事件在其历史

---

① ［英］卡尔·波普尔. 猜想与反驳：科学知识的增长［M］. 傅季重，等译. 杭州：中国美术学院出版社，2003：59.

发生的时刻，大家是看不明白的，也看不懂，或者跟着起哄，或者取笑谩骂，很少有冷静的旁观者。这就像毕达哥拉斯学派对"不可公约数"的发现，在勾股定理下，他们发现了直角两个夹边的平方和等于另一个边的平方，但是，如果两个直角边都是1，那么第三个边我们知道是 $\sqrt{2}$ ，而这个数字在没有被发明出来之前，是没有办法被描述的①。

然而 $\sqrt{2}$ 这个数字现在已经不是什么问题了，传说当时因为这个数字曾经发生过人命案件，由于它影响了毕达哥拉斯的整个学说体系，这让发现这一问题的人死于非命。这也充分说明了其历史的积极意义在当时是无法描述的，这让我想起了陈丹青在《局部》中说过一句话，"历史不是静止的。所有作品随着岁月成长、变化，给出新的讯息。现代诗人艾略特说过一段话，大意是，但凡出现新的作品，历史上的经典都会跟着动一动"②。

这个"动一动"说明了知识观看的新的方式，它不再是经验式的"科学累积发展观"，因为新的知识模式之所以出现并不是因为积累的结果，它是创造式的、跳跃的，也是非积累的不可公约的。因此，知识的革命性进步不能通过韦伯和马克思式的观看方式，而要采用一种隶属于苏格拉底到休谟的观看方式，也就是说去校正或者说还原知识的观看方式，而不是说否认或者"理性"全面消弭知识的演进之路。

另外，就是对于知识发生的逻辑而言，从怀疑到建构式批判的真实起源可以追溯到苏格拉底，然而，随后的柏拉图主义却是"去怀疑"的路向，因此，就知识的怀疑方法而言，后世的怀疑要起源于笛卡尔，但真正的完成却要说是由休谟完成的。同样，建构式批判要追溯到另一条路，它起源于洛克，完成于康德，然而，从个人发生的角度上说，真正完成建构式批判的人要归功于胡塞尔，其还原方法可以让人采取一种更加恰当的方式对待知识权威，而这一点与知识的革命深深契合。也许是这个原因，近代的思想脉络开始出现韦伯主义的回归，它将"现象学的意志论（voluntarism）及其对社会行动的主观意义的强调与功能论和某些种类的马克思主义所强调的社会行动

① 笔者数学不好，具体推论过程可以参见［英］伯特兰·罗素. 西方哲学史（上）［M］. 何兆武，李约瑟，译. 北京：商务印书馆，1963：62.
② 陈丹青. 局部：我的大学［M］. 北京：北京日报出版社，2020：241.

的结构性限制（the structural constraints）结合起来"①。

六、康德的"蓄水池"之先验批判

日本学者安倍能成将康德哲学看作哲学历史上的"蓄水池"，"他认为康德之前的哲学都流向康德，康德之后的哲学都是从康德哲学流出的"②。康德的思考以"科学化"为主要指向，在康德之前，认识论的问题还带有被动性，从康德之后，认识论的问题开始朝着"认识"本身，也即朝着认识者自己，"一切知识不和对象有关而和人们知道对象的方式有关，而这方式又是限于验前有其可能的，这种知识我称为先验（transzendental）的知识，这种概念的体系可称为先验哲学"③。

他的另一个工作就是将"理性的僭越"作为一个认识发生的不确切现象予以标注，他基于纯粹理性批判的目的，曾经对这个问题进行过专门的界定，他说，"知道何种问题可以合理地提出来，就足以证明其明智与卓识。因为如果一个问题本身是悖理的，而要求的答案又是无所谓的，这样的问题就不但是提问者的耻辱，而且可以使不注意听话的人陷入悖理的解答里去；从而呈现出一种可笑的光景，像古人所说的那样，一个人在挤公羊的乳，另一个人拿着筛子去接"④。在这一点上，他借鉴了休谟的方法，并且承认是休谟打破了他独断的迷梦。

（一）批判的方法

康德强调真理的适用标准来源于批判。不管我们承认与否，真实的"批判"这种写法是从康德开始的，在康德之前，整个学术思想还带有"个人感悟"的趋向，在那里，笛卡尔所说的"沉思的意愿和能力"占有很重要的比重，学者面对自己的生活及其历史情境，日思月想，偶有所得并将这些思想

---

① KING R. Weberian Perspectives and the Study of Education ［J］. British Journal of Sociology of Education, vol. 1, no. 1, 1980：20.

② 邓晓芒.《纯粹理性批判》讲演录［M］. 北京：商务印书馆，2013：6.

③ ［德］伊曼努尔·康德. 纯粹理性批判［M］. 韦卓民，译. 武汉：华中师范大学出版社，2004：54.

④ ［德］伊曼努尔·康德. 纯粹理性批判［M］. 韦卓民，译. 武汉：华中师范大学出版社，2004：96.

成果写下来，就会成为学说，这种学说在整个人类思想的脉络中类似于战国时代，群雄各自表演，各自有自己的粉丝。另外，康德之前的学者并非专业的思考者，而是专业的生活体验者，他们思想中的一个恒定的思维原点在于"假设"。

这种假定之所以与科学不同，就在于他们的适用性受到局限。拿洛克的白板说和莱布尼茨的大理石纹理来说，它带有心理模糊主义的嫌疑，就是听着很有道理，但是禁不住追问。以白板说为例，它解释了经验的触发对人类认知的影响作用，却没有办法去解释内心意识的"发生"问题。莱布尼茨的大理石纹理也解释了内心意识的发生状态，却没有办法去解释发生的机制问题。此时的学说，类似于奥古斯丁的那句话，"你不问我，我还知道；你问我，我想说明却浑然不觉了"。

为此，康德提出"只有批判才能根除唯物论、命定论、无神论、无信仰、狂信与迷信，这一切都是能够成为普遍有害的；而且还要根除观念论和怀疑论，此二者主要危害于各学派而尚难传到公众"[1]。为了获得像数学和物理学那样的知识确定性，他强调自己学说的准确性，"谈到准确性，我对自己规定了这个准则，就是在这种研究中绝不容许抱有成见。因此，凡是有类于假设的东西都在禁止之列；即使贱卖，也不得贩卖，一经发现，就立刻予以没收"[2]。

这一点体现了康德的良苦用心。当时的时代，由于工业革命的发展，物理学和数学获得了空前的发展，此时"理性"成为一种公认的行为假设，并获得了校对人类行为的共识价值。然而，康德却转头去校正理性本身，这也许就是他的第一批判——《纯粹理性批判》得以出现的创造动机。在第一版序言里，康德明确标注了理性的尴尬地位——"人类的理性有一种特殊的命运，就是在它的某种知识里为一些问题所苦恼，而这些问题既然是理性的本性所规定的，它就不能置之不理，可是这些问题又超过了它的各种能力的范

---

① ［德］伊曼努尔·康德. 纯粹理性批判 ［M］. 韦卓民，译. 武汉：华中师范大学出版社，2004：28.

② ［德］伊曼努尔·康德. 纯粹理性批判 ［M］. 韦卓民，译. 武汉：华中师范大学出版社，2004：7.

围，所以它就不能解答它们。"①

也就是说，"理性"代表着一种认知的能力，这种能力存在两个趋向，其一，不满足于自己所直观的事实，其二，寻找自己目的的条件。这就是理性的本性，"不满足"让理性去寻找自己行动目的的条件，而所有条件的发生范围只能是"已经发生的事实"，但理性想要的答案却要面对"尚未发生"或"可能发生"的现实处境。如果说，发生是现在进行时的，那么，发生的条件就其存在而言，一定存在于过去，但是，对发生条件的目的设定却指向未来。康德仅仅将问题限制在"a priori"和"transzendental"这两个概念之间，也即理性所面对的验前（a priori）情境及其对验前情境的超越（transzendental）需要，他并没有解决二者之间的"发生"问题。这一问题是到了胡塞尔现象学才获得解决的，在康德那里，他仅仅解决了理性和知性的功能问题，就像他说的，"我们只需说人类知识有两根主干，即感受性与知性，也许这两根主干是从一个共同的根发生出来的，而这根尚不为人所知。通过感受性我们就有对象被给予出来；通过知性，对象就被思维"②。"共同的根"到了胡塞尔那里变成了"体验"概念，而体验概念背后的意向性则构成了知识的发生凭借，这一点我们会在胡塞尔部分进行描述。

但是，康德正确指出了"感性"的获取性和"知性"的生成性这样的问题。前者，让康德与柏拉图主义的经院哲学及其回忆说划清了界限；后者让知识的发生具有了人属的凭借，他指出"心之从其自身产生表象的能力，即知识的自发性，应该称为知性"③。在此，康德知识批判的积极价值就在于他将经验和理念的发生区隔为验前与验后世界，这让人类的思维可以离开知识的神秘主义和心理模糊主义。

（二）物自体的悬置

为了将理性从"本体"这一无法被整全把握到的对象中解放出来，康德

---

① ［德］伊曼努尔·康德. 纯粹理性批判［M］. 韦卓民，译. 武汉：华中师范大学出版社，2004：3.

② ［德］伊曼努尔·康德. 纯粹理性批判［M］. 韦卓民，译. 武汉：华中师范大学出版社，2004：57.

③ ［德］伊曼努尔·康德. 纯粹理性批判［M］. 韦卓民，译. 武汉：华中师范大学出版社，2004：91.

采用"物之在其本身"这个概念，也就是我们常常翻译的"物自体"。这个概念饱受质疑，罗素称"'物自体'是康德哲学中的累赘成分"，康德哲学的矛盾"使得受他影响的哲学家们必须在经验主义方向或在绝对主义方向迅速发展下去；事实上，直到黑格尔去世后为止，德国哲学走的是后一个方向"①。康德的后继者费希特直接抛弃了"物自体"的概念，认为"世界本身的说法把康德的哲学革命一举摧毁"②。

然而，笔者认为这是对康德的误解，一旦运用我们在这里强调的"面对方式"，就会理解康德所采用"物自体"概念的苦心。面对方式涉及我们理解学者的一种方法，前文述及有两种基本的观看方式，一种是马克思的历史情境还原法，一种是韦伯的个人意向关联法，前者强调将学者放入其生活的场域，后者强调其个体的历史生成情境。对于伟大的历史人物来说，笔者认为不能适用马克思的观看方式，而必须采用韦伯的观看方式，之所以如此，是因为他们往往具有历史转向的意义，历史在他们的支点下，开始了某种范围的变化，而这变化只能通过他们内心的思想意向来解释，而不能用外在的历史场域来解释。

康德的物自体概念也应该得到这样的对待，康德是为了同"本体论"做出一个区隔，从而让自己的思考具有经验的现实根基才设定的"物自体"概念。也就是说，我们无法将时空维度的整个世界作为对象去认识，这个时候，人不得不借助一些"原理"的帮助，借助这些原理，人可以让自己走到所观看事物的"盲点"，或者对盲点的直观有所推测。另外，这些原理也可以让人越出时间的连续性，寻找过去和未来在认知者身上的意义，这就是理性的工作。

康德物自体概念的积极价值在于明确标注了认知的局限性，由于理性在开展认知时所采取的立场并不是一个"听话的学生"，而是"受任法官"的逼问之强势立场，所以，在保证理性积极价值的同时，需要给理性的僭越提供一个边界，将理性的发挥空间限制在感性所提供的经验直观面前，也即限

---

① ［英］伯特兰·罗素. 西方哲学史：下［M］. 何兆武，李约瑟，译. 北京：商务印书馆，1963：262.

② 洪镰德. 黑格尔哲学新解［M］. 台北：五南图书出版股份有限公司，2016：15.

制在经验的"出现"面前，即"当我们被对象所刺激时，对象在表象能力方面所得的结果，就是感觉（emfindung）。通过感觉与对象有关系的直观称为经验性的直观。一种经验性的直观之未确定的对象称为'出现'"①。为此，他专门强调"我们的知性通过本体这种概念所获得的东西，乃是一种消极的扩张；那就是说，知性不是由于感性而受到限制，与此相反，知性把'本体'这个名词用于物之在其本身（即不是作为出现者的事物），知性本身就限制了感性"②。

在这里，康德区分了两个事物"物自体"和"出现者的事物"，人类作为一个有限的认知者采用"本体"这个概念的目的不是宣称他能够认知到物自体，而是宣称他不能认知到物自体，他只能认识到出现的事物，并且，其知性的发挥空间还仅限于出现事物的感性触发。因此，康德的物自体概念有三个积极的意义：其一，先验观念论的立场；其二，本体论的悬置；其三，独断论的预防。

1. 先验观念论的立场

康德强调认识结果是先验观念的，而非先验实在的，他明确地宣称"所谓先验观念论是指这种学说而言的：它主张，我们要把一切出现都看作表象，而不是'物之在其本身'，并主张，时间和空间因之就只是我们直观的感性形式，而不是被给予出来作为独立存在的确定，也不是作为'物之在其本身'的对象的条件。与这种观念论相对立的，有先验实在论"③。这里有几个关键的界定：第一，"时间"和"空间"仅仅是标注我们感性的形式；第二，出现的东西都要被看作表象。

（1）时间和空间作为感性的形式

关于"时间"的界定需要明确，康德的"时间"仍然是一个空间，这里面具有一个很大的启发价值，我们的感性具有难以确定的主观性。康德在这

---

① ［德］伊曼努尔·康德. 纯粹理性批判［M］. 韦卓民，译. 武汉：华中师范大学出版社，2004：62.

② ［德］伊曼努尔·康德. 纯粹理性批判［M］. 韦卓民，译. 武汉：华中师范大学出版社，2004：288.

③ ［德］伊曼努尔·康德. 纯粹理性批判［M］. 韦卓民，译. 武汉：华中师范大学出版社，2004：367.

里并不是用时间和空间去描述外在的对象，外在的对象服从于物自体，它只能被思考，无法被认识。他的学术旨趣并不在这里，他的目的在于描述这种感受性本身，也即在这里，作为认知者的感受性本身成为内容，而时间和空间成为描述这种感受性的形式外观，并且，二者一起才能成为感性的标注，就像他强调的，它的先验哲学不是强调对象的确切性，而是强调人类认知对象之方式的确切性。

另外，需要补充的是，康德的时间还是一个空间化的时间，这同他所借鉴的牛顿力学有关系，在牛顿力学下，相对静止物、速度和时间等被用来描述运动，但这个运动是在空间内的运动。例如，我们说一天其实是一个空间概念，它是地球自转一周的空间变化。之所以在这里强调这一点，是为了强调康德对感性的描述并不是一种胡塞尔现象学"当下化"的时间发生，用前文所举的孙悟空看管蟠桃园的例子，康德的时间还是关照孙悟空的外在变化，对于孙悟空内在意识的变化这一主观时间的概念是胡塞尔的内时间意识。

（2）作为表象的出现

先验观念论的核心是强调人类的认知能力，即不与对象相关而与人知道对象的方式相关，此时，"出现+直观"是一体的，并不是先有直观后有出现，也不是先有出现后有直观。这样说的目的是防止一种先验实在性，即"出现"概念强调的是视域范畴下的东西，这种东西的奠基之处在于外在对象而非人的认知能力。所谓"先验"就是经验之前，也就是在尚未被经验证实之前的意识状态，在此问题上，本体论哲学家往往认为先验的东西也即等同于实在，但是康德并不这样认为，它仅仅是心灵之前的事物状态①。

需要补充一点，强调这个问题的意义在于其认识论完成之后的实践论。如果坚持一种先验"实在论"的立场，那么我们的观念就与外在事物是"同一"的了，此时的实践要求就会变成将某种价值观念具体化为一种行为的必然性。这与康德的先验观念是相悖的，康德曾经明确宣称所谓的先验哲学就

---

① "状态"这个概念是借鉴了席勒的界定，他认为"持久的东西称为人格，变动者的东西称为状态"。（［德］弗里德里希·冯·席勒.美育书简（德汉对照）［M］.徐恒醇，译.北京：社会科学文献出版社，2016：86.）

是讨论可能性的哲学，也即，观念与先验其实是一体的，在尚未实践之前，它既不代表外在的本体，也不是一个纯粹主观的东西，它已经包含了本体的出现和认知者的直观在内，因此，它带有观念性，而这种观念性需要实践者的"统一"行为在里面。

在此多说一句的目的是为康德的"律令说"予以辩护，康德实践哲学的"律令"学说一直是被学界攻击的地方，其往往来自那句"我头上的星空和我心中的道德法则"①，还有那句"行动的一切道德价值的本质取决于道德法则直接规定意志"②，这让学界偏向于认为康德强调实践学说的"律令"属性。笔者认为这是对康德学说之体系不够了解的一种局部误解，这种对学说的误解难以避免，这就像"作者已死"的重要论断。康德的强调在于"意志"与道德规范的了解程度，也就是一个人对道德规范的所知道的部分，而不是一个道德规范在现实中的再现必然性，就像他自己所强调的，"他必须只承认他真正知道的东西，并且绝不勉强别人相信他知道自己也没有充分确认的东西"③。

舍勒批判康德的认识论，认为康德认识论将自我与对象之间的关系错置了，即"自我比对象更原初地具有同一性，而且对象可以说是从自我那里才承袭了它"④。他的论据在于"行为永远不会也是对象，因为行为存在的本质就在于，只能在进行（vollzug）本身中被体验到并且只能在反思中被给予。因而一个行为永远不可能通过一个次生的行为，例如一个回顾的行为而又成为对象"⑤。

笔者认为这是舍勒对康德的误解，他的论据也没有办法成立，他没有回

---

① ［德］伊曼努尔·康德. 实践理性批判［M］. 注释本. 李秋零，译注. 北京：中国人民大学出版社，2010：151.

② ［德］伊曼努尔·康德. 实践理性批判［M］. 注释本. 李秋零，译注. 北京：中国人民大学出版社，2010：067.

③ 李秋零. 康德书信百封［M］. 上海：上海人民出版社，1992：215.

④ ［德］马克斯·舍勒. 舍勒全集：第2卷 伦理学中的形式主义与质料的价值伦理学：为一种伦理学人格主义奠基的新尝试［M］. 倪梁康，译. 北京：商务印书馆，2019：546.

⑤ ［德］马克斯·舍勒. 舍勒全集：第2卷 伦理学中的形式主义与质料的价值伦理学：为一种伦理学人格主义奠基的新尝试［M］. 倪梁康，译. 北京：商务印书馆，2019：547.

归康德的问题，即"验前综合判断是如何可能的"这一个问题。事实上，康德所要解决是"验前+综合"的并列模式问题，以康德自己的"挖墙脚案例"来说明：我们只能等到房子倒掉之后才能经验到"挖墙脚"和"房倒"之间的因果判断，可在墙真实倒掉之前，我们的判断却可以说是正确的。因此，康德在这里讨论的是一种综合判断，并且是在验前的综合判断，即"在主项概念之上增加一个述项，而这个述项并没有在主项概念中为人所想过，而且任何分析也不可能从它抽取出来，因此这些判断就可称为扩大的判断（erweiterungsurteile）"①。

然而任何综合的发生都与人有关，对此，舍勒的总结有一部分是恰当的，即"'我'（Ich）不是一个后补给对象统一的相关项，相反，它的统一性和同一性是对象的统一性和同一性的条件"②。在这里，"我"是"对象统一性"的条件，但不是对象"同一"性的条件，对象的"同一"早已经被康德用物自体的概念给悬置了，在此，作为认识主体的"我"确实走在了被认识对象的前面。康德也明确宣称了这个立场，即"理性只是在按照自己的计划而产生的东西里面才有其洞见，绝不可使自己让自然的引带牵着走，而必须自己依据固定的规律所形成的判断原理来指导前进的道路，迫使自然对理性自己所决定的各种问题给出答案"③。

2. 本体论的悬置

在康德时代，受到柏拉图主义及其经院哲学的影响，认识论的主要范式仍然是寻找关于"本体"的真理。众所周知，"本体"的问题在于询问这个世界到底是什么，事实上，认识论的每一次进步所探寻的真理恰恰不是证明世界是什么，恰恰相反，其最后的结果都是在证明：将"是什么"这一时空整全的东西作为对象去追求是多么不恰当。这仅仅反映了人们想要一劳永逸地去认识这个世界的一种梦想或者说独断。为此，康德将与"物自体"之间

---

① ［德］伊曼努尔·康德. 纯粹理性批判［M］. 韦卓民，译. 武汉：华中师范大学出版社，2004：43.

② ［德］马克斯·舍勒. 舍勒全集：第2卷　伦理学中的形式主义与质料的价值伦理学：为一种伦理学人格主义奠基的新尝试［M］. 倪梁康，译. 北京：商务印书馆，2019：546.

③ ［德］伊曼努尔·康德. 纯粹理性批判［M］. 韦卓民，译. 武汉：华中师范大学出版社，2004：15.

的直观关系悬置了，他的目的是去证明判断的明见性。因此，将物体自在的样子与认识对象区分开来是康德的重要工作，这个工作的一个突出贡献就是通过"悬置"本体的方法将人从外在的"整全"事物上移开，转头去认识能够确切论证的东西。在此，需要补充的是胡塞尔也采用了悬置的方法，只不过胡塞尔的悬置对象是"判断的明见性"，当"判断"作为理论构成的核心被悬置之后，"发生"这样的感性问题才会具有现实的经验意义。

康德对自在之物或者说"物自体"的悬置解放了人的认知能力，将认识论的问题转向了"判断的可能性"，他明确宣称他的问题是"验前综合判断是怎样成为可能的"①。韦卓民认为"这里'验前'和'综合'都是形容词，是修饰'判断'的。意思是说，'是验前的，而又是综合的判断'，而不是'在验前综合的判断'"②。韦卓民的这个描述非常中肯，也即"验前综合"是一体被给予我们的"现象"，这是我们面向事实的一种方式。

在此，"判断"是个核心的关键词，这就像"1+1=2"，其所推测的问题是"1+1"与"2"之间的综合关系，因为就直观而言，我们只能看到一个东西和另一个东西，就像我们能看到桌子上的一个苹果，如果我们想要另一个苹果，我们就会说"再来一个"，但是，我们无法直观到"1+1=2"这个公式，我们也不会用语言描述"我要两个苹果"，而会说"我再要一个苹果"。这里，我们也可以直观到英文的描述具有类似性，例如会说"one more"。而康德所要问的问题就是在哲学认识论中这个"综合判断"是如何发生的。

也就是说，康德在这里所要描述的问题是"判断的综合性"，其并没有强调"直观的综合性"，直观的综合性是由胡塞尔来解决的，因为直观往往与感性有关系，也即容易让外在事物参与进来。康德的纯粹理性就是要悬置起这些东西之后再去推测认知的能力问题，为此，他用"我能知道的是什么"这样的认识论问题代替了"世界是什么"这样的本体论问题。

这标志着认识论的转向，即"对象借助于感性而向我们被给予出来，而

---

① ［德］伊曼努尔·康德. 纯粹理性批判［M］. 韦卓民，译. 武汉：华中师范大学出版社，2004：50.

② ［德］伊曼努尔·康德. 纯粹理性批判［M］. 韦卓民，译. 武汉：华中师范大学出版社，2004：46.

且只有感性才让我们产生直观；它们通过知性而被思维，而且从知性发生概念"①。通过这句话，我们可以发现他对经验主义与理性主义的汇集和本体论的悬置，一方面，他将综合判断的内容限制在"凭借感性被给予"的部分，防止因为直观无法容纳物自体而产生的弊端，另一方面，他明确宣称了概念的人属特质，即人类知性会对感性给予的直观附加意义进而形成判断。这样，他就完成了与本体论进行区隔的目标，从康德开始，人类的认识论开始变得科学了，因为人类知道了"悬置"的必要性。

3. 独断论的预防

"独断论"出现的原因往往与本体有关系。这很像"盲人摸象"的故事里所启发的，就各个盲人自己的发生而言，其摸到的东西就是本来的认知发生之物，只有当我们认为"大象"可以被整个认识的时候，盲人才会因为自己摸到的部分与其他盲人进行争论。这里其实存在一个理性的僭越——用自己感受性的部分去和别人争论整体的构成，这种争论并不是一种"建设性"差异的发现，因为它设定了整体的认识目标，这导致它没有给部分的感知发生留下空间。试想，我们如果将大象的例子换成宇宙，换成从时间开始到现在甚至未来的存在，我们就会发现，我们仅仅是有限认知者，而不能成为整全的认知者，而这种整全对象的设定构成了独断论的根源。

为此康德专门指出，"这批判只反对独断主义，即反对认为有可能按照原理只从一些概念（哲学的概念）来推进纯粹知识，就像理性长久就有这样做的习惯那样；而且反对认为'只从概念去进行纯粹知识而无须首先研究理性用什么方法、凭着什么权利可获得这些概念'这样一种独断"②。这些独断的一个重要弊端就是设定了"概念"与"经验发生"之间的必然性，它们往往将概念作为客观的现实予以处理，为了这种处理的合法性，他们往往会给自己的概念加上"真理"这样的标签。

当然，这里存在一对"概念"关照，其指向"唯名论"抑或"唯实论"的立场，之所以在此提出这样的问题，在于我们在讨论"概念"时刻的一个

---

① ［德］伊曼努尔·康德. 纯粹理性批判［M］. 韦卓民，译. 武汉：华中师范大学出版社，2004：62.
② ［德］伊曼努尔·康德. 纯粹理性批判［M］. 韦卓民，译. 武汉：华中师范大学出版社，2004：28.

潜在的哲学意识：当我们口含一词的时候，我们内在的认知结构问题。"唯名论"者往往认为"所谓的共相（universalia）只是一些名称或字词——比如美、善、动物、人类等抽离于事物之上的普遍概念或类概念（gattungsbe-griffe）——他们有时还把共相戏称为'一阵由声音的震动所产生的微风'（flatus vocis）"①。与之不同，"唯实论者主张事物具有客观实在的共相"②。

我们借以交流的"词语"绝不是"唯名论"者所主张的"微风"，它涉及一个文化的观念构成，也即带有认知历史的痕迹，在此历史构成中，我们对于一些概念的经验发生预设了一种因果关系，这种因果关系的发生是经验过去式的，也就是说其仅仅指向已经发生的事实。而康德却改变了这个因果必然性，强调发生是先验的，而所谓的先验就是要与人的认知能力强相关而与外物弱相关。事实上，就像老子所说的，"天地不仁以万物为刍狗"，自然本身的发生没有任何意义，所谓的因果必然性仅仅是认知者对发生所做出的综合判断，这也就与"唯实论"有了暗合之处。

因此，此处涉及的"独断"要和"批判"的独断和"怀疑的"独断结合起来进行思考。所谓怀疑的独断类似于上文所说的"唯名论"，他们认为"概念"仅仅是一个名称而已，并不代表着背后的东西；批判的独断类似于"唯实论"，我们所说出的词语确实背后含有一些结构性要素。我们在此不是去否认这种相关关系，而是去澄清这种相关关系的"验"属性；如果概念与人的认知能力相关，那就是先验的；如果概念与外物相关，那就是经验的。用康德的话说，就是"独断的解答不但是不确实的，而且是不可能的。批判的解答可能有其完全的确实性，但这种解答并不在客观上考虑此问题，而是在'问题所根据的知识基础'的关系上考虑此问题"③。

在这里，"问题所根据的知识基础"是一个很重要的界定，即"独断"之所以会出现，并不是因为他们所用的"概念名称"有问题，而是因为他们

---

① ［瑞士］卡尔·荣格. 荣格论心理类型［M］. 庄仲黎，译. 台北：商周出版社，2017：47.

② ［瑞士］卡尔·荣格. 荣格论心理类型［M］. 庄仲黎，译. 台北：商周出版社，2017：48.

③ ［德］伊曼努尔·康德. 纯粹理性批判［M］. 韦卓民，译. 武汉：华中师范大学出版社，2004：462.

对所采用的概念用法并没有经过批判，也即并不确切地知道自己所使用词语的关联要素。"概念"的关联要素不仅仅有外在的实物，还有"知识共同体"的认知知性凝结——与知识概念强相关的是人类的整个知识体系及其背后的知识共同体，这些共同体的成员不管以什么样的身份和角色在历史中留名，其中一个共性的原因就在于他们对他们自己所处时代的"独断论"之突破，或者说部分之突破，而突破方法就是"批判"，只不过在康德之前的批判并不是自觉地被运用而已。

因此，批判的方法是克服独断论的一个重要方法，而批判不去追问"是什么"，而是去追问"你这样地说的理由是什么"，这就将所有的独断论者釜底抽薪。另外，就像康德所说的"问题所依据的知识基础"是什么，它不是去追问理由是什么，而是去追问被追问者所言说的概念是如何可能的这一知识论问题，这样，康德就把独断论的坚持转向了知识论的论证。

（三）认知主体的凸显

认识论的转向就是认知主体的重新定位，此时的客观性并不是本体的客观性，也不是实体的客观性，而是知识的客观性，并且知识的客观性与综合判断的客观性相关，说白了，它的工作重点在于确定一个主体认知范畴下的认识论，而不是关于世界是什么的认识论。这很大一部分来自康德先验哲学的一个区隔，即与本体论的区隔，"'先验'这个词在我这里从来没有意味着我们的知识与事物的一种关系，而是仅仅意味着我们的知识与认识能力的关系，它本来是应当防止这种误解的"①。

"知识与认识能力的关系"是一个重要的界定，在此，康德将人类认知的努力方向进行了扭转，即从外在对象的客观性转向去寻找人类认识能力的客观性———一种判断的客观性。另外，这种判断也不是形式逻辑的判断，形式逻辑的判断更多是使用符号将人的感性予以抽象进而形成理性主体，康德的知识判断的客观性是包含感性在内的，因此，它还不是严格意义上的形式判断。例如，他专门讲我们"仅仅包含着我如何被其刺激的方式的表象对象，只能如它对我显现的那样被我认识，而一切经验（经验性认识），不管

---

① ［德］伊曼努尔·康德. 实用人类学：外两种 ［M］. 注释本. 李秋零，译. 北京：人民大学出版社，2013：36.

是内部经验还是外部经验，都只是对象如同它们显现给我们那样的知识，而不是如同它们（就自身来看）所是那样的知识"①。

在这里，知识不是与"自身"相关，而与物对我们的触发方式相关，我们生成的知识不是整全意义上的物自体，而是物自体刺激我们的方式，认知能力的加工对象也仅仅限于这个部分：感官被刺激的部分。如前所述，这一方面将本体给悬置起来，另一方面，也凸显了人的认知能力。因此，康德的"纯粹理性"并不是排除感性的理性，他并不是否认纯粹理性所具有的感官性，只不过它比同时代的那些人更加务实，将认知能力的对象限制在触发部分上。

这种对人类认知能力的处理方式恰恰凸显了认知的主体性，康德以后的认识论者往往都在讨论认知的主体——"自我"这个概念。而在康德的理论体系里，"我"或者说"我们"这一人属的主语占有绝对的重要地位，他强调说，"实际存在的对象，在分析上并不包含在我的概念里面，而是在综合上加在我的概念之上的（而这个概念乃是我的状态的一种确定）"②。在此，外物并不包含在认知者内部，这让他与那些主观唯心论不同，外物是通过"综合"加在"我的概念"上这个界定也充分说明了"加"的方法是一种综合判断，是人类知性所加工的结果。即"在'我'这个表象里面的对于我自己的意识并不是一种直观，而只是思维主体的自发性的知性表象"③。

所谓的"直观"是"直接和对象发生关系所得到的知识"④，由于人类的特有本质，我们与对象直接发生关系的凭借肯定是感性，因此康德学说中的"直观"是感性直观，这是康德与胡塞尔的不同之处，胡塞尔认为人类可以通过感性进而到达本质直观，然而，在康德这里，直观还是限制在感性的

---

① ［德］伊曼努尔·康德. 未来形而上学导论 ［M］. 注释本. 李秋零，译. 北京：人民大学出版社，2013：21.

② ［德］伊曼努尔·康德. 纯粹理性批判 ［M］. 韦卓民，译. 武汉：华中师范大学出版社，2004：535.

③ ［德］伊曼努尔·康德. 纯粹理性批判 ［M］. 韦卓民，译. 武汉：华中师范大学出版社，2004：261.

④ ［德］伊曼努尔·康德. 纯粹理性批判 ［M］. 韦卓民，译. 武汉：华中师范大学出版社，2004：61.

范围之内的。另外，感性在康德的语境中是"关于感觉的理论"①，这也是康德哲学与胡塞尔不同的地方，在胡塞尔那里，感性甚至是一个等待被悬置的东西，与感性相比，体验更有关键的位置。

另外，关于主体的"我"在康德那里也是一个先验的存在，这并不是说康德将"我"作为一个不可知论的对象来处理，恰恰相反，他将"我"作为一个对象来处理，由于"我"无法对个体进行感性触发，也即"我"对"我"这样的逻辑连接是无意义的，所以，康德将之作为"思考"的对象来处理，"在这个'我'的逻辑意义以外，我们没有关于主体对其本身来说的知识。而这个主体作为基本存在于这个'我'的基础上，正如它存在于一切思想的基础之上那样"②。在此，康德虽然没有明确地说明，但是康德的处理方式还是先验的。也即这个"我"并不与经验的"我"也即具体时空下存在的那个人相关，而是与"我思"相关，"如果我丢掉永恒性（这是在一切时间中的存在），在实体的概念中，除了只是主体的逻辑表象以外，就没有任何东西剩下来——这一种表象是我努力把它想象为只能做主体存在，而绝不能做述项存在的某东西来实现的"③。

（四）认知特点的曲行性

认知的曲行性是阿利森对康德哲学的一个界定方式，笔者认为这种界定非常准确，这种界定即"①任何一种认识都需要一个对象以某种方式被给予（这甚至适用于成问题的理智直观或原型'archetypal'直观）；②由于像我们这样的有限心智是接受性的而非生产性的，因此它的直观就一定是感性的，基于对象所施加的一个触发；③感性直观本身不足以产生对对象的认识，它需要知性的自发性的协作"④。

在①中，"对象"是一个关键性的要素。"对象"不是"物自体"，康德

---

① ［德］伊曼努尔·康德. 纯粹理性批判［M］. 韦卓民，译. 武汉：华中师范大学出版社，2004：61.

② ［德］伊曼努尔·康德. 纯粹理性批判［M］. 韦卓民，译. 武汉：华中师范大学出版社，2004：355.

③ ［德］伊曼努尔·康德. 纯粹理性批判［M］. 韦卓民，译. 武汉：华中师范大学出版社，2004：277.

④ ［美］亨利·E. 阿利森. 康德的先验观念论：一种解读与辩护［M］. 丁三东，陈虎平，译. 北京：商务印书馆，2014：109.

在此对"对象"的界定涉及物自体的悬置和他自认为的哥白尼认知转向，即"哥白尼认为，按照天体围绕着观察者而旋转这个假定不能在解释天体运动上取得令人满意的进展，所以，他就试一下，如果让观察者旋转而让星球静止，看能否得到更好的成就。关于对象的直观，可以在形而上学里做类似的试验"①。这说明"对象"是一定视域下的存在而不是自在的样子，也就是说，康德所讨论的对象是验前（a priori）视域的存在方式。严格地说，它不讨论知识如何可能这样的问题，它所讨论的是验前的综合判断问题。

因此，"对象"在这里就不再是经验论和理念论的片面性。按照经验论的理解，我们的心灵是一块白板，知识的形成来源于外在事物的映照，然而，这种理论却不能解决"仁者见仁智者见智"的差异，如果按照理念论，知识又是我们心灵的产物，可它又不能解决确实存在外物的差异。为此，康德哥白尼式的革命改变了"对象"的界定方式，它不是我们与外物之间的关系，而是与外物刺激我们的方式有关系，也即"触目"和"惊心"一同发生作用。在这里，对象"只不过就是'其概念表示这样一种综合的必然性'的东西"②，也即康德所一直重申的：思想没有内容是空的，直观没有概念是盲的。

我们的大脑其实是一种有形的生物性存在，外在的物体无法装入我们的大脑，当我们看见某个东西的时候，其实生成的是直观，这个直观紧接着会形成一个表象，其往往来源于知性的直接给予，这样，对象就变成了以"概念"的方式而给予的"综合必然性"之物。这个综合必然在康德那里被用来校正理性并防止理性的僭越，当然，这个东西到了胡塞尔那里变成了需要悬置的东西，即"必然性"背后的或然性问题。与胡塞尔不同，康德这样做的目的是将认知限制在对象上，或者说将知性发挥限制在直观上，进而让综合判断这一理性功能的发挥能够被限定在内容和形式的匹配上，这就是康德"对象说"的核心。

上文中的②在于强调其"直观的接受性"，即"感性直观的能力只是一

---

① ［德］伊曼努尔·康德. 纯粹理性批判［M］. 韦卓民，译. 武汉：华中师范大学出版社，2004：17.
② ［德］伊曼努尔·康德. 纯粹理性批判［M］. 韦卓民，译. 武汉：华中师范大学出版社，2004：137.

种接受性，即以某种伴随着表象的方式而被刺激的能力，而这些表象的相互关系就是空间的与时间的一种纯粹直观（即我们感性的单纯形式），而这些表象，只要它们在空间与时间中被联结起来，并且是按照经验的统一性的规律可以确定的，就称为对象"①。

在这里，我们需要明确，知识获取的第一要素是"直观"，并且康德在这里强调的是感性直观，这种直观只能是接受性的，因此，"表象的方式"是我们获得感性直观的"被触发之能力"。这里也许很难理解，但是，回想"风声鹤唳"就会知道，作为外物的"风声"和"鹤唳"本身并非对象，如果把这个风声和鹤唳比作物自体，那么，它们就永远不能被认识，而只能被思考，也就是说，在风声鹤唳上很难发生验前综合判断。恰恰相反，与之发生综合判断的是感性的被触发，当恐惧的时候，就会草木皆兵，而当我们开心的时候，也许同样的风声鹤唳就变成"田园风光"了，也即可能会"在乎山水之间"了。所以，风声鹤唳在自然自在的时候并不是对象，它要成为对象需要一个感性的触发，而这个感性触发并不是来自外物的自然属性，而是来自作为人类认知主体的感性接受条件，这一条件就蕴含在个体的内心，它就是一种"直观"的能力。

关于③中的"知性的自发协作"，知性与感性比起来有自己的特点，总结起来有三个：感性是被动的，而知性是主动的；感性是杂多的，而知性是有秩序的；在知识的构成上，感性是内容性的，而知性是形式性的。

与知性比起来，感性的最大特点是"杂"和"多"，杂代表着缺乏规则或说形式要件，多代表着难以用某种东西对之进行"同一"。杂和多很像刑侦案件刚刚被发现的状态，在这里，各式各样的信息摆在刑侦人员面前，各种各样的信息就是"多"，各种各样的信息在证据链上的无序就是"杂"，而刑侦人员需要借助"知性"对案件的杂多予以复盘，而复盘的关键是"证据链"的完整性，即"给一个判断中种种表象以统一性的那种机能，同样也给一个直观中种种表象的纯然综合以同一性；这种统一性，在其最一般的表达

---

① ［德］伊曼努尔·康德. 纯粹理性批判 ［M］. 韦卓民，译. 武汉：华中师范大学出版社，2004：468.

方式上，我们称为知性的纯粹概念"①。

另外，对于"知性"我们需要澄清"纯粹知性"之外的两种知性，一种是作为人类集体认识成果的"知性成果"，这部分成果往往以涂尔干所说的"集体表象"的方式存在于每一个成员心中，我们对此更多是在适用上发挥主动性，或者说我们会在无意识中运用这个东西。与纯粹知性相比，它类似于斯宾格勒所说的"文化"和"文明"的区别，他认为文化往往与内心的观念有关系，而文明往往与一种外在性有关系，而作为一种文化，其往往代表着一个民族或者一个地域的内心观念，这种观念其实是特定时空下的个体纯粹知性发挥的结果，这种结果构成了知识的外在形态，在"经验"条件不变的情况下，往往具有发生的必然性。

另外，知性的发挥结果会表现出某种程度的形式性，当知识成为一种普遍性真理的时候，知识的感性属性会降到最低，这就有点儿类似于数学中的"公理"，它们一直作为假设而被使用，却很难证明。另外，由于知性的自发性和形式性，它们往往具有一个弊端，那就是离开感性的基础而进行知性的自我再制，这很像是"鸡生蛋还是蛋生鸡"的问题，无论我们如何去论述它，都没有办法给出一个直观性的论证，它所给出的东西都是知性的逻辑形式，这恰恰反映了知性是人类的特有能力，即按照逻辑的形式去思考和理解事物。因此，康德强调在知识的综合构成上，感性和知性是无法被分开的，即"只有当知性与感性联合被使用时，它们才能确定对象。当我们把这二者分开时，我们要么有直观而没有概念，要么有概念而没有直观——在这两种情况下，我们都是有了一些表象，但不能把它应用于任何有确定性的对象"②。

知性一旦离开了"感性"，就变成了理性的构成，而理性就不可避免地会出现独断，当理性知道自己所凭借的"感性"时，理性的发挥就存于合理的界限之内。当理性的发挥者离开感性却不自知的时候，就会出现独断或者说理性的僭越，理性离开感性的发生越远，事件越久，独断的发生机会就越

---

① ［德］伊曼努尔·康德. 纯粹理性批判［M］. 韦卓民，译. 武汉：华中师范大学出版社，2004：113.

② ［德］伊曼努尔·康德. 纯粹理性批判［M］. 韦卓民，译. 武汉：华中师范大学出版社，2004：290.

多，在此，"独断"很像叶公好龙，说白了就是"成见"。另外，经验论和理念论是独断的两种基本类型，究其思想根源来说，都与感性和知性的分割有关系，从历史发生来说，柏拉图的理念说由于与神学的关联性强，而成为中世纪的主流观念，它将一种在现实经验世界中无法论证的信念附加在"神"身上，从而构成了"人和神"的二元世界，我们只能去拼命地讨好神，却无法具有神一样的感觉。由于我们没有了"感觉"神的机会，所以，我们就开始用理性的僭越来拼命弥补这种缺失，例如一方面塑造神的传说，一方面压制对神的否认，这影响了知识科学化的产生。

就康德认识论的发生而言，它将认识的发生集中于"a priori"和"transzendental"之间的区间，"a priori"代表着我们的面对方式，而"transzendental"代表着因面对方式的发生而产生的超越趋向，二者之间越紧密，知识的被理解性就越高。一旦我们忽略了它们的距离属性，知识就不被理解，恰恰相反，它可能成为争论弊端的原因，例如，盲人摸象，个人有个人的感知，而大家自认为只有自己的感知才是"大象"。

在这样的背景下，要求别人同情或者理解①就不会取得一致性，而只会导致无休无止的争论。然而，在康德先验哲学下，这个"大象"的观念就可以被悬置起来，此时，有限认知的盲人们就会协同工作，最后在还原中再现大象的整体认知。这也是康德所强调的"思想和直观"对观念构成的双重作用，即"思想而无内容，是空洞的；直观而无概念，是盲目的。因此，要使我们的概念成为可感觉的，即在直观中把对象加于概念上；要使我们的直观成为可理解的，即把直观纳入概念之下，二者是同样必要的"②。

（五）a priori 和 transzendental 之间的知识发生区间

康德强调一种知识批判的立场，即未经批判的知识并不可信，此批判的目的不是否认，也不是批评，而是在理解知识发生基础上的建构，建构发生在 a priori 和 transzendental 之间，理解会在随后说明。

---

① 理解和同情在笔者的思考中具有一致性，它涉及知识在人的认知能力面前的共性问题，一个知识点如果不能在民众中获得认可，当然这种认可并不是迷信的认可，而是认知者发自内心并通过科学方法的认可，那么这个知识的适用性将会受到影响。

② ［德］伊曼努尔·康德. 纯粹理性批判［M］. 韦卓民，译. 武汉：华中师范大学出版社，2004：92.

对于验前 a priori 来说，康德曾经专门在导言中宣称"是否有这种不依靠经验，乃至不依靠任何感官印象的知识，这至少是需要更缜密地去审查的一个问题，而且是不能立即轻率答复的问题。这样的知识称为'验前的'，而且有别于经验性的知识，经验性的知识是起自验后（a posteriori）的，即在经验中有其起源的"①。

在这里，笔者想用"知识的萌芽"来解释"验前知识"。康德甚至强调一种纯粹验前的知识，就是不依赖于任何经验的知识，事实上，这是康德基于纯粹理性的目的所做的一个假定，它也宣称"可是'验前'（a priori）这个词不能很准确地表示我们问题的全部意思。因为甚至许多关于从经验性来源得来的知识，一向在习惯上说是验前得到它或者能够验前得到它，意思是说，我们不是直接从经验得到它，而是从一条普遍性的规则得到它的——而这规则本身却是我们从经验借来的"②。

在这里，有三个中文词可以很好地表达：验前、经验和超越。"超越"这个词是对 transzendental 的倪梁康的翻译，中文有翻译成超验的，也有翻译成先验的，但就知识的动态发展而言，笔者认为验前代表着我们的一种面对方式，经验代表着实践的流变，而超越代表着二者之间的意识状态，即就感性而言它是被动的，而就知性而言，它又追求一种超越。

在这里，我想举一个儿童的例子，"星期五"是我们日常的规则化的表达，一个八岁的儿童不会写"星期"这两个字，它就用"★75"来表示，在这里，验前的存在就是她想表达一个时间，这个时间在集体共性中被表示为"星期五"，但是，她并不会写"星期"这两个字，于是，她开始运用她所知道的一切知识，"★"和7、5是她所知道的，于是，日期就变成了"★75"这样的一个超越化的表达。在这个例子里，我只想说明知识在其萌芽状态的样子，采用一种方式来表达"星期五"是这个孩子的验前世界，在此过程中他其实没有多少关于星期五本身的经验，星期五是"一条普遍性的规则得到"的东西，但是，当孩子用语言读出来的时候，"★75"就和"星期五"

① ［德］伊曼努尔·康德. 纯粹理性批判［M］. 韦卓民，译. 武汉：华中师范大学出版社，2004：35.

② ［德］伊曼努尔·康德. 纯粹理性批判［M］. 韦卓民，译. 武汉：华中师范大学出版社，2004：35.

一起被理解了。

这个问题在知识的创造性中有很强的启示，就直观而言，或者说就空间物体的直观而言，我们必须接受的现实是其"单面显现"，康德的"验前"就有了存在的必要，其意义在于强调"直观"的纯粹性，也就是在事物单面显示中我们看到了什么。在此，"星期五"是一个经验的表达，当我们将这个"经验"予以悬置之后，即我们不用"星期五"这个词汇还是能够表达出"星期五"的时候，就需要我们的知性来予以协作了。在此，验前的世界中就不可回避地出现了一个"我"的观念，这个观念具有意识的独立性，因此，验前的世界并不仅仅是直观的世界，它还有一个意识部分。"我要表达"是其深层的内涵。

另外，"验前感性世界"在康德的学说里是服从于它的理性目的的，或者说是服从于他的纯粹理性目的，就像谢勒所评价的，康德的哲学是攥紧的拳头，而不是放开的手掌，康德并没有对"验前"世界与观看者本人的感性构成之间的关系进行详细论证，但"验前感性世界"的意识构成是胡塞尔现象学所要追求的问题。在胡塞尔那里，验前感性世界不仅仅是一个外在的物体，而且还有焕发知性的价值需要，这种价值需要具有唤醒知性的作用，"被感知物存在于其显现方式之中，在每一个感知瞬间，它本质上是一个指明（Verweisen）系统，具有一个诸显现立足于其上的显现核。在这些指明中，被感知物似乎在向我们召唤：这里还有进一步可看的，将我转一圈，同时用目光遍历我，走近我，打开我，剖析我"①。

在胡塞尔那里，"感知瞬间"的唤醒让观看者不停地记忆，不停地生成，而在康德那里，预设一个必然性还是思维所努力的方向，经验作为一个事态的结果还是具有直观的价值属性。在胡塞尔那里，这个"必然性"被悬置了，它所追求的不是必然性，而是"发生"的偶然性，说白了，就是在验前的感性世界与言说的理性符码（code）之间的可能性问题。在康德式的哥白尼革命那里，认知者是放弃了"物自体"的一种观看方式，即其设定了物的相对静止后的观看方式，而胡塞尔不同，它直接以永不停歇的观看态度来描

---

① ［德］埃德蒙德·胡塞尔. 被动综合分析：1918—1926 年讲座稿和研究稿 ［M］. 李云飞，译. 北京：商务印书馆，2017：17.

述观看的发生问题。

另外，理解困难的原因也存在于"a priori"的验前世界和"transzendental"的验后世界之间，因为二者之间存在一个发生的序列问题。庄子说，对于夏天的虫子不能和它说冬天的冰，因为夏天的虫子在秋天就死掉了，冬日的冰对于它来说是永远未知的。但在此并非强调这种外在的季节交替，而是想强调这种区别是认知层次的区别，这种认知的发展层次已经在皮亚杰和科尔伯格的实证研究中被证实，他们通过实证的调查，揭示了人类认知的阶段性和发展性。

道家思想的创始人老子也强调这种动态的认知发展性和层次性，即"太上，下知有之。其次，亲而誉之。其次，畏之。其次，侮之。信不足焉，有不信焉。犹兮其贵言。功成事遂，百姓皆畏我自然"①。也就是说，"理解"的发生并非仅仅是"感觉"，感觉代表了个人的面对方式，真正可以被交流和同情的东西是感知的表达，最高的理解像两个相交的圆一样，重叠的部分来源于两个人对同样情境的同样视角，这就是"有"，就是"太上，下知有之"，否则就是"信不足焉，有不信焉"。存在于"transzendental"这一验后视角的经验是我们经过"认知"或者说"感知"改造过的东西，它的基础存在于"a priori"的面对方式之内，即存在于事物在直观中给予我们的方式。我们将之作为"观看体验"，并用观看体验本身作为理解对象，而不是将观看的对象作为理解对象②。

另外，我们总是强调理解的基础是同情，然而，对"同情"的"感受学说"提出批判的舍勒曾经对此提出过非常有创造性的观点，也即"相对于'感受'，谢勒指出有一种直接企及对象而且使得我们可以把握到对象本质的'感知'（fühlen）。感知是种意向性的活动，感知永远是'对某个东西的感知'（fühlen von etwas），尤其感知可以是一种对被感受之物的感知，也就是感知与价值有关。换句话说，感知乃是一种本源性的意向性（ursprüngliches intentionales Fühlen）"③。据此，我们就不能将理解的发生限定于肉体感觉，

① 胡汝章. 老子哲学［M］. 台南：博元出版社，1992：90.
② 虽然乔姆斯基强调我们对语言的理解要注重平面的理解，但任谁也不会否认我们为了增加理解和同情所不得不说的话要面对现有文化的语言符码以及既有理解方式。
③ 江日新. 马克斯·谢勒［M］. 台北：东大出版社，1990：115.

这是不现实的，我们没有办法要求一个素昧平生的人去真实地同情和理解我们自己，然而，就算我们不知道对方的肉体有什么感觉，发自内心的意向也可以让我们变得愿意同情与理解。此时，我们就可以借助"意向性"的意愿而自愿地去在情感中模拟体验他人的感受。

然而，意愿不能被强迫，一旦被强迫，意愿就会背离感性的基础而变成独断或者理性的僭越，在强迫下的理解发生并不是真实的情感属性，而是理性的不得不做。此时，要求别人理解的人就会出现某种程度的"权力崇拜"，其原因在于理解的发生不是与自我意向的关系，而是与外在符号的关系，而"每一种实施符号暴力的能力，即强加一些意义，并通过掩饰那些成为其力量基础的权力关系，以合法的名义强加这些意义的能力，在这些权力关系当中加进了自己的，即纯符号的力量"①。

此时，理解和同情的发生凭借就不再是"人与情"之间的感知关系，而变成了人与权力之间的感知关系，人就会成为精于算计的精致利己主义者，其会将"自身保存"的生物性作为基础，把我们所有的情感评估建立在"对本己好处的算计之上；以后人们试图把这种来自利己主义的同情感'进化'想象为越来越间接地和越来越少地受到有意的思考的引导"②。这样，以权力符号为表征的身份关系就开始成为人与人之间的关系基础。

第四节　屁大点儿的事也许不小——畏的情感

我们日常生活中总会说"这算个屁啊"，用来形容"屁大点儿"的事情根本就不算个事情，但是当我因为手术躺在病床上的时候，疼痛因为麻药的关系并不让我感到害怕，最让我感到害怕的是"排气"这个屁的问题，因为手术后用来衡量肠胃蠕动正常的标志就是那个"屁"。大约十年之前吧，笔

---

① ［法］皮埃尔·布尔迪厄，［法］J.-C. 帕斯隆. 再生产：一种教育系统理论的要点［M］. 邢克超，译. 北京：商务印书馆，1963：12.
② ［德］马克斯·舍勒. 舍勒全集：第2卷　伦理学中的形式主义与质料的价值伦理学：为一种伦理学人格主义奠基的新尝试［M］. 倪梁康，译. 北京：商务印书馆，2019：413.

者有一个朋友因为阑尾炎住院手术，他本来刀口都已经长好了，都下床走路了，一切正常了，就是不能"排气"，最后查出来是肠梗阻，因为这个原因，他二次住院，又被开了一刀。

这件事发生的时刻，我并没有觉得有多恐惧，只是觉得又因为这个原因重新挨一刀挺倒霉的。但是当自己躺在病床上的时候，医生会告诉你，"排气"后才能喝点儿水，吃点儿流食，也许是因为那个时候生命力量比较弱，人就特别会怕事情，担心手术不够成功而被再开一刀，所以，在手术后的那几个小时里，我躺在那里，静静地等待那个"屁"，我才知道，也许屁大点儿的事情并不是小事情，对于当事人来说，可能是个大事情。

当"排气"之后，我就可以进食、排便了，在这一刻我才知道，人生中许多许多"小事"在那一刻都是大事，比如每次大小便都要经历一次心理的斗争，能拖就拖，因为伤口会疼。在那一刻，大小便比吃饭更难，因为要坐起来，先用另一只手支撑身体，一手一脚联合用力，另一只手是不能用的——有吊针的输液管，然后再慢慢地把自己放平。总之，每次起来和躺下都需要提前酝酿很久，基本上是动一下，疼一下，而我比较敏感，又比较怕疼，只能龇牙咧嘴地忍着。

在这里，我想到了海德格尔的两个关键词：操心和畏①。这两个词与海德格尔有关系，也与我自己有关系，我在自己的第一本书里面将"爱和敬畏"作为最基础的两种情感，并认为这两种情感滋养了自我。而海德格尔将"操心"作为一个人存在的最基本样式。

"操心借'我'说出自己，而其方式首先与通常是操劳活动的'逃遁'式的言我。常人自身我呀我呀说得最响最频，因为他其实不本真地是他自身并闪避其本真的能在。自身的存在论建构既不可引回到某种'我'之实体也不可引回到某种'主体'，而须倒过来从本真的能在来领会日常逃遁的我呀我呀地说；但由此还得不出一个命题说：于是自身便是操心的持续现成的根据。"②

---

① 海德格尔的著作是笔者读得最少的作品，虽然喜欢得不行，但并不得要领，在这里勉为其难地描述些自己的小心得。

② ［德］马丁·海德格尔. 存在与时间［M］. 陈嘉映，王庆节，译. 北京：生活·读书·新知三联书店，2014：367.

在这段引文里，海德格尔描述了两种不同的"言我"方式，一种是"操心借'我'说出自己"，另一种是"通常是操劳活动的'逃遁'式的言我"。

一、操心借"我"说出自己

操心是"我"这个独一无二之人格的存在证明，也是标注"我"这个对象的独一无二性，在此，"我"不是一个主体，也不是一个实体，而是一个生命体验者不间断的体验过程——操心的承载者，它是一个人生命时间和实践的集合，在此，生命时间以体验为内容，而操心就是生命体验的形式要件。海德格尔的"操心"蕴含着西方认识论一直寻找"稳定起点"的认识论传统与变迁经历。

自柏拉图开始，甚至从苏格拉底开始，寻找人类思维的"阿基米德点"，寻找那个确定不变的东西都是人类思维的核心问题。就像马克思所说的，寻找什么是第一性的问题，这个寻找过程有一个规律，即从人外部转向人本身再转向个人内化的过程。就像胡塞尔所描述的"我，这个我，包含所有这一切"[1]。柏拉图时代主要通过外在物体来衡量这个"我"，例如他的"理念说"就是在悬置了"我"之后的观念体系。因为在柏拉图看来，"我"可能是限制在洞穴之内的被动观察者，其所看到的对象和他自己所给予的对象之间其实是"被设定"完成的东西，并不是真实的东西。

从笛卡尔开始，"我思"开始成为一个稳定的阿基米德点。此时，外在物体的衡量标准开始转向了人，也即"我"之中，但是，笛卡尔并没有解决"这个我"——独一无二、独立个人这一问题。从某种角度上说，"这个我"是一个很难界定的问题，就概念的界定方式而言，外延越小，内涵越丰富，而"这个我"就是一个独一无二的个体，这也就注定了界定它需要极限的概念内涵，这一问题到了康德时代就具有了解决的可能性——哥白尼式革命，也即让"观察者旋转"而让被观察者静止。此时，作为被认知对象的"整全"属性开始成为努力要悬置的东西；此时，认知者的认知成果开始凸显，即"我说出来的知识与我的认知过程"之间的关系开始变得重要。也许康德

---

[1] ［德］埃德蒙德·胡塞尔.欧洲科学的危机与超越论的现象学［M］.王炳文，译.北京：商务印书馆，2017：233.

受到牛顿力学"相对静止物"这一观看运动之方式的影响，它介入了"时间"和"空间"这样的概念来界定认知者"说出的内容与形式"，从此刻开始，"借'我'说出"就具有了认识论的意义。

时间和空间在康德那里被表示为"直观形式"，他认为"空间不是一般事物关系的推论性的或我们所说的普通的概念，而是一个纯粹直观"①，时间是"我们（人类）的直观的纯然主观条件（我们的直观总是感性的，即在我们为对象所刺激的限度内），而离开主体，在其本身说来，是无意义的"②。另外，他提出，"时间无非是内感官的形式，即关于我们自己和我们的内部状态的直观的形式。它不能从外部出现的一种确定；它是与形状无关，又与位置无关，而与我们内部状态中的各表象间的关系有关"③。

康德的工作让认知考察具有了从外部去描述人类内部状态的可能性，也即空间往往与我们的外直观有关系，而时间与我们的内直观有关系，而内直观涉及我们"内部状态中的各表象间的关系"，而表象在康德那里又是放在心灵之前的东西，这就导致康德并没有将"内感官之表象构成"作为一个独立的对象进行研究。他也曾经明确地说："感官世界无非是按照普遍规律联结起来的显象的一个链条，因此，它不具有自存，它真正说来不是物自身，所以必然与包含这种显象的根据的东西相关，与不是只能被视为显象，而是被视为物自身的存在者相关。"④ 也就是说，在康德这里，内直观或者说主体的感受性并不是其研究的重点，就像他宣称的，这不是"物自身"，也就是说它不能成为思考的对象。

然而，康德有一个重要的工作却影响了后世的胡塞尔，就是"内感官"与"时间"的关系问题，康德并没有有意识地去解决这个问题，因为它所讨论的问题是"对象与认识能力"之间的关系，而后世的胡塞尔应该是想解决

---

① ［德］伊曼努尔·康德. 纯粹理性批判［M］. 韦卓民，译. 武汉：华中师范大学出版社，2004：66.

② ［德］伊曼努尔·康德. 纯粹理性批判［M］. 韦卓民，译. 武汉：华中师范大学出版社，2004：75.

③ ［德］伊曼努尔·康德. 纯粹理性批判［M］. 韦卓民，译. 武汉：华中师范大学出版社，2004：74.

④ ［德］伊曼努尔·康德. 未来形而上学导论［M］. 注释本. 李秋零，译. 北京：人民大学出版社，2013：92.

"我的体验与思考"之间的关系，而时间作为标注内感官的重要标尺开始发挥作用了。他强调"心理学统觉完全不同于现象学的统觉"，前者"从自然规律上去探讨心理体验的生成、构形和变形"，后者"并不将体验纳入任何现实之中。我们所关涉的现实性是被意指的、被展示的、被直观的、被概念地思考的现实性"①。

在现象学看来，外在的空间之物不再是衡量心理体验的内容，它所要讨论的问题是"被意指的、被展示的、被直观的、被概念地思考的现实性"。在这个现实性中，一切的内心的发生成为被研究和思考的对象，此时，时间不再是一维的不间断的绵延了，"确定的时间秩序是一个二维的无限序列，两段不同的时间永远不可能同时存在，它们之间的关系是一种不等边的关系，存在着这样一种传递性（transitivität），即在每一段时间中都包含着较早的时间和较迟的时间，如此等等"②。

这种状态所要描述的对象不再是外在的实体，它变成了意识，只要是心动时刻，就有某物在我们内心被意识指向，而这种指向的发生就是一个时间边长，并且这个边长转瞬即逝。在这个边长中，不仅仅含有过去的意识发生，还包含有未来的假设，它们一起构成了当下化的时间刻度。只不过，在这个当下化中，"过去""现在"和"未来"是不间断地、不重叠地一起对意识进行构建。在此，李幼蒸认为胡塞尔创设了独特的"意识理性批判"，这种批判区别于康德的"自然理性批判"和狄尔泰的"历史理性批判"，在此，"意识不仅是与客体相对的主体实在和功能，它本身也已成为一种重要的分析对象"③。

海德格尔的操心就是在这样的背景下展开的，在此，"我"作为一个称谓也被悬置了，因为生命体验并不服从外在的空间时间。例如，日常生活中的我们会一个人在那里发呆，会怅然，在外在的观看看来，好像什么都没有

---

① ［德］埃德蒙德·胡塞尔. 内时间意识现象学［M］. 倪梁康，译. 北京：商务印书馆，2017：44.

② ［德］埃德蒙德·胡塞尔. 内时间意识现象学［M］. 倪梁康，译. 北京：商务印书馆，2017：45.

③ ［德］埃德蒙德·胡塞尔. 纯粹现象学通论：纯粹现象学和现象学哲学的观念（I）［M］. 李幼蒸，译. 北京：中国人民大学出版社，2004：4.

发生，但是其内心的变化却可能风起云涌，此时的"我"会悠然自得地说出一两句话，就像那句诗说的"妙手偶得之"。此时，填充时间的不是外在的空间物体，而是一个独一无二之人格的"操心"。

另外，"操心"的发生也不再是康德那样的理性设定，甚至也不再是胡塞尔的那种"我"，它更类似于尼采和胡塞尔的"这个我"。也即"此在"这个独一无二的大活人，它既不是个人主义，更不可能是集体化的"我们"，它很像尼采为自己所写的传记《瞧，这个人》。在这里所有一切的集体性、共性都需要被现象学悬置起来，它所剩下的仅仅是"此在"，"此在的'本质'在于它的生存。所以，在这个存在者身上所能清理出来的各种性质都不是'看上去'如此这般的现成存在者的现成'属性'，而是对它来说总是去存在的种种可能方式，并且仅此而已。这个存在者的一切'如此存在'首先就是存在本身。因此我们用'此在'这个名称来指这个存在者，并不表达它是什么（如桌子、椅子、树）而是'表达它怎样去是'表达其存在"①。

为什么"各种性质都不是'看上去'如此这般的现成存在者的现成'属性'"？其根源就在于这是一个独特自我的"努力活"。多年前，我曾经感觉到自己的衰老，那个时候，我告诉自己"如果你每天都在死，就每天都在活；如果你每天都在活，那你就每天都在死"。例如，当我躺在病床上的时候，我相信，那个因肠梗阻两次住院的兄弟在做第一次手术的时候，其"操心"的对象不会是"肠梗阻"，第二次手术的时候他才会想到这个恐惧，但对我来说，这件事情并没有真实地发生在我的身上，而我却还是要对这件事情"操心"。

二、通常是操劳活动的"逃遁"式的言我

"通常"是我们日常言说的一句用语，我们经常会在开头说出类似的话，我们会说"一般情况下""人家都说"等等的话语。在海德格尔看来，这不是"此在"的在场，也即我们并没有办法在现实生活中找到那个"人家"，也不会找到那个"一般情况"。而就语境的分析来说，当我们说这些话的时

---

① ［德］马丁·海德格尔. 存在与时间 ［M］. 陈嘉映，王庆节，译. 北京：生活·读书·新知三联书店，2014：49-50.

候，其实是"我觉得一般情境""我认为"等等这样的语式，这就是"通常"逃遁式的言我，就是独一无二的自我在说出自己所操心的内容，这个在操心的人和思考之间没有一个具体的实在——我，这其实是一个无意识的自欺现象。

与此不同，海德格尔用"操心"代替了上文中胡塞尔所说的"被意指的、被展示的、被直观的、被概念地思考的现实性"。操心的意义在于"从本真的能在来领会日常逃遁的我呀我呀地说"，这里有一个关键的问题"本真的能在"，"本真"就是一个人本来自然的样子，这种本来样子的区别就在于人获取能量的方式不同，有的人喜欢从别人那里获得成就感，有的人喜欢自己一个人待着获得成就感。总体而言，我们的民族是强调集体意识的民族，这种文化的观念属性让我们的"本真"多少有点儿非自然的属性，这是需要"修身"得来的东西。

这种东西很像"随心所欲不逾矩"的苟且，也即我想干什么就干什么而不会违背规则，规则还是带有"观念群"的意思，这不是现象学所说的"本真"，现象学的本真是"体验感"，而这个体验感的构成要素不是外在的物体，而是"有意义"，即"有意义或'在意义中有'某种东西，是一切意识的基本特性，因此，意识不只是一般体验，而不如说是有意义的'体验'或'意向作用的'体验"①。在这里，"意向"连同"意向客体"一起构成了体验的内容，此时的客观性是意向关联的客观性，是主体对意义的附加过程。

然而，"体验"不能用客观时间来衡量，也即它并不服从时间的"二维"属性，它就像犬牙交错一样地与发生互相依存，而意义是其中恒定的东西，其意义的附加是一个时间的刻度或说关系，也即发生在过去的意义和未来的意义。这很像"一朝被蛇咬，十年怕井绳"，被蛇咬是发生在过去的客观事实，但这个"发生"不仅仅存在于那个生物性的"蛇"与"生物人"之间，它还存在于"操心"这种意向活动中，在未来的一段时间内，"蛇形"将会成为被咬人的恐惧对象，而这个对象是以意义的方式存在的。

"通常是操劳活动的'逃遁'式的言我"所折射的道理对中华民族的思

---

① ［德］埃德蒙德·胡塞尔. 纯粹现象学通论：纯粹现象学和现象学哲学的观念（I）［M］. 李幼蒸，译. 北京：中国人民大学出版社，2004：155.

维提升具有很强的启示作用，这也是笔者将"操心"放在"屁大点儿事"部分的原因。一旦我们将"通常"作为一个交流的目的或者"言我"的标准，我们的体验就不再是体验了，它变成了"观念群"，即各种各样的观念共同构成的文化体系，在这里，意向和行为者所面对的是铺天盖地的"人言可畏"，而"人言可畏"在杀人的时候又不知不觉，他们会认为是在为神圣事物报仇，这让改变和进步变得步履维艰。

因为，在"逃遁中言我"其实是割裂时间的发生性来讨论时间的纯粹抽象性。在现象学中，"时间"成为标注发生性的具体存在，就像奥古斯丁说的，如果那里什么都没有发生，那里就没有时间。这里有一个很奥妙的意识翻转，即发生借时间说出自己，这对于我们的思维进步具有很强的启示意义，因为"处境本质上对常人封闭着。常人只识得'一般形势'，丧失于切近的'机会'，靠总计'偶然事件'维持此在，而常人又误认'偶然事件'，把它们当作或说成自己的功业"①。这就像我们在用"通常"来进行的交流，我们并没有切近我们自己的体验。这个时候的交流内容和交流意向仍然停留在集体无意识中，集体共性是交流的目的，我们或者仅仅为了维持外在的礼貌，或者仅仅为了让别人成为听众，而两个人内心火花的灵感这样的"打开"事件才是体验感的发生时刻。此时，"偶然事件"不再是我们"总计"的量化，它开始作为进步的标志成为我们努力追求的东西。或者说，这些偶然事件是我们可以"能在"的东西。在此，康德的知性成为被悬置的东西，因为我们可以运用自己的体验打开"一般形势"的封闭性。

三、操心的对象是畏

"畏"是陈嘉映先生对德语"angst"的中文翻译，"Angst 浅近的意思就是害怕，但在害怕的种种成分之中，它又特别突出焦虑的意思"②。这里的"焦虑"并不是一种心理学的概念，其更多是与"发生"有关系，它代表着个体内心的一种渴望，渴望某件事情的发生状态或者不发生状态。"畏"来

---

① ［德］马丁·海德格尔. 存在与时间［M］. 陈嘉映，王庆节，译. 北京：生活·读书·新知三联书店，2014：342.

② ［德］马丁·海德格尔. 存在与时间［M］. 陈嘉映，王庆节，译. 北京：生活·读书·新知三联书店，2014：504.

自我们的"活着",或者说在特定的情境之中,它不是"悔不当初",而就是"当初",它所描述的既不是"假设"的发生,即我们对未来的某种谋划,也不是既定的事实,它所描述的是一个现在进行状态的"发生中"。

举例来说,老师在上课之前会备课,但是上课的时候却绝不会严格按照备课的内容进行讲授,另外,下课之后,老师有时候还会回想上课的内容,会引发"还会更好"这样的想法。但海德格尔的"畏"发生于整个备课讲课和课后的反思中,只不过不同发生区间里的畏有不同的样子,上课有上课的"畏",备课有备课的"畏",而课后的反思有课后反思的"畏",这就是海德格尔所说的"在世"。

(一)在世是畏的发生区间

海德格尔的"在世"是一个认识者的立场或者说处境,它的核心要素是能够将自己的处境进行认识,"认识是此在在世的一种样式,认识在在世这种存在建构中有其存在者层次上的根苗……认识是在世的一种存在方式"①。在这里,将自己的真实处境进行认识并在此认识中生存是"在世"的核心要素,这里有两层重要的意思,而在这两层意思中,畏像空气弥漫在空间一样浸润其中。

1. "在世"与空间无关而与认识有关

"'在之中'意指此在的一种存在建构,它是一种生存性质。但却不可由此以为是一个身体物(人体)在一个现成存在者'之中'现成存在。'在之中'不意味着现成的东西在空间上'一个在一个之中'……我们把这种含义上的'在之中'所属的存在者标志为我自己向来所是的那个存在者。"② 也就是说,"在世"并不是我们所说的"血肉之躯",而是一个"意义的理解者",这个"意义"在我们来到这个世界之前,它已经是现实的存在了,而我们需要做的是"存在建构",即将我们自己的整体性作为建构的一个要素,将"在世"作为一个要素,让自己在意义的事实中不断建构自己。

---

① [德] 马丁·海德格尔. 存在与时间 [M]. 陈嘉映,王庆节,译. 北京:生活·读书·新知三联书店,2014:71.
② [德] 马丁·海德格尔. 存在与时间 [M]. 陈嘉映,王庆节,译. 北京:生活·读书·新知三联书店,2014:63.

由于"认识"是在世的核心要点，这表明"在世"是一个永远的未完成状态，"显然此在从不可能是过去的，这倒不是因为它不流逝，而是因为它本质上就不可能是现成的。毋宁说，如果此在存在，它就生存着"①，而在这未完成状态中，我们不免会畏首畏尾。在这里，"畏"与"害怕"不太一样，害怕更多是与经验的外在之物有关系，而"畏"更多是与个体内心的意向有关系，是一种时间性的发生标志，所以，畏（angst）暗含焦虑的内涵在其中，并构成了在世的整个区间。

2. 在世是当下在手

在世不是一种"事前想象"，也不是一种"事后反思"，它是一种当下在手，"某个'在世界之内的'存在者在世界之中，或说这个存在者在世；就是说：它能够领会到自己在它的'天命'中已经同那些在它自己的世界之内向它照面的存在者的存在缚在一起了"②。也即是说，当我们来到这个世界，甚至在我们受精的那一刻，我们作为一个确定的生命已经"向它照面的存在者的存在缚在一起了"。在此，海德格尔将思考的对象从人之外的世界转向了"这个人"，转向了你、我这样的普通的人，就是我们这样的普通人所能够达到的高度。

在这里，我们自己的"在世"以及在世的我们自己成了行动的参照，周围人群作为不够切近的东西开始退隐。这才是我们现实的生活处境，我们常常说，改变现实从认识现实开始，而认清现实的核心就是"在世"，我们既不能超然物外，也不能真正沉溺其中。在世的存在者在这里是以"上手"为标志而存在的东西，"'上手的'存在者向来各有不同的切近，这个近不能由衡量距离来确定。这个近由寻视'有所计较的'操劳与使用得到调节。操劳活动的寻视同时又是着眼于随时可通达用具的方向来确定这种在近处的东西的"③。

---

① ［德］马丁·海德格尔. 存在与时间［M］. 陈嘉映，王庆节，译. 北京：生活·读书·新知三联书店，2014：431.
② ［德］马丁·海德格尔. 存在与时间［M］. 陈嘉映，王庆节，译. 北京：生活·读书·新知三联书店，2014：65-66.
③ ［德］马丁·海德格尔. 存在与时间［M］. 陈嘉映，王庆节，译. 北京：生活·读书·新知三联书店，2014：119.

在这里，时间就像一个链条结构样的东西，发生的事件固定在链条的端点位置，中间空空的东西就是"在世"，而"畏"就是这空空之物的弥漫之物，"当下"的发生弥漫着对过去的回忆，也充实着对未来的期待，回忆和期待与当下的一切关系都让"畏"及其所"畏"之物开始出现。"有所畏源始地直接地把世界作为世界开展出来。并不是首先通过考虑把世内存在者撇开而只思世界，然后在世界面前产生出畏来，而是畏作为现身的样式才刚把世界作为世界开展出来。然而这并不是说，世界之为世界在畏中从概念上得到理解了。"①

在这里需要明确的是"世界"并不是一个空间的世界，而是时间开始的地方，而这个时间开始的地方之标志性的东西就是"发生"，因此，我们不能将自己抽象出时间和空间去思考我们的知性——像康德那样，我们只能根据自己的"在世"来认识我们自己。"畏在此在中公开出向最本己的能在的存在，也就是说，公开出为了选择与掌握自己本身的自由而需的自由的存在。畏把此在带到它的'为'的自由存在（propensio in）之前，带到它的存在的本真状态之前，而这种本真状态乃是此在总已经是的可能性。"②

（二）畏的发生原因是个体的独一无二

"畏"让我们自己感到"畏"的原因在于，我们知道自己是这个世界的独一无二，当"独一无二"这个属性出现在我们内心的时候，我们就会发现"在世"——这一活在当下的困穷，也即我们发现我们没有可资利用的生存凭借，或者说现成的生存凭借。"在畏之所畏中，'它是无而且在无何有之乡'公开出来。世内的无与无何有之乡的顽梗在现象上等于说：畏之所畏就是世界本身。无与无何有之乡中宣告出来的全无意蕴并不意味着世界不在场，而是等于说世内存在者就其本身而论是这样无关宏要，乃至在世内事物这样无所意蕴的基础上，世界之为世界仍然独独地涌迫而来。"③

---

① ［德］马丁·海德格尔. 存在与时间［M］. 陈嘉映，王庆节，译. 北京：生活·读书·新知三联书店，2014：216.

② ［德］马丁·海德格尔. 存在与时间［M］. 陈嘉映，王庆节，译. 北京：生活·读书·新知三联书店，2014：217.

③ ［德］马丁·海德格尔. 存在与时间［M］. 陈嘉映，王庆节，译. 北京：生活·读书·新知三联书店，2014：216.

"无何有之乡"中的"全无意蕴"来自我们的生存状态：在世这一存在于特定情境中的状态。当我们作为旁观者去观看事态的时候，当我们离开发生而让事态在回忆中再次出现的时候，当我们在遐想中思考过去和未来的时候，我们都不是"在世"，此时此刻的我们自己才是在世，这个时候的我们好像脑子被放空了，一切的一切都开始退隐，这就是"无何有之乡"。在这里，不是世界不在场，而是世界"既有意蕴"的价值属性开始发生变化，它不再作为一种具有特定意蕴的固定构成，它变成了具有"属我"属性的东西，然而，"这个我"又是脱胎于"我"这个集体名词的独一无二，此时，这个"我"要求一个"私人订制"，而"在世"的现世世界又没有一个既定的给予，于是，这个我就产生了"畏"情感。

在畏中，"无而且在无何有之乡"被公开出来，就像《道德经》里说的"有之以为利，无之以为用"，在这里，"有"仅仅意味着一种既有的适用方式，而"无"却代表着大用。这很像庄子和惠子争论的那个"大瓠之种"的故事，当惠子纠结于"大而无用"的时候，其实尚未看到新出现的"在世"，而在庄子看来，当有新的出现显现的时候，恰恰就是"无"，此时的"无"并不是什么都没有，而是一个具体的在世者所面对的世界，"世界、共同此在和生存是被同样源始地展开的，现身是它们的这种同样源始的展开状态的一种生存论上的基本方式，因为展开状态本身本质上就是在世"①。

此时的"展开状态"不再是世界"无我"的展开状态，而是"属我"的展开状态，此时，如果"这个我"不能够复活，或者说，不能够新生，那它就只能出现一种"异化"，这里的异化不仅仅是马克思的异化，它还是一个人背离自己的开始，这种背离让它无法悦纳最本己的自我，就像上文中的惠子一样去埋怨大瓠没有用处。另外，就世界的展开而言，"世界、共同此在和生存"的展开是同样源始的，也即是交互存在的，它让"这个我"产生出操心和畏，并在操心和畏中与世界共处一处。

只不过此时的共处不再是一种"沉沦"式的异化了，它变成了"进化"，即通过提升自己的认知来接受自己的"在世"。在此，世界像一个螺旋的球

① ［德］马丁·海德格尔. 存在与时间［M］. 陈嘉映，王庆节，译. 北京：生活·读书·新知三联书店，2014：160.

面，而畏和操心能够像直线一样地与之相切，在一次又一次的相切中，这个我不再将"偶然"当作一个偶发事件，它开始将之当作一个"发生"，而这种发生的意义恰恰能够与"意向"相关，进而超越出常人的视角。相反，如果不能相切，那就会出现海德格尔所说的沉沦现象。

一旦出现沉沦现象，我们认识的对象就不再是"主体间性"这样的"属我"客体，而是相对于主体的"客体"，这样的客体对主体的疏离不是自然的疏离，而是人为假设的疏离。人类为了认识这种非属我的所谓客体，就不得不对它进行条件设定，而这些条件设定就像谎言一样不断缠绕我们自己的认识对象，此时，认识活动就变成了"抱薪救火"式的添油战术，其永远没有办法弥合认知联结的相对存在。

第四章

自我作为研究的对象

自笛卡尔以来，"我自己"开始具有了认识论的意义。首次进行相关研究的人是康德，他"不是在对'像我们这样的动物'进行心理学研究。他也不是在用无法找到真正主体的抽象作者的声音讲话。他无差别地用术语'我们'来表示任何能使用'我'这个词来指代的存在物：任何一个可以把自己识别为经验主体的人"①。在这里，"自我"不仅仅是一个日常生活中的经验对象，他还变成了一个能够自我关照的对象，一个自己努力去打磨的对象，这对象存在于先验的观念与经验的生活之间。

第一节 康德先验统觉式的自我意识

"统觉"这个词来自莱布尼茨，指"对感知自身内在状态的意识或反思"②。邓晓芒认为，统觉和自我意识是一个概念③。这说明了自我意识是一个人内在潜能的表现，其注重个人"感知的内在状态"。这种内在状态不是一种经验的、外在直观的分析，而是内在自发性的分析，康德专门强调"我所能做的只是对自己表现出我的思想的自发性，即那确定活动的自发性，而我的存在依然只是在感性上才确定的，即只是作为一个出现的存在。但是我

---

① [英] 罗杰·斯克鲁顿. 康德 [M]. 刘华文，译. 南京：译林出版社，2013：34.

① [英] 罗杰·斯克鲁顿. 康德 [M]. 刘华文，译. 南京：译林出版社，2013：34.
② 李泽厚. 批判哲学的批判：康德述评 [M]. 北京：生活·读书·新知三联书店，2007：171.
③ 邓晓芒.《纯粹理性批判》讲演录 [M]. 北京：商务印书馆，2013：118.

之所以称我自己为一个智力，就是由于这种自发性"①。因此，康德的统觉自我有三个要素：对象仅仅限于"出现"、统觉的"综合判断"属性以及统觉的"自发性"。

一、统觉的对象限于对自己的"出现"

"出现是能对我们直接被给予出来的唯一对象，而在出现之中，其直接和对象有关系的东西就称为直观。可是这种出现并不是'物之在其自身'；出现只是表象，而表象有其对象——这对象本身是我们不能直观到的，因而就可称为非经验性的对象，即先验的对象，等于 X。"②

在这里，我们可以将存在分为两种，一种是非人意识的自在存在，一种是与人的意识有关的触发式存在。在康德这里，出现不是一种非人意识的自在存在，它是"对我们直接被给予出来"的触发式出现，也即"出现"在其现身的那一刻，已经成为触发我们感性的现象。另外，出现现象的内容并不是"物之在其自身"这样的物理事物，而是"表象"这样的人为现象，即"它们作为心的变状来说，都必须属于内感官……一切表象都必须在时间里得到整理、联系，互相发生关系"③。因此，出现具有两个积极的认识论意义：其一，悬置物自体的自在存在；其二，将认知的焦点集中于自己能确定的部分。通过前者，独断的想法被悬置；通过后者，自我关联的认知成长被打开。

独断的认知方式可以用公式"主体—客体"这样的表述来呈现，而悬置"主客"关系后就开始呈现"主体—主体面向—客体面向—客体"这一更加具有表象属性的认识方式，其中"主体面向—客体面向"代表着直观与对象所关联的方式是直接的，只不过，作为有限认知者的我们来说，对象给予我们的是单面显示，并且这个单面显示是我们自己"明确知道"的"出现"，

---

① ［德］伊曼努尔·康德. 纯粹理性批判［M］. 韦卓民，译. 武汉：华中师范大学出版社，2004：173.

② ［德］伊曼努尔·康德. 纯粹理性批判［M］. 韦卓民，译. 武汉：华中师范大学出版社，2004：138-139.

③ ［德］伊曼努尔·康德. 纯粹理性批判［M］. 韦卓民，译. 武汉：华中师范大学出版社，2004：132.

这就能够防止那些因主张自己直观到了整全对象——各个侧面而发生的独断，另一方面，对象单面显示给我们的触发方式——此时此刻的心境也决定了认知者的主观状态。在此，主客之间的关系由整全性变成了"主体—主观面向—客体面向—客体"之间的有限性，"主体面向—客体面向"这样的直观性开始成了我们的认知对象，此时，先验的认知能力就开始凸显了。

　　"'先验的'一词是指'关于知识的验前可能性或知识的验前使用'这样的一种知识……能称为'先验的'唯有知道'这些表象不是在经验上有其起源'的这种知识，以及虽然如此，'这些表象却仍然有可能验前地与经验对象发生关系'这样一种知识……所以先验的与经验性的两者的区别是只属于知识的批判的；它与那种知识对其对象的关系无关。"①

　　"知识的验前可能或知识的验前使用"代表着知识的人属属性，也就是说，当我们将自己心中的知识观念运用于经验事物的时候，这个知识观念如何与一个人的经验对象进行适切的问题。此时，知识的关联相对方不再是对象了，而变成了人的认识能力，因此，它既不是盲目的经验实践，也不是神学的神秘想象，而是科学的验前可能。例如，在太阳东升西落的自然视域下，我们的生活方式是日出而作日落而息的自然生存状态。由于缺乏一种知识的验前自信，或者说缺乏一种科学的知识架构，我们很容易走入神学的神秘性，这可以通过雷神电母的神仙人格来说明，因为我们对雷声和闪电的自然直观方式是两个，所以，我们会很自然地想象到闪电和雷是由两个神仙来掌管，科学则不同，它能够对闪电和雷的同时发生给出一个因果必然性的解释。

　　在这里，"时间"及其伴随时间的"发生"现象开始具有了独立的地位，它不再是日出和日落以及"光阴"这样的空间现象，它变成了"时间"的刻度。从某种角度上说，空间往往与我们的外直观有关系，而时间则或多或少地代表着我们的内直观，也即我们开始将"表象"这样的东西作为我们自己的对象来认识了，也即，我们可以"在时间里"整理和联系各种发生现象，也就是说，我们将外在空间事物纳入心灵之前方式是"时间刻度"，如果没

────────────

　　① ［德］伊曼努尔·康德. 纯粹理性批判［M］. 韦卓民，译. 武汉：华中师范大学出版社，2004：95-96.

有了时间这个标准刻度，我们就没有办法将我们直观中的那个"同一"物进行确定，也就没有办法就"同一"性的对象进行交流了。

若果真如此，讨论的弊端可能会退回到"经验直观"的空间表象，然而，空间表象没有办法去描述"关系"。以上文中的太阳升起的例子，有一个关于经验直观的争论——两小儿辩日的故事，这则故事几乎说明了中国认识论的关键——伦理与知识。两个孩子通过自己的经验直观去争论太阳在早上和中午哪个时刻离地球更近的问题，最后问孔子，孔子说我也不知道，故事的寓意为"孔子很谦虚"，然而地球和太阳之间的距离问题却并没有被后世进行知识论的考察，也即这个问题的发生变成了"伦理"问题，而没有变成"知识论"的问题。

一旦我们没有办法进行先验的科学视域，我们对待外直观的方式必然是神学的，或者是经验直观的，而经验直观不可避免地就要面对其杂多的属性，此时，认识的三个要素——认识者、被认识的单面显示、认识发生的触发都没有办法被"同一"地刻画出来。而上述的"同一"则只能由时间来描述，并且，其描述的对象是先验自我的认知能力之发生。就像前文康德的论述，先验与经验的区别仅仅是知识批判，而不是直观争论，而知识批判的内容并不是外在对象，也不是人的先验认识能力，而是认知发生的触发这一中间的媒介。因此，经验直观视域下的"物自体"、神学的超验自我这样的客体和主体都变成了悬置的对象，而先验的自我开始成为知识批判的关键要素，也即那个时刻，你看到了什么？

另外，由于整全的"物自体"和超验的神秘自我被悬置了，这样，作为有限认知主体的我们就开始被自我所悦纳了，此时，我们去校正的东西不再是外在的整全对象，它变成了"知识的批判"。我们无法区分"物自体"，我们只能去校正对象触发我们的方式，或者说，我们的主观状态被触发的方式，而所有的触发方式无非就两种：空间和时间，其中空间涉及经验直观，而时间则是人类认知能力的关键触发方式。

二、统觉的"综合判断"属性

所谓综合判断类似于"我说"这样的语式，"说"是上述语式的述说内容，"省略号代表的内容"未在"我"这个主词里被自己思考过，也没有办

法通过"任何分析"从"我"抽离出来，在此，"我"通过"我说"获得了
扩大，而这个扩大是通过"我说"背后的"我思"来实现的，这标志着
"我"这个主体获得了新的认知，也即作为经验的我并没有变化，但是作为
先验认识能力的"我"开始变化了。另外，在康德这里，"经验世界"和
"先验世界"是分开的，经验世界往往与认识的对象有关系，涉及外直观和
感性世界，而先验的世界往往与人的主体性有关系，其涉及"领悟"和自由
等要素，它所体现的并不是经验的杂多性，而是意识的统一性：

　　"唯一能构成表象对于对象的联系的乃是意识的统一性，因而构成表象
的客观有效性。而构成它们是知识的方式这个事实的，也是意识的统一性；
所以知性的可能性本身所依据的就是意识的统一性。"①

　　"意识"的统一性其实就是对待杂多的"统觉"，并且这个统觉是在先验
基础上的统觉，这是人为自然立法的原则，也是人类知性的关键，"确定内
感官的东西就是知性和知性联系直观的杂多的本源力量，即把杂多统摄在一
个统觉之下的本源力量，而知性本身的可能性则依据这种统觉"②。舍勒反对
康德的这个设定，即"将一个心灵事物设定为实在实体和在内感知中被给予
的体验之'载体'的做法"，他认为"自我性，当然还有个体的体验，不可
以建基于这些心灵设定上——至多只会是后者建基于前者之上"③。

　　笔者认为这是舍勒的误解，因为"知性"或者说"统觉"是先验的存
在。它虽然不能在经验世界找到，但统觉所得到的结果却可以在经验世界中
获得实现。其原因就是这种意识的统一性，因此，康德并不是对心灵的一种
设定，而是一种描述，他专门强调"统觉的综合统一性是那最高点，我们必
须把知性的一切使用，甚至把全部逻辑（而且在与逻辑相符合上）以至把先

---

① ［德］伊曼努尔·康德. 纯粹理性批判［M］. 韦卓民，译. 武汉：华中师范大学出
　　版社，2004：159.

② ［德］伊曼努尔·康德. 纯粹理性批判［M］. 韦卓民，译. 武汉：华中师范大学出
　　版社，2004：170.

③ ［德］马克斯·舍勒. 舍勒全集：第2卷　伦理学中的形式主义与质料的价值伦理
　　学：为一种伦理学人格主义奠基的新尝试［M］. 倪梁康，译. 北京：商务印书馆，
　　2019：549.

验哲学都归之于这一点。其实，统觉这种能力也就是知性本身"①。

在此，知性作为实现意识统一的功能一览无余，功能的价值在于"起作用"，在这里，知性的功能就是要实现意识的统一性，其发挥功能的对象就是给经验的杂多以规则。因此，如果以经验杂多为标准，我们的争论就会变得像两小儿辩日一样各有千秋。但舍勒和康德的争论在这里还有更为深层的意思，就是自我关联的问题，其涉及"一个人"，"一个独一无二"的人的"我思"和"思维"的问题，涉及"自我"能不能作为一个认识的对象的问题，舍勒认为只有"诸思维活动"而不是"我思"是本质联系的"条件"。

笔者同意舍勒的论证。这里涉及的问题是"统觉"的主体是"我"还是"我们"的问题，也就是说"我思"中的"我"是不是一个独立主体的问题，在我们的语言运用中，二者并没有得到很好的区分，其原因就在于"我们"这个集体名词更容易满足交流的需要。但是，当我们采用现象学的还原方法将"我思"中的"我"悬置之后，我们对"思维"活动就具有了纯粹的认知，这个时候的思维就将"我"这个不可避免的经验属性置于"存而不论"的地位，这样，统觉所展现的自我意识就开始出现了，因为统觉与知觉不同，它是"清楚明白的、有意识知觉"②。"知觉"代表着经验信息与意识的关系，康德专门强调"首先对我们给予出来的是出现。出现与意识相结合就称为知觉（出现，除了通过它和至少是可能的意识相关以外，它永远不能成为我们的知识对象，因而对我们来说也就等于无；而且，既然它在其自身来说没有客观实在性，而只存在于为人所知之中，那么如果它不通过和意识的关系，它就会是完全不存在的）"③。

这是一句非常重要的发现，它重新确定了"知识"与意识的强相关，与"出现"的弱相关，这就像太阳东升西落，这仅仅是一个自然现象的出现，它并不能成为知识的对象。其原因在于，它没有对"太阳"和"地球"之间

---

① ［德］伊曼努尔·康德. 纯粹理性批判 ［M］. 韦卓民，译. 武汉：华中师范大学出版社，2004：157.
② ［德］威廉·莱布尼茨. 人类理智新论：上册 ［M］. 陈修斋，译. 北京：商务印书馆，1982：6.
③ ［德］伊曼努尔·康德. 纯粹理性批判 ［M］. 韦卓民，译. 武汉：华中师范大学出版社，2004：145-146.

的关系进行界定，它所界定的仅仅是"出现"与"感官"之间的关系，而"出现"与"感官"的关系并不是知识出现的条件，或者说，自康德的纯粹理性批判之后，出现不再是一个知识的条件了。与之相对的"地心说""日心说"虽然现在证明是错误的，但是，它仍然作为知识点在我们的知识体系中占有重要的地位；相反，"东升西落"却不能成为知识。

事实上，在康德之前，"东升西落"和"日心说"之间所折射的思维范式贯穿了知识产生的漫长路径。在康德之前，西方的历史虽然也有关于知识的讨论，但是，这种讨论与中国的讨论没有很大区别，大家都是"在连续审视中已予区分的概念，由它衍生出还未区分的概念和分辨的概念"①。在这里，"综合"远远没有"分析"的方法重要；另外，笔者认为这里也并不是"概念"，而仅仅是名称，事实上，一个"名词"在尚未批判的时候，它就仅仅是一个名称，其仅仅是一个表达的功能需要，而非一个"综合"的知识生成②。因为，其主语"我"和"我们"并没有得到严格的区分，在这里，"我思"还并没有成为一个对象，更不用说"纯粹思维"这一纯粹理性批判的对象了。

这种分析思维的一个必然结果就是强调经验与自然直观这两个要素，所谓自然直观就是强调信息的感官获取方式，"它是与对象直接相关的表象；其次，作为有限的理性存在者的人只有感性直观，没有知性直观"③，这很像我们日常用语"眼见为实，耳听为虚"。在这样的认知范式下，以"我们思"为代表的思考是主要凭借。虽然，它也将"我们和思"放在了一起，但是，这并不是一个综合判断，而是一个分析判断，因为我们可以随便从中抽取一个人放入"我们"之中，这就像我们日常生活中所听到的"人家的孩子""别人"等等，后两者可以随意地被放入"我们"。在这样的文化背景下，一个独一无二的人，一个个人凭借知性所进行的综合思维并不被凸显出来，事实上，它可能还会被扣上"叛逆"和"不合群"的反文化帽子。

---

① 冯友兰．中国哲学简史［M］．赵复三，译．北京：生活·读书·新知三联书店，2009：28．
② 孙风强．康德曲行认知条件对教育社会学的启示［M］．北京：中央编译出版社，2019：8．
③ 邓晓芒．《纯粹理性批判》讲演录［M］．北京：商务印书馆，2013：53．

这几乎可以从"道法自然"的错误解读里获得例证，老子的"自然"思想带有"还原"的想法，自然不是我们现在的自然科学。其对自在样子的向往与胡塞尔的"面向事实本身"以及"还原方法"具有一脉相承的表现，它更强调一种自我意识的关联。但是，目前的"无为"和"道法自然"并不是还原下的"自然"，它带有自然世界和"自在样子"的混淆。这种混淆几乎在任何外在触发式的文明进程中都可以看到，通过这种混淆，我们将自我对内在世界的关注慢慢转向了外部经验。

这种经验还没有将"纯粹自我"或者说"我思"作为一种思考的对象，它更多强调一种外在直观的统一性，或者其仅仅强调一种外部感性直观的统一性，而这种统一性往往隶属于空间范畴。因此，"'就其自身'还不是知识；它只给可能的知识提供验前直观的杂多。想要知道空间里的任何东西（例如一条线）我就必须引去它，从而使所予的杂多有确定的联系综合地发生，所以这种活动的统一性同时也是意识的统一性（如在线的概念中的那样）；一个对象（一个有确定性的空间）最初被人知道，是通过意识的这种统一性的"①。

然而，我们需要明确，"意识的统一"是一个中性的词汇，它并不能说明"自我关联"与"他者关联"的区别，我们需要对此进行更加深入的探讨。在经验直观的语境下，分析思维而非先验统觉的综合思维占据优势，所谓的事实仅限于外在经验世界的事实，个人内在的意识统一问题并不是一个值得讨论的主要问题。康德也曾经对此进行了忧心的警告，"我不明白，何以承认我们内感官是我们自己所刺激的，就会有这么多的困难。在任何一次注意的活动之中都有这种刺激的例证。在每一次注意的活动之中，知性都是按照它所想的联系而确定内感官，使之符合于在知性的综合中与杂多相应的那个内直观的。每一个都能在自己里面觉知到心通常受到刺激的程度大小"②。

由于内在感官并没有得到重视，自我关联的"先验统觉"这一内在的综

_____

① ［德］伊曼努尔·康德. 纯粹理性批判［M］. 韦卓民，译. 武汉：华中师范大学出版社，2004：159-160.

② ［德］伊曼努尔·康德. 纯粹理性批判［M］. 韦卓民，译. 武汉：华中师范大学出版社，2004：173.

合思维并不能够得到珍视，而在农业文明向工业文明进而向现代信息文明的转化中，上述思维范式的转换具有重要的实践意义，因为强调经验和直观的思维往往代表着农耕文化中人与自然的关系，"农民的生活方式容易倾向于顺乎自然。它们爱慕自然，谴责人为；在原始的纯真中，也很容易满足。他们不喜欢变革，也无法想象事物会变化。在中国历史上，曾有不少发明和发现，但它们不曾受到鼓励，却相反受到了打击"①。这就更加剧了以"创新""范式转化"为代表的现代思维进程的缓慢程度。

另外，由于缺乏先验统觉的内在性，自我这个"中性"的词语也开始更多与自己的躯体有关系，它甚至开始远离一种心灵与躯体之间的身体范畴，而现代的知识发生建立于康德的先验统觉之上，就像我国康德哲学的开创者郑昕所说，"超过康德，可能有新哲学；掠过康德，只能有坏哲学"②。而超越康德哲学的方式就是要重新审视"综合"这一建构式的发生方式，例如，"红烧肉不是肉"是我在解释"综合判断"时刻喜欢用的例子。

在我们做红烧肉的前期，我们的知性功能一直处于一种作用发挥的状态。首先是食材的选择，例如同样是猪肉，新鲜的猪肉和不新鲜的猪肉需要知性发挥来选择，其他的配料就更不用说了，再加上烹饪技术，这就更不用说了，厨师都是一些职业的人，各有各的做法，但是，一旦一道红烧肉被端上餐桌并放在食客面前，这道菜就死掉了，它再也不能回到食材、回到厨师知性技术尚未发挥的时刻，也无法回到所有的配料发挥作用之前的时刻。在此，就算我们将所选择的猪肉这个食材拿出来，就像我们在分析判断中所用的方法，它也不再是原来的猪肉了，它有了新的名词——红烧肉。

在制作红烧肉的过程中，人的知性塑造了红烧肉的风格，在此，自我既是一个制作者，也是一个不断被反思的对象。在这反思中，自我不停地被"自反"——也即用回到自己的方式被意识的统一性所一次又一次地光顾，自我变成了意识统一性的对象，它与躯体的经验性开始变得弱相关。而与自我的建构性强相关，由于我们无法将一个物理事物生吞活剥地放入我的意

---

① 冯友兰. 中国哲学简史［M］. 赵复三，译. 北京：生活·读书·新知三联书店，2009：28.

② 郑昕. 康德学述［M］. 北京：商务印书馆，2011：1.

识，因此，我们也就无法在经验分析的视野下去分析我们的意识统一性，我们所能够做到的是自反到自我这个意识的统一性，并在自反中不断地思考自己的"假设"。而这假设就是以意识统一性的方式放入自我中的意识态度。

这种态度是一个连贯的时间刻度，也即经验、验前和先验的区分。这种区分是内在的区分，也就是内时间意识的区分和时间向度的区分，经验概念代表着时间向度的回溯，"经验的方向，即是因果联系的继续的后退方向，由被决定的追溯条件，其所追溯的条件，仍是有条件的条件；我们永远求不到所谓'最后的因'或'第一因'。此等'最后的'或'第一因'，是'绝对的'，是'无条件的'。康德称之曰：物如或理念"①。验前代表着一种面对态度，先验或者说超越代表着综合判断的结果。

三、统觉的自发性

"自发性"是与感性直观的外在刺激性相对的概念，是指并不依赖外在刺激而自动开始的一种内在能力，"一切直观因为是感性的，故依据刺激，而概念则依据机能。我的所谓'机能'是指把各种不同的表象归摄于一个共通的表象之下的统一作用而言的。概念以思维的自发性为基础，而感性直观则以印象的感受性为基础"②。在此，我们需要明确，理性和感性的最大区别在于意识的缘起不同，二者都有统觉的成分存在。感性的统觉缘起于外在感性直观的刺激，其生成的结果是"图像"，如果没有外在的刺激，感性并不能自动发生。理性则不同，它来自一个人的内在性，即，其统觉缘起于人类自己的内在思维方式，它不需要借助于外在的刺激，或者说不依赖于外在的刺激，它所生成的东西是概念和判断。

带有感性直观的统觉往往是前科学的，或者说是独断的，它就像鸡生蛋还是蛋生鸡的追问，在这个过程中，我们预设了"蛋"一定是由"鸡"生产出来的这一因果必然性，事实上，它就像我们相信人类是从猴子进化而来的

---

① 郑昕. 康德学述［M］. 北京：商务印书馆，2011：20.
② ［德］伊曼努尔·康德. 纯粹理性批判［M］. 韦卓民，译. 武汉：华中师范大学出版社，2004：104.

一样地荒谬①。此问题的追问是一个形而上的独断，它要争论的问题是为了因果必然性而预设了鸡和蛋何者是第一性的问题，而这个问题的争论预设了一个"伪科学"的思维取向，事实上，鸡和蛋是经历了一个时间跨度的发生而形成的自然物种，在发生学的视角下，何者是第一性的问题会退隐，取而代之的问题就变成了"那里发生了什么"这样的现象学问题。

另外，经验回溯所凭借的基础是感性直观，因此，它并不能全部排除感性直观的刺激性。而统觉的纯粹理性往往是以无意识的方式自动发生。例如，如果有人给我们一个指令②："你不要想象一头黄色的奶牛。"你听到这句话之后的反应一般与指令恰恰相反，你正在想象一头黄色的奶牛。为什么？因为奶牛是一个经验的感性直观，它往往带有刺激的属性。在这个案例中，"不"代表的是纯粹理性的词语，它的作用发挥需要一个纯粹理性的主体，我们进一步的追问就可以证明这个"不"所代表的纯粹理性价值：这头奶牛的头朝向哪个方向？此时，我们的回答可能会变得模棱两可。其原因就在于纯粹理性所支撑的统觉具有自发性和纯粹性。其纯粹性恰恰表明其缺乏具体的实在内容。

这里还有一个问题需要说明，我们需要明确纯粹理性的机能发挥，它的作用指向于感性直观的杂多，是一个机体各个部分统一协作的结果，它能够在不依赖于外在部分的情况下独立运行进而进行统觉，"就其知识的各原理来说，乃是完全和其他东西分别开来的一个独立自存的统一体，在它里面，像在一个有机体里面那样"③。这说明了统觉的自发性。但是我们需要区分前科学的"统觉"和科学的"统觉"，前者带有感性直观的属性，后者则代表着一种纯粹的理性。科学的统觉由两步构成：其一，代表着一种验前（a pri-

---

① 达尔文的进化论来自达尔文的想象远远大于实证的考察，也许在其他方面具有合理的地方，但是人类并不来自猴子的进化，而是来自现代智人这一新型的物种。（［肯尼亚］理查德·利基. 人类的起源［M］. 吴汝康，吴新智，译. 上海：上海科学技术出版社，1995.）

② 这个案例笔者借鉴了丹尼特的《意识的解释》中的案例，但又有所不同，他强调的是"闭上眼睛，尽可能详细地想象一头紫色母牛"。（［美］丹尼尔·丹尼特. 意识的解释［M］. 苏德超，李涤非，陈虎平，译. 北京：北京理工大学出版社，2008：30.）

③ ［德］伊曼努尔·康德. 纯粹理性批判［M］. 韦卓民，译. 武汉：华中师范大学出版社，2004：21.

ori）视角；其二，代表着一种超越（transcendence）的意识跨度。其中，验前代表着一种科学的面对态度。验前是韦卓民对 a priori 这个单词的中译，他采用这个译法的原因主要是为了与 transcendence 的"先验"译法进行区分，也有人将 a priori 译为先天的，但韦卓民认为这个译法带有与生俱来的嫌疑，另外，关于 transcendence 他也并没有选择"先验"的译法，而是选择了"超越"的这一倪梁康的翻译①。

验前代表着一种科学的面对态度。这里需要进一步强调，"统觉"与"先验统觉"不同，事实上统觉无处不在，但是，作为一种科学的统觉在于意识的在场，所谓意识的在场就是其不是感官的见证者，也不是盲目的思考者，它代表着统觉的机能在发挥着的一种欣赏态度，一种自知之明，也即它知道哪里是自己感官所面对的东西，哪里是自己的意识所想象的东西。它可以用一句话来形容："我知道我自己在做什么！"之所以用"知道"，是因为他能够在统觉的面前分清楚直观和概念，也即是说，它代表着意识的持有者和进行者对意识的状态有一种自知态度。

超越代表着有意识的统觉在机能发挥之后所产生的结果，他是将自己作为一个有思考能力的人，一个人格，一个独一无二的人之要素放置在"验前"并进行统觉之后的思考结果。因为就空间而言，验前的世界接受了事物单面显示的事实，而对于事物的背光面或者说不能被直观的那个面向采用了假设态度。另一方面，就时间而言，超越意味着某种程度的当下化，它是一个过去在当下化的滞留，也是一个未来的回抛所产生的当下化。

因此，所谓的超越并不是回避发生的"越"过去，而是在悬置一切非直观要素之后的"发生学"探析。就空间而言，它强调自己所面对的事物和事物给自己的单面显示现实，就时间而言，它知道当下的部分具有过去的痕迹，也带有未来的期待。另外，它不再是回避发生细节的整全认识，因此，它并不像奥卡姆剃刀一样否认所有的未知因素，而是还原意识的发生，并在还原的场景下去探索意识的状态。

统觉的自发性对于当下的知识产生具有很强的启示，它代表着思维的本

---

① 关于译法的深入说明，读者可以参阅［德］伊曼努尔·康德. 纯粹理性批判［M］. 韦卓民，译. 武汉：华中师范大学出版社，2004 和倪梁康的一些译著说明。

己属性，也就是说，我们的生活就是要当下化的生活。事实上，我们从儿童时期就好像一直为未来的事物所召唤，就像笑话里说的，母亲的爱就像一个谎言，"等你（……）我就（……）"是其重要的表达语式，"等你上了幼儿园，我就轻松了""等你上了小学""等你上了初中、高中、大学、大学毕业"等等，这是一个明显地去当下化的奥卡姆剃刀式生活范式。

在这种范式下，当下的发生被人为地否定掉，自我并非生活在时间之内，而是生活在时间的发生之外，一切的一切都是预先写就的人生，我们就像等待走向机器生产线的毛坯，在客观时间规定的时间中被动地完成预先确定的宿命，这种被动性恰恰反映了一种感性直观的给予方式。我们在这种被动性中不断背离自我，此时，我们不是将时间作为发生的凭借，让自己的生命畅游其中，而是将自我当作稍纵即逝的"仓促之物"等待客观时间的冲刷。

在此，我们的意识并没有经历统觉的"自发"性，自发性在这里会被冠以"反文化"的标签予以压制，这压制不仅仅有他者的视角，就像鲁迅写的《狂人日记》一样，我们每个人都参与了这个吃人盛宴，而每个人又都是被吃者，就像古语里说的，"千年大道走成河，多年媳妇熬成婆"。回想我们的受教育经历就会发现，我们所学到的知识有多少经过了我们自己的"统觉"，大多数的情况无非是在被动的死记硬背这一重复劳动的基础上一天一天又一天。

一旦我们认识到了统觉的自发性，我们就会不同。首先就知识的学习而言，我们就能够还原知识的创设者及其成长故事，在这还原中，我们会发现知识创设者所面临的验前世界，此时，知识符号的创设者所面对的验前世界就会出现。同时，他们所发明的超越世界也就不再是无本之木的死的东西，开始变得有血有肉了，而我们自己在重复这个东西的路上也就顺便学习了知识，此时的学习不再是死记硬背，而是在模仿知识创设者的先验统觉，由于先验统觉是知识产生的核心能力，我们也就学会了知识的创新。

第二节 胡塞尔本质直观下的自我

现象学的创始人胡塞尔以康德在世传人自居，他也确实做到了这一点。李幼蒸认为，胡塞尔的独特工作在于，他不同于狄尔泰的"历史理性批判"，也不同于康德的"自然理性批判"，他的工作是"意识理性批判"，在这里，"意识不仅是与客体相对的主体实在和功能，它本身也成为一种重要的分析对象"①。胡塞尔在其《逻辑研究》时期，否认一个自我的存在，或者说他不认为自我可以成为一个研究的对象。"胡塞尔区分了两种自我或经验主体，即心理的自我和纯粹的自我。心理自我是世界上的一种实在，而纯粹自我是超越还原的结果。即意识领域经过悬置后的剩余物……纯粹自我不是某种对象，作为结果它也不完全是某种现象。"② 但是，另一方面，"胡塞尔也拒绝纳托尔普对'自我'的理解，后者从康德出发，将'纯粹自我'理解为'意识内容的联系中心'"③。

一、胡塞尔的本质直观

与"意识内容的联系中心"这一经验式的界定不同，胡塞尔强调一种本质直观，"现象学的直观从一开始就排斥任何心理学的和自然科学的统觉以及实在的此在设定……现象学的本质直观使观念化的目光唯独朝向被直观的体验的本己实项的或意向的组成，并且使这些分散在单个体验中的种类体验本质以及它们所包含的（即'先天的''观念的'）本质状态被相即地直观到"④。

本质直观的问题涉及意识的发生问题，就人类学的起源而言，它也是一

---

① [德] 埃德蒙德·胡塞尔. 纯粹现象学通论：纯粹现象学和现象学哲学的观念（I）[M]. 李幼蒸，译. 北京：中国人民大学出版社，2004：4.
② [美] 维克多·维拉德·梅欧. 胡塞尔 [M]. 杨富斌，译. 北京：中华书局，2002：105.
③ 倪梁康. 胡塞尔现象学概念通释 [M]. 北京：商务印书馆，2016：237.
④ [德] 埃德蒙德·胡塞尔. 逻辑研究：二（1）[M]. 倪梁康，译. 北京：商务印书馆，2017：882-883.

个标志性的事件。它发生于大约250万年前——现代智人的出现，"就是有鉴别和革新技术的能力，有艺术表达的能力，有内省的意识和道德观念的人"①。另外，在250万年前，人类的意识并没有明确的对象化，"他的性质基本上是打出什么样子就是什么样子，无规律可循"②，然而，在大约140万年前，"在人类的史前时代第一次有了证据表明石器制造者心中有一个他们想要制造出来的石器的模板"③。这些实证的考察说明了，在那个时刻，人类虽然是一种经验的自我意识，但是其意识已经开始表现出与其他物种不同的特质，那就是"自己知道"，也就是能够将自己的意识作为一个对象进行思考。而这些标志性事件也充分地说明了人类并非仅仅是达尔文所说的"生物进化"的结果，恰恰相反，人类的进化是一种文化进化的结果，其文化进化的核心标志是"自己知道"这一意识的对象化。

"自己知道"就是胡塞尔的本质直观，这是胡塞尔工作的理论原点：思维逻辑是心理学的基础还是反之，胡塞尔否认当时将心理学作为思维逻辑起点的论断，相反，他认为思维逻辑是心理学的基础，即"心理学是一门关于各种实在的科学……纯粹的或先验的现象学将不是作为事实的科学，而是作为本质的科学（作为'艾多斯'科学）被确立；作为这样一门科学，它将专门确立无关于'事实'的'本质知识'。这种从心理学现象向纯粹'本质'的还原，或就判断思想来说，从事实的（'经验的'）一般性向'本质的'一般性的有关还原就是本质的还原"④。因此，本质直观使"观念化的目光唯独朝向被直观的体验的本己实项的或意向的组成"也就具有了很强的启示价值。

首先，本质直观下的自我意识是"关于自我的意识"。

这个"我"不是相对于客体的我，恰恰相反，客体是在主体的视域之

---

① ［肯尼亚］理查德·利基. 人类的起源［M］. 吴汝康，吴新智，林圣龙，译. 上海：上海科学技术出版社，1995：61.

② ［肯尼亚］理查德·利基. 人类的起源［M］. 吴汝康，吴新智，林圣龙，译. 上海：上海科学技术出版社，1995：29.

③ ［肯尼亚］理查德·利基. 人类的起源［M］. 吴汝康，吴新智，林圣龙，译. 上海：上海科学技术出版社，1995：31.

④ ［德］埃德蒙德·胡塞尔. 纯粹现象学通论：纯粹现象学和现象学哲学的观念（I）［M］. 李幼蒸，译. 北京：中国人民大学出版社，2004：3.

下，此时，自我的意识状态就像光源发出的光一样倾泻在外在事物上，事物的颜色也因此而具有了主体的视域，外在的物也不再是整全意义上的物，它变成了以"关于……的意识"为意识状态的意识自觉。"所有真正的显现者只有以此方式才是物的显现者：一个意向的（intentional）空乏视域（leer-horizont）缠绕和混杂着它，它被显现上空乏的晕（hof）所包围。存在一种空乏，这种空乏不是无，而是一种可被充实的空乏，它是一种可确定的不确定性——因为意向的视域（horizont）不是随意可充实的；它是一种意识视域（Bewuβtseinshorizont），这种意识视域本身具有作为关于某物的意识的意识特征。"①

这句话可以用"遇见最美的自己"来表述，此时，客观的外在世界并不是客观的了，它被视域关照下的"显现者"所代替。这可以用旅游的例子来说明，每一个景点都有自己最美的季节，而景点为了宣传也会把最美的自己作为宣传画向外界传递。对于游客而言，这有一个整全的"空乏"视域，也即尚未进行意识加工的暗示，它让人茫然地认为，景点在任何时候都是最美的，事实上，所有的景点都有自己最美好的季节。我们作为游客为了能够欣赏到最美的景点，需要对上述的自然态度进行一个充实，也就是将尚未进行自我意识视域的意识当作空泛视域。为了充实这个空泛意识，我们需要去查找资料，整理攻略，这样我们才能遇到那个景区的最美风景。

另外，"意识视域"与"无"意识不同，它不是一种盲目跟风的行为。在这里，意识与意识的进行都会有明确的自觉观念与之相伴而随，并且这种跟随不是将"对象"囫囵吞枣式地绕过去，恰恰相反，它是一种意识的聚焦行为，在这样的行为中，意识的主体知道自己在做什么，他不是随便地瞄一眼，他知道自己的意识需要一个聚焦，就是聚向那个自己最想要的东西，也就是，他知道自己的意识在开始时刻是一个空泛的意识，并且这个空泛的意识在自己一次又一次的朝向中走向丰满，或者说走向充实。就是从这个原因上说，"存在一种空乏，这种空乏不是无，而是一种可被充实的空乏，它是一种可确定的不确定性"。

---

① ［德］埃德蒙德·胡塞尔. 被动综合分析：1918—1926 年讲座稿和研究稿［M］. 李云飞，译. 北京：商务印书馆，2017：18.

其次，本质直观的自我目光朝向。

朝向不是随意的无意识的一瞥，其中最大的不同是"体验"感差异，现象学的体验概念偏向于"意向体验"，它是意识之向度的体验。随意的一瞥更多的是感性直观的范畴，此时，意识处于一种被动地位，而感官的刺激性则起到主要的作用，所以，我们日常生活中的随意一瞥并没有给我们留下很深的印象。但是，伴随着这个随意的一瞥，我们可能会发现有些东西正在吸引我们的眼球，并且让我们有一种想法——"想要凑近了去看看到底是什么"，后者就是现象学中的"意向"概念，所以，意向概念代表着一种自动性，也就是从一个人或者说从一个精神主体发出来的意识向度。

当我们随意一瞥的时候，我们的意向处于无意识状态，这个时候的体验仅仅是日常用语中的体验，并不是现象学视域下的体验。也就是说，这个体验是尚未分清楚感性体验和意向体验的状态，当我们想"一探究竟"的时候，意向的意识向度才会出现，此时的我们对于自己的意识转向具有了明确的自我意识，因为，此时的转向并不是别人要求的转向，而是自我想要一探究竟的转向，此时意向性也就具有了发挥的明见性，并且这种明见性会以非感官的方式影响着我们。

这个时候，我们才是真实地生活在现象学的时间之内，在聚焦于那个"一探究竟"的东西的时刻，我们会慢慢地靠近，并且这个靠近会以我们浑然不觉的方式，我们的意向仅仅聚焦于这个东西。此时，我们的身体好像服从于那个意向了，它不再像随意一瞥的时候那样让感官获取占据主要的意识向度。此时，占据意识向度的是我们想凑上去，凑上去，一直到一探究竟。这个时候的我们，会感觉凝神屏气，周围的空间世界会慢慢地退隐，此时，如果有人唤醒我们，我们就会被狠狠地吓一跳，因为我们一直生活在时间之内，而这种生活在时间之内的明见性就是我们意向。

另外，我们的身体此时不再是主动的，与之相对，自觉的东西变成了意向，它就像年轮一样长在我们的意识之中。也就是说，随意的一瞥的东西很容易"遗忘"，而一探究竟的意向会在我们的意识中留存很久，就是因为在这个过程中，纯粹自我的意向性在发挥作用。"如果对这种超越的排斥以及向纯粹现象学被给予之物的还原不保留作为剩余的纯粹自我，那么也就不可能存在真正的（相即的）'我在（Ich bin）'的明见性。但如果这种明见性确实作为相即的明见性而存在着——谁又能否认这一点呢——那么我们怎么能够避开对纯粹自我的设定呢？它恰恰是那个在'我思'的明见性的进行（vollzug）中被把握到的自我，而这种纯粹的进行明确地将这个自我从现象学上'纯粹地'和'必然地'理解为一个属于'我思'类型的'纯粹'体验的主体。"①

需要进一步说明的是，纯粹自我是一种悬置了外在经验属性的自我，故这种自我能够体验到自己的意向，进一步说，意向之上的自我也会作为发生的东西以"剩余的纯粹自我"这种方式被留存在我们的生命底色上。这在某种程度上说是康德所提倡的哥白尼转向的更加深入阐述，在哥白尼假设那里，强调观察者移动的范式推动了地心说向日心说的转向。就认识论而言，康德将这种范式表述为先验的统觉自我，也就是不再强调外在的物自体理念，而强调人的认识能力。

然而，在康德那里，作为认识者的人与时间的发生是平行的，但在胡塞尔和海德格尔那里，这种结果变成了"在……中"的一种生活方式，即意向、视域开始作为一个独立的自我在发挥作用，其所起的作用就像风雨、天气等宏观的变化在树木年轮上的作用一样。尽管二者略有不同，在康德那里，是物自体的理念与人的先验统觉之间的关系，而在胡塞尔这里，是纯粹自我的视域问题，而到了海德格尔那里，则变成了外在世界在意识深处的留存部分以及自我的操心对之的关注之间的关系。就连贯性而言，其都是一种主体视域的转向，不同之处在于主体的单位考察不同，康德那里的主体是"人们"，而胡塞尔这里的主体是"个人"，海德格尔那里的主体是"此时此刻"的"我"。

最后，意向体验触及对象的时间意识构成了自我。

日常生活中我们有这样的体验，有些事情发生了，在发生的时刻我们"知道"，它并不会像其他事物一样消失，恰恰相反，它就像空气弥漫于空间一样地弥漫于我们的整个人生，它会在不经意间出现，变幻着样式，它甚至不在我们的意识控制范围之内。在此，我们需要明确的是"这就是自我"，

---

① ［德］埃德蒙德·胡塞尔. 逻辑研究：二（1）［M］. 倪梁康，译. 北京：商务印书馆，2017：779.

自我像珍珠项链的丝线一样，串联起所有的自我发生项，而这些自我发生项在意向的作用下历久弥新。所以，胡塞尔认为：

"作为自我，我必然是进行思想的自我，作为进行思想的自我，我必然思想客体，我在思想时必然与存在着的客观世界有关；此外，这个纯粹的主观、纯粹在知性中实现的自我成就之主观，好像是这样的，即只当它能在自己的一切思想过程中将被思想的客观性始终作为与自身同一的客观性坚持到底时，它才能保持为同一的主观。"①

此时的客观性不是康德的物自体标注下的理念世界，而是胡塞尔意向概念下的发生世界，即"与自身同一的客观性"。这很像"去年今日此门"中那句诗文里所说的，或者更像"小楼昨夜又东风"里的怀念，也就是说"此门"和"小楼"作为客观性具有共性的客观性，这种客观性确实具有不以人类意识为转移的属性。但是，当出现怀念的情感的时候，它就不再是客观性的"此门"和"小楼"，它变成了主观意向关联的东西，此时，我们的情感世界不再指向于外在的客观之物，它作为意向相关项成为相对自我而存在的东西。

这种现象的一个例子可以用"印象"或者说"图像"来描述。例如，当我们去一个陌生的地方的时候，有人带我们过去和我们自己跌跌撞撞地过去会有不一样的体验，在别人的带领下，周围的一切被意向关联度差，或者说，其客观性程度强，但是，在我们自己跌跌撞撞地去到那个地方的过程中，我们自己的意向不停地在对周围的事态进行判断，并不停地体验这个过程，此时的客观性就是关联于自我的客观性，而此时的自我也是指向具体时刻之客观性的自我。此时，主观与客观一体构成了"我思"的整体内容，并在这种整体中关联于自我。

二、还原方法

胡塞尔提出"Phenomenological Reduction"的方法，Phenomenological 国内一般翻译成"现象学的"，而 Reduction 一般翻译成"还原"，其德语表述

---

① ［德］埃德蒙德·胡塞尔. 第一哲学（上）［M］. 王炳文，译. 北京：商务印书馆，2017：525-526.

为"Reduktion"，金山词霸的翻译为"减少；降低；（数学）约简；（摄影术）减薄"。由于胡塞尔本人在哲学研究之前的研究对象是数学①，所以他用"Reduktion"这一概念最有可能的意识指向是"（数学）约简"，就是数学上的约分法。胡塞尔概念设定的目的是获得严格认识论反思的首要条件，"把一切不能在意识流之中自明地呈显彰示出来的事物括剥剔除掉"②，约分掉分母和分子中的公约数，就像化约掉缠绕在认识主体心性和认识对象上的理论体系一样。

对于现象学的还原，他明确宣称"必须给所有超越之物（没有内在地给予我的东西）以无效的标志，即它们的实存、它们的有效性不能被预设为实存和有效性本身，至多只能被预设为有效性现象。我所能运用的一切科学，如全部心理学、全部自然科学，都只能作为现象，而不能作为有效的，对我来说可作为开端运用的真理体系，不能作为前提，甚至不能作为假说"③。

这里有一个核心的关键词——超越之物。超越的英文表述为"transcendental"，汉语学界有翻译成"先验的"，也有翻译成"超验的"，总之这个词与"经验"有着或强或弱的关系，它所要解决的问题是自身被给予，就像"事非经过不知难"一样。另一方面，我们并非能自动产生认知的神，而是有限的认知者，在这个有限的认知之中，有两个重要的成分，这两个成分在康德那里是感受性和知性，而在胡塞尔这里是意向与意向相关物，也许从这个视角上来说，二者具有相互连贯的认识论批判意义。胡塞尔专门强调："实际上我采用康德式的'超越论的'这个用语（尽管与康德的基本前提——主导问题和方法相去甚远），从一开始就是基于下面这种有充分根据的确信，即康德及其后继者在'超越论的'这个题目下从理论上探究的全部有意义问题，都能归溯到这门新的基础科学（至少在他们经过最终澄清而表

---

① 胡塞尔在进行现象学研究之前，先以数学为研究对象，1883 年完成博士论文《对变数计算理论的一些贡献》，随后从 1886 年到 1901 年师从布伦塔诺学习心理学并任助教，他的教授论文是《算术哲学》。研究者将这 15 年称为"前现象学时代"或"心理主义时代"。（蔡美丽. 胡塞尔［M］. 台北：东大图书公司，1989：2-4.）

② 蔡美丽. 胡塞尔［M］. 台北：东大图书公司，1989：48.

③ ［德］埃德蒙德·胡塞尔. 现象学的观念［M］. 倪梁康，译. 北京：商务印书馆，2017：16.

达出来的情况下）。"①

在康德那里，认识批判的目的是悬置知识，即悬置经验论和理念论的知识生成方式，而在胡塞尔这里，它代表着悬置"一切"知识，其目的在于凸显认知的"发生"，确切地说是意向的发生，这也让批判的方法从康德的空间视角进入胡塞尔的时间视角。需要强调的是这种方法并不同于奥卡姆剃刀式的处理方式，也不是一笔糊涂账式的囫囵吞枣，而是还原的方法。奥卡姆剃刀式的批判方法就像给孩子洗澡，最后把孩子和洗澡水一起倒掉的简单化处理方式，类似于我们所说的"一刀切"，而糊涂账的处理方式则允许孩子一直在脏水里。以树木成长的例子来说，还原方法既不是像奥卡姆剃刀那样把所有的树枝都去掉，也不像糊涂账那样对树的生长不管不问，而是去发现树木的"树头"，即主干的那个最高生长点。

还原的目的是去寻找意向和意向相关物这一意识的主要内容，因此，我们需要分清楚意识的内容和意识内容的对象化。严格来说，一个意识内容在尚未成为本己对象时并不能叫作意向的关联，它仅仅是感官获取的图像，或者说感官获取图像的印象，它虽然处于意识之内，但由于缺乏意向的内在关联，它会像刷在器物上的金粉，终究会脱落。这脱落就像我们的遗忘一样，慢慢地回到我们的无意识之中，这里需要区分两种意识的"非意向"状态：其一，无意识（unconsciousness）；其二，潜意识（subconsciousness）。心理学家荣格认为"意识"和"无意识"才是一对相对的概念，并且它认为"个体迟早会出现适应障碍，而迫使主体产生补偿作用，以借此弥补在生活中所遭遇的挫折。然而，补偿作用却只在个体舍弃（牺牲）向来所抱持的片面态度之后，才能有所发挥。在此之前，适应不良会导致能量的暂时滞积（aufstauung），这些剩的能量会流入一些个体向来在意识上未曾使用却已存在于无意识（unbewusste）里的隐秘渠道中"②。

在此，"向来所抱持的片面态度"相当于我们的"习惯思维"，而这种习惯思维被作为意向相关物纳入我们的心理认同之中。但是，这种认同仅仅是

---

① ［德］埃德蒙德·胡塞尔. 第一哲学：上 ［M］. 王炳文，译. 北京：商务印书馆，2017：296.

② ［瑞士］卡尔·荣格. 荣格论心理类型 ［M］. 庄仲黎，译. 台北：商周出版社，2017：39-40.

一种个体想象，这种想象需要个体对进入心理之中的内容进行综合建构，此时所出现的适应障碍迫使主体的意向这一能动性要素得到再一次对待，这就像《道德经》里说的"有之以为利，无之以为用"，其中"有"代表着物的用处，而"无"代表着人对物之用处的"发挥能力"。在此意义上，无意识和潜意识的区分才具有价值，其中"无意识"代表着个体意向中的习惯用法，而"潜意识"代表着个体在适用习惯用法时所导致的意向失落状态，这种失落状态集聚着个人的成长契机和能力生成点，它就像树头上的成长点一样，虽然很弱，但却活力无穷。

在此意义上，胡塞尔认为被给予意识的东西是"本质相同的"，"对于意识来说，被给予之物是一个本质上相同的东西，无论被表象的对象是实在存在的，还是被臆想出来的，甚或可能是悖谬的"①。在这里，"表象"或者说"表象方式"是意识的被给予之物，然而，这个被给予之物却并不一定是意向关联的，或者说，就算是意向关联的，也可能是空泛的，一个等待被充实的意向。对象化的意识却与此不同，"对象是意向的对象，这意味着，一个行为在此存在，它带有确定地被描述的意向，在这个确定性中的意向恰恰构成了被我们称作对这个对象之意向的东西。与这个对象的关系是一个属于行为体验的本己本质组成的特征，而表明这种特性的行为体验（根据定义）就叫作意向体验或行为。所有在对象性关系方式中的区别都是有关意向体验的描述性区别"②。

因此，意识的对象化就是还原方法的目的设定，即意向和意向相关物的关联方式。当意向空泛的时候，类似于我们在写论文时刻的"发呆"，我们可能目光呆滞，或者茫然四顾，或者看向远方，在这个时刻，我们也不知道自己想要看什么，但是，我们知道，我们需要一个"看"。这就是意识的空泛现象，所谓的空泛现象就是一个意向等待被充实的状态，它代表着一种意识的朝向，这种朝向是服从于纯粹自动的自我，但是，对于这种意向的充实，那个纯粹自我却并没有明确的内容，否则，它就不叫意向的空泛了，而

---

① ［德］埃德蒙德·胡塞尔. 逻辑研究：二（1）［M］. 倪梁康，译. 北京：商务印书馆，2017：801.

② ［德］埃德蒙德·胡塞尔. 逻辑研究：二（1）［M］. 倪梁康，译. 北京：商务印书馆，2017：847-848.

叫作意向的"对象"了。

经过了这段分析之后,我们就可以说明超越之物了。所谓超越之物就是尚未经过个体的意向而被给予的物,它并不隶属于意向及其意向相关物,也不在意向的视域之内,恰恰相反,它在意向之光的背阴之处。这就像"少壮不努力,老大徒伤悲"这句诗,这句诗文一定不是一个孩子写的,因为对于孩子的意向而言,就是玩耍和游戏,而对于成年人来说,工作的辛酸让他想起少时的不努力,因此,这句诗对于孩子来说,就是超越之物,而对于成年人来说,就是直观之物,就是意向及其意向相关物的整体。

意向和意向相关物构成了体验,"有意义或'在意义中有'某种东西,是一切意识的基本特征,因此意识不只是一般体验,而不如说是有意义的'体验'、'意向作用的'体验"①。并且在体验中"意向是与其意向客体一同被给予的,后者作为意向客体是不可分地属于意向的,因此它本身真实地存在于意向之内。的确,它是并始终是它的被意指者、被表象者等,不论相应的'现实客体'是否存在于现实中,不论它是否同时被消灭了,如此等等"②。

此时,体验构成了一个人独特的意识内容,就像我在手术中的感触一样,我作为病人,会对这次手术的很多细节记忆终生,而我的手术医生会很快地忘记,但是,他对待自己孩子的手术经历却也会记忆终生,并时常会记起。为什么?因为对于我来说,生命、身体和躯体在那一刻是意向的被给予的,我有各种各样的恐惧,有各种各样的懊悔(后悔自己在意外时刻的马虎),而对于我的医生而言,它的意向相关物是"工作",他的意向与意向相关物与我有严格的不同,所以,我对他来说,仅仅是一个有生命的躯体,连"身体"这个带有心灵参与的对象都有些牵强。但是,对于他的儿子的手术却不同,医生在手术的一刻的意向及其意向相关物变成了"亲情",此时,生命、身体和躯体甚至比他自己还要重要,它不再是一个工作了,而变成了意向的亲情意识了,所以,他不能够自然地进行手术。

---

① [德]埃德蒙德·胡塞尔. 纯粹现象学通论:纯粹现象学和现象学哲学的观念(I)[M]. 李幼蒸,译. 北京:中国人民大学出版社,2004:155.
② [德]埃德蒙德·胡塞尔. 纯粹现象学通论:纯粹现象学和现象学哲学的观念(I)[M]. 李幼蒸,译. 北京:中国人民大学出版社,2004:156.

三、还原之后的纯粹自我

在经过了现象学的还原之后，我们就离开了自然态度或说习惯思维，开始进入意识科学的范畴，"自然态度是全部自然地——实践地进行的人类生活之执行形式。从一个千年到一个千年，而且直到刚刚从科学和哲学中产生出要求倒转的特殊动机之前，自然态度是唯一仅有的形式"①。在此，我们可以发现所谓的自然态度更多与"自然地——实践地进行的人类生活之执行形式"有关，其中有两个关键词，就是"自然"和"执行"。

自然涉及一个"设定"，即对事实对象之存在与否的一个"态度"或者说"执态"，"执行"代表着一个由内而外的行动，代表着对外在事物的存在状态有了"执态"之后的展开性，它类似于"人家干啥咱干啥"这样的执行态度，其中个体的自知之明并不明显，另外，对于所要执行的内容是否存在也不去关注。它很像奥古斯丁所描述的心理模糊现象，就是你不问我，我还知道，你问我，我想说明却茫然不觉了。

自然执态代表着我们的经验态度或者说习惯思维。严格来说，我们的任何意识行为都包含着一种"态度"或者说"执态"，其代表着个体以某种倾向性来回应或者说对待被给予性，因此，存在与不存在不是设定行为的分别，设定行为的对立面是"不设定"，也即对事物的存在与否保持中立态度。这种态度对于习惯思维的悬搁具有重要的意义，因为在自然态度下，我们已经形成了某种程度的思维惯性，并且这种思维惯性是以"无意识"的信以为真的方式进行的的。在这样的范式下，其相对于个体实践的真实性尚未得到个体的确证，但是个体去真实确证的前提是让习惯思维失去效力。

然而，让习惯思维失去效力的方式也有很多种，例如怀疑、批判等方式，但是，这些方法都带有某种程度的执态，或者说，其都带有某种程度的立场，而悬搁方法不同，它采取的是一种中立的态度。这种悬搁"必须被真正普遍地并且是彻底地实行，它绝不可被认为是批判的悬搁，不论是用来进行自我批判的还是批判他人的悬搁，不论是理论批判的还是实践批判的悬

---

① [德] 埃德蒙德·胡塞尔. 第一哲学：上 [M]. 王炳文，译. 北京：商务印书馆，2017：310.

搁……也不可被认为是怀疑论式的、不可知论式的悬搁"①。进一步说，悬搁的意义并不是一个积极的意识，恰恰相反，它是一个消极的意义，这种消极不是态度上的不作为式的逃避，而是一种理论上的自知之明。

这一点对于中西文化具有重要的意义，这涉及"有"和"无"的哲学态度根源，"希腊哲学家认为'无'和无限低于'有'和有限，这又使中国学生惊异不解，因为按中国哲学的看法，应该倒过来才对。之所以会产生这种不同的见解，是因为'有'和有限都是明确的，而'无'和无限则是不明确的。由假设观念出发的哲学家喜欢明确的东西，而由直觉出发，则需要重视不明确的东西"②。而胡塞尔在此明确强调一个新的逻辑形式，这很类似于康德的"无限判断"。康德在其范畴表中，将判断的"质"分为肯定的、否定的和无限的。无限判断的逻辑表达式是"A 是非 B"，他认为这是先验逻辑的一个重要意义，"无限判断虽然从它们逻辑的外延来说是无限的，但是从其知识的内容来说，却是有限的。所以，在判断中，思想的一切子目的先验表中，它们是不能被忽略的，因为它所表达的知性的机能，在其纯粹验前知识的领域里，可能是重要的"③。

这对于还原后的纯粹自我的出现具有很强的启示意义，具体而言，它能够将经验自我悬搁，进而凸显纯粹自我，经验自我涉及一种"执态"本身的信念，这种信念的意义需要在共性方面进行解读，所以，个体无法把握它的解读，也就无法说清楚为什么。举例来说，笔者曾经让一个两岁的小女孩叫邻居大爷"爷爷"，她那个时候刚刚学会说话，她没有叫，回头却问我："我为什么要叫爷爷呢?"出于礼貌称呼年长的人为"爷爷"是成年人的共性习惯思维，而对这种习惯思维我们解释为礼貌，事实上，单纯通过叫爷爷是不能表明是真的礼貌的，这就让"叫爷爷"变成了一个形式性的态度了，习惯思维往往就是以这种方式存在于执态的。而对于孩子来说，由于尚未经过世

---

① ［德］埃德蒙德·胡塞尔. 欧洲科学的危机与超越论的现象学［M］. 王炳文，译. 北京：商务印书馆，2017：298.
② 冯友兰. 中国哲学简史［M］. 赵复三，译. 北京：生活·读书·新知三联书店，2009：28.
③ ［德］伊曼努尔·康德. 纯粹理性批判［M］. 韦卓民，译. 武汉：华中师范大学出版社，2004：109.

俗的洗礼，她需要一个知识，就是对"我为什么要叫爷爷"的一个回答。此时，执态在成年人和儿童之间存在一个"有"和"无"的分别，成年人一般都会采用执态信念的"有"，而对于儿童来说，却是一个十足的"无"。

进一步来说，儿童更靠近纯粹自我，成年人则因为世俗的原因而有意识或无意识地采取了某种执态。悬搁的目的就是要对这种"执态"进行反思，对其中非本己性的要素予以排除，从而凸显纯粹自我的超然态度。它既是康德"宁可贱卖也不贩卖"思维的延续，也是将自然态度从"在……中"拉出的目的，即将超越之物的假设有效性祛除的目的。在这里需要进一步明确，超越之物不是认识论的目标，它是等待被悬搁的东西，然而，认识中的超越性的纯粹自我确是悬搁的结果，因为，在认识过程中，为了实现认识的发生，个体需要一种体验的超越，即将经验的自我与客体之间的经验关系作为对象，在此，纯粹自我的超越性恰恰是二者得以成为对象并进而滋生出认识结果的主体，这个主体在康德那里叫作先验的统觉，在舍勒那里叫作人格，在胡塞尔这里叫作纯粹自我。

因此，纯粹自我的相对者是经验自我，经验自我产生于经验之内，并仅限于经验之内，"自然认识以经验开始，并始终存于经验之内。按照我们称作'自然的'理论态度的那种理论态度，可能研究的全部视野可用一个词来表示，即世界。因而，以这种原初态度为根据的全部科学即关于世界的各种科学；而且，只要它是占绝对支配地位的理论态度，'真正存在''现实存在'即实在存在和——因为各种实在事物共同构成了世界的统一体——'世界中的存在'等概念就相互一致了"①。

从经验自我向纯粹自我的还原代表着经验态度的失效，就像我们日常生活中说的那句话，"我听过很多的道理，却过不好自己的人生"，为什么？因为"听到"的道理往往是经验视角的东西，这些东西往往服从于我们的共性标准，当这些标准向个性转变的时候，它需要个体的一个内在性的超越。从某种角度上说，经验的视角往往以"有"为代表，它表现为现实生活中的"得到"，或者说"占有"，而纯粹自我往往涉及"放弃"，它所针对的东西

---

① ［德］埃德蒙德·胡塞尔. 纯粹现象学通论：纯粹现象学和现象学哲学的观念（I）［M］. 李幼蒸，译. 北京：中国人民大学出版社，2004：1.

是经验视角的"未得到"，或者说"失去"。

纯粹自我的超越性与经验自我的超越性之最大不同在于"还原"后的剩余不同，经验自我在还原之后，我们最大的生成性是对物的超越性，也就是"欲望"，这就像我们取得一个成绩的时候，就会以已经完成的、取得的成绩为基础寻找更大的超越性成绩。经验自我朝向于经验世界，它"在经验之内"，而纯粹自我的朝向性在于满足感，他们寻找的东西是跳出经验自我的方法，或者说促使经验法则失去效力的方法，因此，它需要一种纯粹自我的超越，即超然于"得到 & 失去"的对立性，最后生成一种自我的充盈。这也是尼采所强调的，"每个人与心灵的守护神接触之后，离开时都会感到更加充实；既不是受到了偏爱或受到了惊吓，也不是对其他人的好事感到高兴或感到压抑，而是自身感到丰富充实，感到比以前精神振奋，似乎迎面吹来一股解冻的春风，冰融化了"①。

也就是从这个角度上，胡塞尔强调"当我实行现象学悬搁时，如在自然设定中的整个世界一样，'我，这个人'也经受了排除；留下的是具有其自己本质的纯行为体验。然而我也看到，对这个人的体验的统握，撇开对现实存在的设定不谈，引入了种种不一定存在的事物，而且看到，另一方面没有一种排除作用可以取消我思和消除行为的'纯粹'主体；'指向于''关注于''对……采取态度''受苦于'，本质上必然包含着：它正是一种'发自自我'，或在反方向上，'朝向自我'的东西——而且这个自我是纯粹的自我，没有任何还原可对其施加影响"②。

在这里"行为体验"是经过现象学悬搁之后的剩余物，在此，行为无法成为我们的对象，这是舍勒的一个重要观点，即行为永远不会是对象，"生活在其行为进行中的人格就更加永远不会是对象了。毋宁说，它的绝无仅有的一个被给予方式只是它的行为进行本身（也包含它对他的行为的反思的行

---

① ［德］弗里德里希·威廉·尼采. 尼采谈自由与偏见［M］. 石磊，译. 天津：天津社会科学出版社，2011：208.

② ［德］埃德蒙德·胡塞尔. 纯粹现象学通论：纯粹现象学和现象学哲学的观念（I）［M］. 李幼蒸，译. 北京：中国人民大学出版社，2004：133.

为进行）——它的行为进行，它在其中生活的同时体验着自身"①。据此，我们可以发现，行为不能是对象，生活于行为中的人格也不能成为对象，因为二者无法在时间上予以分割，或者说分离。这就像我们说话的语境和语言工具本身，当我们看到一个风景的时候会向别人表达自己对风景的体验，但是，语言一旦出口，就开始离开体验，也就开始不再是行为体验了。

但是，"体验行为"可以成为我们的对象，其原因就在于体验中包含着一个人所不可回避的生命意向，它是世界实在存在所生长于我们生命中的东西，就算我们离开了事情发生的时间和空间，例如，一件事情已经过去，或者说我们也离开了那个地方，当时的体验却还是会时不时地出现在我们的脑海中，这说明体验可以成为我们思考的对象，也就注定了它可以作为还原的对象而出现。

此时，世界的实在存在开始向世界的意向存在转化，也即"'指向于''关注于''对……采取态度''受苦于'"这样的意向要素开始出现，此时，意向就像树木主干上面的生长点一样慢慢变成了树木的年轮，慢慢地变成了树木的一部分。如果我们抓住了这个生长点，树木就不会长歪，并且，其他的分支也会如众星捧月般地陪衬在它的旁边，也是如此，意向作为意义的核心要素留在了我们的生命中，有些事出现过，但它对我们并没有发生，一如我作为病人对我的手术医生，有些事对别人来说是道听途说的谈资，对我们自己来说却是终生难忘，并且历久弥新，就像我的腿的手术过程。

四、自我成为一个对象的可能性

"自我能够成为一个对象"这个问题得以可能的前提在于康德的"验前综合判断如何可能"这一问题的提出，在"综合判断"被提出来之前，我们是没有办法提出"自我"问题的。因为，在事情的发展中，我们或者浑然不觉，或者独断地坚持自己内心的某种心理认知，然而，随着事情的进一步进行，我们就会情不自禁地归因，在这个归因的过程中，我们不得不凸显我们

---

① ［德］马克斯·舍勒. 舍勒全集：第 2 卷　伦理学中的形式主义与质料的价值伦理学：为一种伦理学人格主义奠基的新尝试［M］. 倪梁康，译. 北京：商务印书馆，2019：564-565.

自我的综合性：我们自己作为这件事的承载者到底做了什么？这种综合性带有意识的向度，它或者指向于外部的自然情境，或者指向于我们自己的判断明见性。

在康德那里，"判断"的明见性占据主要的位置，其观点可以表述为"每一个感知、表象等行为都必定能够伴随着一个'我思'（Ich denke）；这里所说的'我'（Ich）不是一个后补给对象统一的相关项，相反，它的统一性和同一性是对象的统一性和同一性的条件"①。这是舍勒对康德观点的总结，这个总结非常切合康德。就明见性而言，或说就"自我"这一意识向度而言，康德还是将"判断"的明见性作为自我的一个重要问题去把握，所以，他得出"我"的"统一性和同一性是对象的统一性和同一性的条件"。然而在事情的实际走向上，"我"作为一个"综合"的主体是后补给对象的"统一性"和"同一性"的。这其实可以很容易地在经验生活中获得明证，例如"悔不当初"，"悔"作为自我的一个情感，其发生在"当初"那件事有了短暂停留的时候。另外，如果一件事情没有办法在发生上做一个确定，那么，被放置在综合判断作用的"我"面前的东西也就变成了不能确定的东西，这就无法为综合判断提供素材。因此，胡塞尔强调那"当自我成为或不成为对象时，在现象学上起变化者，不是自我本身（此自我在反思中被我们把握为绝对同一），而是体验"②。

在这个体验中，"我思"不能作为自我的一个表征，它作为事情发生时刻的意识状态以渗透的方式存在于发生进行之中，"我思"不是主体，而是体验自我的承载方式。与体验自我相对的是经验自我和超越自我，以时间的当下化为刻度，体验自我是当下事情发生中的我，超越自我是理想中的我，或者说自我想象中的我，而经验自我代表着发生结果下的我，这些自我背后的东西不是"我思"，而是"思"这一唯一的意识现象。"自我是纯相互交织的一个杂多统一；它是某种只能在充盈方面增长和缩减的东西，只要它是

---

① ［德］马克斯·舍勒. 舍勒全集：第 2 卷　伦理学中的形式主义与质料的价值伦理学：为一种伦理学人格主义奠基的新尝试［M］. 倪梁康，译. 北京：商务印书馆，2019：546.

② ［德］埃德蒙德·胡塞尔. 现象学的构成研究：纯粹现象学和现象哲学的观念（2）［M］. 李幼蒸，译. 北京：中国人民大学出版社，2013：86.

随着对身体的还原而被设想为是纯粹自为的；但那些可观察的'体验'统一是这个统一的分离结果，它是通过在一个身体中的表达并且通过对包含在那个自我杂多性中的纯粹心理内容在身体上的运用并且通过一个身体而形成的。"①

就"充盈"而言，其很类似于王国维的人生三重境界，"古今之成大事业、大学问者，必经过三种之境界：'昨夜西风凋碧树。独上高楼，望尽天涯路。'此第一境也。'衣带渐宽终不悔，为伊消得人憔悴。'此第二境也。'众里寻他千百度，蓦然回首，那人却在，灯火阑珊处。'此第三境也"②。其中"独上高楼"中的"独"代表着自我的超越之路，也代表着超越的自我，而"为伊消得人憔悴"代表着体验的自我，这个体验的自我是整个"独上"的探索和经历，而"蓦然回首，那人却在，灯火阑珊处"代表着还原后的经验自我，所谓的蓦然回首，所谓的那人却在，都是一个自我，一个不可消失的自我，它可以借助现象学的还原方法将生命过程的不可消失者保留下来，"自我不可能消失，它持续地存在于行为中，但以不同的方式，这取决于：如果它们是或将成为实显的（aktuelle）行为，那么自我可以说就出现于其内，就显露出来，实行着其实显的、活生生的功能，就通过一实显的射线朝向对象；或者反之，它是所谓的潜在的自我，它并不向某物投射实际的（aktuelle）目光，它并不实际地（aktuell）经验、作用、经历任何对象"③。

在此，自我作为射线的原点是在意识的回溯中成为对象的，这种回溯就是一种"自反"的能力，它不再仅仅是反思，而是一个与自我相关联的自反，也即一个指向自我的反思，或者说是上文中内在超越的反思，它不怨天，也不尤人，而是将自己作为一个对象，作为一个曾经在时间发生中的被动者予以课题化的思考。胡塞尔专门说"每当一个认识活动（哪怕是一个素朴的感知活动）在课题上将兴趣从另一个主宰意识活动的兴趣方向转回自

---

① ［德］马克斯·舍勒. 舍勒全集：第2卷　伦理学中的形式主义与质料的价值伦理学：为一种伦理学人格主义奠基的新尝试［M］. 倪梁康，译. 北京：商务印书馆，2019：606.

② 王国维. 人间词话［M］. 上海：上海古籍出版社，1998：23.

③ ［德］埃德蒙德·胡塞尔. 现象学的构成研究：纯粹现象学和现象哲学的观念（2）［M］. 李幼蒸，译. 北京：中国人民大学出版社，2013：83-84.

身，不过是以如此方式回转，以至于新的课题方向就其本质而言唯有通过这样一个回转才能被获得，这时，我们在语言上便总会使用'反思'一词。因此，在通常的语言中，每一个思考、每一个后思（nach-denken）都叫作反思（reflektieren）"①。

将自我作为对象意味着自我成为一个课题，这个课题将过去的自己作为已经发生的事件予以再次关注，它的核心是过去的回忆和未来的期待以某种方式回到当前的当下化。而这样做的核心就是要为自我标注出时间刻度，这个时间刻度不是客观的时间刻度，而是涉及个体体验的内在刻度，它以比较级的方式存在。

之所以说它是以比较级的状态存在，就是因为体验的意向属性。在意向体验的背景下，自我不仅仅与身体承载的被动性有关，而且还与体验的意向综合这一自动性相关，当我们没有想到"综合"的时候，我们就不会想到自我，此时，这件事情对我们来说就像外在的杂多一样，不会给我们留下很深刻的印象，它就像太阳东升西落的自然认知一样，并没有被反思课题化。但是，一旦我们想到了"综合"，我们就知道事情的发生有我们自己的原因，此时，体验作为反思的对象就开始出现了。"体验的那种存在方式表明，它在反思方式中是本质上可被知觉的。物也是本质上能够被知觉的，而且在此知觉中它被把握为我周围世界的物。"②

此时，"综合"将杂多变成了课题，它让我们开始去追问"自我"的问题，也即我们的意向发生了什么，我们的体验发生了什么，在情境还原和意向还原中还剩下了什么。就意向来说，我们的感知、回忆和期待都发生了什么？我们的所爱所恨等情感对我们的还原意义是什么？等等。此时的我们就像尼采所说的，我们不停地与自我的守护神交流，在这一次又一次的交流中，我们的自我获得了充盈，也在充盈中成为一个自我成长的对象。

---

① [德] 埃德蒙德·胡塞尔. 文章与讲演：1911—1921 年 [M]. 倪梁康，译. 北京：商务印书馆，2020：236-237.

② [德] 埃德蒙德·胡塞尔. 纯粹现象学通论：纯粹现象学和现象学哲学的观念（I）[M]. 李幼蒸，译. 北京：中国人民大学出版社，2004：67.

五、自我对象化的意向与体验

意向就是意识的向度，它代表着一个人对自己的意识状态能够知道的自知之明，它指向自我的杂多性，自我的杂多性本来就代表着一个人生命体验的过程，它就像年轮与年轮之间的虚化地带一样构成了生命不可回避的内容，年轮线条的清晰之处代表着自我的对象化空间。凸显自我对象性的方法不能是怀疑和批判，怀疑和批判就像剥洋葱的皮一样的方法，如果运用这种方法去"寻找"洋葱的内核，就会导致自我的消失，对待自我的方法只能是还原与转向。

还原之后的剩余是纯粹自我的意识体验，"意识的存在，即一般体验流的存在，由于消除了物的世界而必然变样了（modifiziert），但其自身的存在并未受到影响"①。这类似于我们成长中的标志性事件，在我们有限的人生中，总有些标志性的事件残留在我们的意识中，虽然我们平时并不十分关注这些事情，但这些事情却会以这样那样的方式出现在我们的意识之内，因为这些东西变成了纯粹自我的意识内在性。

体验是这些标志性事件的核心，这些体验像白色布条上的墨迹一样，虽然会在"物"的形式上发生变化，但是作为黑白之间的体验差却会一直停留在意识之内，体验之事也因此成了纯粹自我的对象，它不停地被意识所指向，并在指向中慢慢地被思考。在这里，"目光所能涉及的每个体验，都将自身作为一个持续的、流过的、如此这般变化着的体验来给出，而这并不是由我的目光所造成的，我的目光只是看向它"②。在看向它的过程中，我们的自我也处于"活性"状态，它开始有意识地回溯，有意识地为事件再造其他的条件而让自我的综合性不断变换，就像哥白尼的观察者围着被观察对象旋转一样，只不过，在哥白尼那里，围绕的对象是空间，而在这里，是一个体验的时间化。

这个时间化可以因为体验的不同而被充实或者压缩。以笔者自己的手术

---

① ［德］埃德蒙德·胡塞尔. 纯粹现象学通论：纯粹现象学和现象学哲学的观念（I）[M]. 李幼蒸，译. 北京：中国人民大学出版社，2004：74.

② ［德］埃德蒙德·胡塞尔. 内时间意识现象学 [M]. 倪梁康，译. 北京：商务印书馆，2017：188.

过程为例，如果以手术台为中心形成我的体验时间，那么在上手术台之前和下手术台的初期这两个时间里，我的体验时间最长。比如在开始的时候，麻醉师要寻找麻醉的进入点，也就是我的脊柱中间的某个位置，在这个时刻我被迫不能动，而麻醉师的麻药针需要不停地探找这个位置，其中有恐惧、有疼痛，感觉那个时间是最长的，也是最终生难忘的。恰恰相反，手术过程却是无意识状态，由于麻药的作用我已经失去了意识时间，也不知道有多长的时间，也没有了任何体验。等到下来手术台，我又开始恐惧，并且逐渐感到疼痛，而这个时候给人的感觉也是刻骨铭心，那个时候，时间就像吊针瓶的水滴一样漫长。

此时还有更加外围的环境，同病房的病友打呼噜和磨牙，我本来有些神经衰弱，在这样的外围环境下，或者说在外感知下，它会更加增加我的情绪付出，感觉时间过得好慢、好慢。然而，这次手术时回想自己第一次手术，就是打入钢板的时候，却是很短暂，或者说时间变得很模糊，也没有了情绪的压迫，回忆起来像回忆别人的事情。事实上，在打入钢板的那次手术中，我有一年多的客观时间，仅仅在床上就躺了半年的时间，然后挂拐又挂了快一年的时间，但是在我这次的手术回忆中，那次却是一下就过去了一样。这就让我想起了发生时刻的意识状态和回忆中的意识状态，就像胡塞尔所说"已流逝的体验是在新的原素材（urdaten）中继续生成自身，即它是一个原印象，还是已经作为整体而封闭地'挪移到过去之中'——将这个新的行为或称作反思（内在感知），或称作再回忆（wiedererinnerung）"①。

与"还原"方法相对的是自我的对待态度，即转向，"通过关注的转向和把握，体验获得一种新的存在方式，它成为'被区分的''被突出的'体验，而这种区分无非就是把握，而被区分无非就是被把握，就是成为转向的对象"②。类似于我的手术经历，它不停地被自我"区分"出来、"突出"出来，当然，这个经历也会被别人区分出来、突出出来。另外，其被突出出来是必然的，其区别仅仅是被突出的意义附加可能有所不同，他们可以说这是

① ［德］埃德蒙德·胡塞尔. 内时间意识现象学［M］. 倪梁康，译. 北京：商务印书馆，2017：175.
② ［德］埃德蒙德·胡塞尔. 内时间意识现象学［M］. 倪梁康，译. 北京：商务印书馆，2017：191.

为了自我的成就所必须经历的磨砺，也或者说成一种"天灾人祸"，但是，对于我来说，我也不停地回想那段经历，回想那个早上，回想那个被送到医院的过程，那些情节都历历在目。

然而，在这一次又一次的"转向"过去中，我自己的自我也获得了对象化的充盈，在此，这个事件成为我自己的事件，对于别人来说，这个事件很快就会过去，它不是被把握的事情，它不是内感知中的东西，而是外感知中的东西，因为"意向客体本身、可评价物本身、令人欢喜物本身、被爱者本身、被希望者本身、行为本身，只在一特殊的'对象化朝向'中才成为被把握的对象"①。此时，这个"被把握"的对象变成去中介化的、被自我所直接具有的东西，这就像我未经过大脑的中介而用手摸到了我自己的腿，也就像我离开了疼痛这一个感性的中介而去回想那段经历。

此时，我对那段经历的回指或者说意指得以发生的媒介并不是疼痛这个身体的感知，或者说并不是身体的中介，而是纯粹意识的"意指"，并且这个意指"在此"，其在此的方式是以回忆和期待的方式当下化，并且这种当下化是活的当下化，它往往以意向例外的方式存在，其意义的存在方式就像残留于白布上的墨迹，既带有白布的底色，也带有墨水的颜色。"意指可以进入意识之中，可以将内意识当作基质，这样，所有在内意识本身中隐含地现存的对象性都有可能被给予，它们会成为'对象'。以此方式，感觉成为对象，被理解为感性内容；而另一方面，所有在内意识中作为统一被构造起来的行为、能思（cogitationes）、内意识的意向体验都成为对象。"②

也就是说，自我此时并不是康德所说的"先验统觉"了，在康德那里，自我的统一性是对象的统一性的条件，而在胡塞尔这里，自我是一个素材，作为意识内容的一个部分参与了对象的构造，在这里，意指代表着感性材料被朝向的意识所统摄，而意义的给予也在这个统摄中被给予。然而，这种被给予的意义附加可能是空泛的，也可能是被充实的，这就像"恋爱"一样，某人通过被给予的感性材料对这个感性材料进行意指，用"爱情"的意义统

---

① [德]埃德蒙德·胡塞尔. 纯粹现象学通论：纯粹现象学和现象学哲学的观念（I）[M]. 李幼蒸，译. 北京：中国人民大学出版社，2004：52.

② [德]埃德蒙德·胡塞尔. 内时间意识现象学 [M]. 倪梁康，译. 北京：商务印书馆，2017：190-191.

摄其获得的感性材料，如果相对方的意向也是"爱"，那这个意指就是被充实的，否则就是空泛的。

因此，"转向"在严格意义上与意向的空泛有关，在这个意义上，意指行为仅仅是一个外围的东西，"意指是一个被染上了这样或那样色彩的行为特征，它将一个直观表象的行为当作必然的基础。在这个直观表象的行为中，表达作为物理客体构造其自身。但是，这个表达只有通过被奠基的行为才会成为完整的、真正的意义上的表达"①。也就是说，任何转向都会导致一个意向的失序状态，这就像弹簧受到挤压之后突然放开所释放出来的力量，而转向就是那个突然释放力量的时间点。

在此，"意指是一个被染上了这样或那样色彩的行为特征"具有很明确的意义表达，这些各种各样的色彩代表着意向与意指之间的分歧，意向包含着某种程度的充实，而意指却仅仅是一个意识的朝向，在这朝向中并不一定带有"充实"。因此，意指的各种色彩也就说明了意识在指向中并不一定是意向的，也可能是带有直观表象的作用。这就像猴子捞月亮，行为的对象并不存在，而意识的作用也就只能是意指，因为"捞月亮"的意指行为无法在实践上被充实。

然而，转向还有另一个更为重要的意义，它能够将意向的"空泛"作为一个明确的对象而给予主体，在一次又一次的转向中，"在感知中，对象在此作为可以说在切身的当下的东西被我们意识到，作为原本地被给予的东西被我们意识到；在回忆中，它只是浮现在我们眼前，作为自身不是当下的东西的当下化。感知是这种可以说亲身揪住一个当下的意识，它是原本地当下具有的意识"②。非转向过程中的意识状态很类似于物理运动的惯性，这个惯性并不需要外力的作用，也就是它会在静止或者匀速直线运动中出现，而此时由于没有转向，意向的"空泛"也就没有出现，个体也就不会感觉到这是个问题，因此，个体也就无法将意识中意向和意向的空泛拿出来作为个体能动性的对象指向。

---

① ［德］埃德蒙德·胡塞尔．逻辑研究：二（1）［M］．倪梁康，译．北京：商务印书馆，2017：429.

② ［德］埃德蒙德·胡塞尔．被动综合分析：1918—1926年讲座稿和研究稿［M］．李云飞，译．北京：商务印书馆，2017：345.

这种经历很像我们日常的走路，我们走过很多的路，但是我们在走路的过程中会浑然不觉，但是，一旦脚下有个东西绊了脚一下，这时候，我们的行走意向就开始出现转向，而这个转向让我们原来行走时刻的"量变"开始转变为"质变"，那个让我们行走节奏改变的事件会突出我们意向的失落状态，其内部也就暗含着意向及其意向的空泛，它改变了意识的注意方式。事实上也确实如此，我们走过很多的路却不被我们记住，但是，我们跌跤的事情却很容易让我们记住。因为在转向中，"我们因此处于一种生动的我思中，按其本质它将在一种特殊意义上有对一个对象的'指向'关系。换句话说，一个'对象'——在引号中的——属于它的意向对象（noema），此对象具有某种意向对象的组成，它在一种明确界定的描述中展现，即在这样一种描述中，它作为对'被意指的对象本身'的描述，避免了一切'主观的'表达"①。此时的我们会四顾查看，大脑处于高度集中状态，这就是一个"生动的我思"，而那个导致我们跌倒的石头也开始成为意向所明确意指的东西。

此时，意向、意向的还原方法及其导致的转向共同构成了自我的内容，它包含有身体的感受和意向的体验，是一种意识感受，即意向性及其体验，而意向"构成'行为'的描述性的种属特征——具有各种本质特殊的差异性。对一个实事状态的'单纯表象'意指它的这个'对象'的方式不同于那种将此事态认之为真或认之为假的判断方式"②。这样，自我就逐步构成了对象化的内容。

第三节　从康德到胡塞尔的自我还原

认知领域的哥白尼革命是康德哲学的重要贡献，它改变了从外在客体来说明主体的认知逻辑，将经验主义和理性主义对人的外在说明方式转变到人本身的认识能力上。这种主体性思维在康德和其后继者那里一直贯穿始终，

---

① ［德］埃德蒙德·胡塞尔. 纯粹现象学通论：纯粹现象学和现象学哲学的观念（I）［M］. 李幼蒸，译. 北京：中国人民大学出版社，2004：230.
② ［德］埃德蒙德·胡塞尔. 逻辑研究：二（1）［M］. 倪梁康，译. 北京：商务印书馆，2017：793.

例如费希特的"自我意识"。康德的认识论是综合建构式样的，他的问题是"验前综合判断如何可能？"，按照韦卓民的描述，"我们应该注意这里'验前'和'综合'都是形成词，是修饰'判断'的。意思是说，'是验前的，而又是综合的判断'，而不是'验前综合的判断'"①。也就是说，"验前"和"综合"这两个要素一起构成了康德认识的基础，为此，它需要一个综合建构者将这两个部分建构在一起，此时，纯粹自我应运而生。

与胡塞尔关系亲近的纳托尔普从康德哲学出发，将"纯粹自我"理解为"意识内容的联系中心"②。其原因就在于康德将感受性和知性描述为认识发生的两大主干，而这两大主干共同的根却并"不为人所知"。因此，它需要一个"验前综合"的主体，而这个主体就是"自我意识"。胡塞尔反对这个见解。"在必然产生认识批判的反思（我指的是最初的、在科学认识批判之前的以及在自然思维方式中进行的那种反思）的怀疑的媒介中，任何自然科学和任何自然方法都不再是一种可运用的财富。由于一种认识的客观切合性根据意义与可能性已完全变得神秘，进而受到怀疑，而且，精确认识的神秘性并不比非精确认识的神秘性更少，科学认识的神秘性也并不比前科学认识的神秘性更少。认识的可能性成为疑问，确切地说，认识如何能够切中在自身中存在的客观性本身的可能性成为疑问。"③

也就是说，在康德那里，"客观切合性"是切合于外在的自然环境。也即空间物理环境，康德理论非常强调数学和牛顿力学的"力量"，这种实践方式要求实践者"一手拿着原理（唯有按照这些原理，互相一致的出现才可被认为等值于规律），另一手拿着它依据这些原理而设计的实验"去"迫使"自然给予自己所设计的问题以答案④。然而，在胡塞尔这里，"客观切合性"所要描述的"客观指向"转变为"内在意识"的客观性，或者说发生性。在这个视域下，康德哲学和胡塞尔哲学产生了分野，这种分野可以总结为康德

① ［德］伊曼努尔·康德. 纯粹理性批判 ［M］. 韦卓民，译. 武汉：华中师范大学出版社，2004：46.
② 倪梁康. 胡塞尔现象学概念通释 ［M］. 北京：商务印书馆，2016：237.
③ ［德］埃德蒙德·胡塞尔. 现象学的观念 ［M］. 倪梁康，译. 北京：商务印书馆，2017：35.
④ ［德］伊曼努尔·康德. 纯粹理性批判 ［M］. 韦卓民，译. 武汉：华中师范大学出版社，2004：15.

哲学的自然科学范式和胡塞尔哲学的人文科学范式。

与康德对概念的强调不同，胡塞尔强调"描述"的价值，就是描述认识的过程，胡塞尔认为"人们只能定义逻辑的复合物。一旦我们遭遇那些最终的基本概念，一切的定义活动就都结束了……人们在这种情况中所能做的仅仅在于：指明它们从其中或从其上抽象出来的那些具体现象，并且清楚地揭示这种抽象过程的种类……因此，人们在对这样一个概念（……）的语言阐释方面所能合理要求的仅仅是做出确定；这种阐释必须适合于将我们置入一个正确的心境之中，使我们能够在外感知和内感知中自己取出那些被意指的抽象因素，或者说，使我们能够在我们心中再造那些为构成这个概念所必需的心理过程"①。"心理过程再造"是胡塞尔所要描述的科学的范畴，此种科学不再是康德所推崇的在自然面前的力量，而变成了自反向自我的力量，它改变了康德的"我们""人类"这样的集体主体地位，这种地位很像舍勒对康德的描述"紧握着拳头，而不是一双放开的手掌"②。因此，从康德哲学的外在性向胡塞尔哲学的意识内在性还原才是自我出现的一个重要契机。

一、康德的"直观→概念"

席勒曾经评价康德的哲学是"只是关心了家里的仆人，但却没有关心家中的孩子"③。也就是说，康德的认识论偏重于必然性的东西，就像它"先验感性论"里所说的，"当我们被对象所刺激时，对象在表象能力方面所得的结果，就是感觉（emfindung）。通过感觉与对象有关系的直观称为经验性的直观。一种经验性的直观之未确定的对象称为'出现'。在'出现'里和感觉相应的东西，我称之为'质料'（materie）；而使出现的杂多能在某一体

---

① ［德］埃德蒙德·胡塞尔．逻辑研究：一 ［M］．倪梁康，译．北京：商务印书馆，2017：xxv-xxvi.

② ［美］阿弗德·休慈．马克斯·谢勒三论 ［M］．江日新，译．台北：东大图书股份有限公司，1997：31.

③ ［德］马克斯·舍勒．舍勒全集：第2卷　伦理学中的形式主义与质料的价值伦理学：为一种伦理学人格主义奠基的新尝试 ［M］．倪梁康，译．北京：商务印书馆，2019：2.

系上得到整理的东西，我称之为出现的形式（form）"①。

也就是说，在康德哲学那里，"出现"这一代表外在自然属性的东西仍然被严格界定，并且，它提供了感觉的质料，这种用质料和形式来界定感觉的建构式处理方式确实能够克服理念论和经验论的偏执一端的弊端，但是，它也留下了一个隐患，即"一般感性直观的纯粹形式（在其中一切杂多都是在一定的形式上被直观的）必须验前就在心灵之中"②。事实上，这不太可能，因为有些内直观我们无法提供验前的"心灵准备"。例如，失落现象，不管我们在此之前有多少次的准备，觉得自己失去某个人或者说失去某个东西会有一种什么样的反应或者说处境，当这件事情真的来临以后，我们还是会有一段时间无措。

对此，胡塞尔认为直观是一种意识行为，是"需要充实的意向"③，意向具有空乏的意向和充实的意向。另外"意向的概念形成方式"与"表象的概念形成方式"也不同，表象活动更多是与直观相关联，它是一种图像化的心理处理方式，就像一朝被蛇咬，十年怕井绳一样，这个"怕"的情感与回忆图像有关，就是回忆起自己曾经被蛇所咬过的经历。但意向不同，意向是一种意识体验，再以"被蛇咬"为例子，意向会后悔自己曾经从那个地方走以致遇到了蛇，会假设自己如果没有被蛇咬会怎么样。因此，表象往往与经验生活有关，而意向却与意识生活有关。也就是说，表象往往与外在的物理对象及其图像化处理有关系，而意向往往与人类的意识行为有关系，意向构成了一个意识行为的本质特征。

由于康德的概念形成非常注重物体的"出现"，这导致康德的概念往往与表象具有分不清楚的关系，甚至夸张点儿说，康德就表象和概念的形成并没有进行"发生"学的考察。"'表象'这个词康德用得极为广泛，凡是出现在心灵面前的东西，都是表象。感性直观、范畴、理念，各种各样的原理

---

① ［德］伊曼努尔·康德. 纯粹理性批判［M］. 韦卓民，译. 武汉：华中师范大学出版社，2004：62-63.

② ［德］伊曼努尔·康德. 纯粹理性批判［M］. 韦卓民，译. 武汉：华中师范大学出版社，2004：63.

③ ［德］埃德蒙德·胡塞尔. 逻辑研究：二（2）［M］. 倪梁康，译. 北京：商务印书馆，2017：1028.

等都可以被称为表象。'vor'这个德语前缀的意思是'在前面','stellung'是'放置',所以,'vorstellung'的字面意思就是'放在前面',在康德这里就是指'放在心灵之前的'东西。"①康德也强调"我们尽可不必侵犯任何一种词语的领域"。词的顺序排列如下:

"种就是'一般表象'(拉丁文的 repraesentatio)。从属于它的是'有意识的表象'(拉丁文的 perceptio'知觉')。只对主体有关系而为主体的状态之变状的知觉就是'感觉'(拉丁文的 sensatio)。客观的知觉就是'知识'(拉丁文的 cognitio)。知识或是'直观'(拉丁文的 intuitus)或是'概念'(拉丁文的 conceptus)。'直观'是直接和对象发生关系而且是单一的。'概念'是由几个事物共有的一种特征而间接和对象发生关系的。概念或是经验性概念,或是纯粹概念。"②

在这里,"知觉"是作为有意识的表象而出现的,事实上,在意识发生的那一刻,意向并不是纯粹空泛的东西,它只存在一种"渴望",就是渴望被充实的"需要"。康德将"有意识的表象"归结为"表象"的做法带有形式逻辑的弊端。因为就"意识的发生而言",在开始的那一刻,意向并不是空的。进一步说,如果就表象而言,它代表着放置在心灵之前的所有东西,而对于意向而言,它代表着从个体自我所流淌出来的东西,它所谓的空是外在观察的空,就像一个人在那里发呆,他什么都没有做,但就意向而言,他的内心可能正经历着各种各样的纠结。

二、胡塞尔的"体验→概念"

胡塞尔知识批判与康德知识批判最大的不同在于二者的"概念形成"方式差异,在康德那里,感性的偶然性是需要上升到理性必然性的准备状态,而在胡塞尔这里,理性的概念恰恰是需要被悬置的东西。康德的目的是进行"现有的知识批判",他相信如无必要勿增实体,因此,他并不主张增加新的词汇,而是对现有的"理性知识"进行概念性的批判,也就是将理性知识与

---

① 邓晓芒.《纯粹理性批判》讲演录[M].北京:商务印书馆,2013:57.
② [德]伊曼努尔·康德.纯粹理性批判[M].韦卓民,译.武汉:华中师范大学出版社,2004:333.

人的认识能力相关，如果一个东西，没有办法在验前综合判断里形成，那这个知识点就需要进行批判，批判的目的就是将知识与客观性之间的相关性转向知识与人的认识能力的相关性。

然而，概念形成之后的个体践行与生成问题并不是康德所要分析的重点。但是，概念的实现必定要"被实践"，而这个概念的实践性在胡塞尔这里叫作"概念的充实"，就是概念作为一个观念的"充实性"问题。就像陆游的诗"纸上得来终觉浅，绝知此事要躬行"一样。这"纸上"的东西贯穿于我们日常生活的方方面面，它是我们来到这个世界之前就已经预先存在的东西，当我们"躬行"的时候，躬行的内容是抽象的"纸上谈兵"还是一种"意向的充实"？

这其实代表着意识的向度差异——指向自己还是指向于外在的概念。如果我们躬行的是外在的概念，那么，人就会或多或少地被工具化。虽然，康德也强调任何时候都不能将人当工具，而只能将人作为目的，他也强调启蒙就是去掉人强加给自己的不成熟状态，但是，在一个人独立地成为自己这条路上，康德并没有给出准确的答案。对此，胡塞尔评论说"康德以一种近乎无可比拟的天才（这种无可比拟的天才恰恰是由于他并未掌握现象学的问题性和现象学的方法）业已在第一版批判的超越论的演绎中勾勒出超越论综合的一个最初系统。然而遗憾的是，他在那里只看到处于最高层次的问题，即一种空间世界的对象性、一种超越意识的对象性的构造问题"①。

胡塞尔进一步评论说，"但位于更深层而且在本质上先行于发生的是内部的对象性的问题，是纯粹内在的对象性的问题，而且在某种程度上也可以说是内世界（innenwelt）的构造问题，这恰恰是作为自为的存在者的主体其体验流（erlebnisstrom）的构造问题，亦即作为一切属于它自己的存在的领域的主体其体验流的构造问题"②。

也就是说，在一个人成为自己这条路上，他需要抓住一些内在的东西，这个内在的东西决定了他能够运用自己的生命体验而成为自己。他同样需要

---

① ［德］埃德蒙德·胡塞尔. 被动综合分析：1918—1926 年讲座稿和研究稿［M］. 李云飞，译. 北京：商务印书馆，2017：154.
② ［德］埃德蒙德·胡塞尔. 被动综合分析：1918—1926 年讲座稿和研究稿［M］. 李云飞，译. 北京：商务印书馆，2017：154.

一些"实在"的东西，为此，舍勒区分了"意志"性的要素和"阻抗"要素。"舍勒用一系列动态体验，如努力、注意以及其他'生命冲突'来代替'意志'这个阻抗的对应物。他关于实在的给予性观点的另一个特点是，这个实在是不能在他理解知觉的那个意义上〔也就是说，只限于认识现象的是'什么'（sosein）〕被感知的。相反，对于'那个'（dasein）只能作为阻抗被'感知'。"① 当我们相信"外在的东西"的时候，它的相信与自我的内在体验便一定相匹配，它可能会出现伯乐儿子那样的"按图索骥"。这种按图索骥甚至会以自我欺瞒的方式进行，就像叶公好龙。

这种思维就为独断埋下了伏笔，从某种角度上说，一个人特别相信某种外在之物的时候就会表现出思维的"独断阶段"，就像上文所说的，他相信纸上的东西就是现实的东西，或者说或多或少地可以在现实中找到样本。在外化的过程中，它很容易与权力结合在一起，"权力关系凭借类别之间区隔程度的保护或改变来规约分类原则。从先前的分析来看，权力关系建立了一个类别（主体/论述）的'声音'，而不是'讯息'（实践）。权力关系在建立一个类别的'声音'时，必然建立界限划分的标志和辨识的程序/规则。权力关系透过它所建立的分类原则来定位主体的位置"②。然而，所有的书本观念或者说观念都是一个个具体个人就自己的生命体验而构成的学说外化。学说与权力结合会消减学说的"讯息"，为集体无意识的文化再制埋下隐患，即它会以集体无意识的方式抹杀意向的个体性及其形成路径。

然而，个体内心的世界在完成外在的权力关系定位之后，其内心还是存在一个自我的内在体验，这个内在体验就像外在的实在一样，客观存在于个体的内在世界，并催生了个体的性格走向。个体内心世界的实在之物被舍勒称为"抗阻"，这是舍勒作为"现象学的实在论者"的大胆之处。抗阻并不是"意志"的范畴，这其实也很容易理解，当我们纠结于外在之物的时候，我们很需要"意志""努力"这样的心理要素，一旦我们的目标实现了，我们的第一时间——几乎与获得感同时发生的失落情感，随后，我们就会生成

---

① 〔美〕赫伯特·施皮格伯格. 现象学运动〔M〕. 王炳文，张金言，译. 北京：商务印书馆，2011：389-390.

② 〔英〕巴索·伯恩斯坦. 教育论述之结构化〔M〕. 王瑞贤，译. 台北：巨流图书有限公司，2006：27.

"下一个目标"。也就是说，在对待外在之物的时候，我们的内心一直处于"水涨船高"的状态。

此时，我们只有还原，并通过还原来再现"阻抗"，并将阻抗作为我们内心的一种客观事物。当我们局限于外在的时候，我们要么就相信金钱，要么就相信权力，而这些东西都可以凭借外在性而找到摹本。然而，一个人在走向自己的路上却并没有这样的样本，它需要的并不是将理性概念中的东西转化为现实的东西，那是实践的范畴，它涉及"验前"① 世界的再现。即它需要一种对"原来怎么想的"这样一种原初构造对象的想法的"再造"，在这个再造中，它能够凸显我们的原初意向和意向相关物，它凸显的目的不是实践的发生性，而是验后的世界与验前的世界放在一起重新反思自我。

这就像"上了大学就好了"这句话，在上大学之前，这句话是一个"验前"的观念，它在我们遇到学习困难的时候就会作为一句安慰的话出现在我们耳边。对我们高考之前的学习体验而言，这句话更多的是与被动性的服从有关系，而与主动性的建构弱相关。在高考之前，它是一个验前的世界，所以，就算我们相信这句话，那也仅仅是一种意向空泛的相信，我们并没有办法去充实这件事，但是，当我们真正上了大学，由被动学习变为主动学习，此时，有关"上了大学就好了"这句话的原初构造就会被再造出来，从而凸显出"我原来怎么会那样想"这样的内心观念。

此时，我们就可以将"上了大学就好了"这句话当作一种意向体验而重新放回高中时刻，这句话的验前世界就开始和验后世界一起成为寻找我们内心阻抗的要素，此时，关于自我的东西就会再次出现。比如，我们开始怀念高中的充实生活；比如，我们会怀念高中时刻在学习之余而进行的偷玩儿行为。也就是说，一个观念在经过我们自己验证之后，会留下经验和体验，其中经验代表着观念被我们证实的部分，而体验却代表着我们为了将这个观念变成现实而付出的意向努力。

---

① "有译 a priori 这个拉丁文短语为'先天'的，但'先天'这个词容易和'与生俱来'的意思相混淆，而康德使用 a priori 时，绝对没有这个意思，故今译 a priori 为'验前'，即'在经验之前'的意思。我们在这里不用'先验'，因这个词是后来用以译 transzendental 的。"（［德］伊曼努尔·康德. 纯粹理性批判 ［M］. 韦卓民，译. 武汉：华中师范大学出版社，2004：7. ）

一个观念在经验阶段为自我纳入之后，它就开始不再是追求情感的意向，而变成了一种自反向自我进而思考内在抗阻的能力。例如，与外在的物理世界的障碍和困难相比，我们内心会有一些纠结，这就是抗阻的标志，"抗阻是一个现象，它以直接的方式只是在一种追求中被给予，亦即只是在一个意欲中被给予，在它之中并且只有在它之中，对它的实践实在的意识才被给予，这种实践实在同时也始终是价值实在（实事和价值事物）……'抗阻'只是在一个意向体验中才被给予，并且只是在一个意欲中被给予。它'构造着'这个'实践对象'"①。

从某种角度上说，"阻抗"构成了自我之实在的心理要素。与对外在的物理对象的"占有"不同，内在的意向会"在意欲中"形成"抗阻"，这个抗阻会因为个体的追求与现实之间的落差而构造内在实践意识，它对个人成长来说不是能够放弃的东西。为什么我们童年的很多事情并不能够记起？其原因就在于童年的想法更多与外在追求有关系，而与内在追求相关度低，这有生理的原因，也有心理的原因。当我们慢慢步入成年之后，我们内心开始有了"意欲"，即我们内心生成了"我要"这一个带有主体词汇的想法。此时，它不仅仅喊出了"我"这个词汇，舍勒"明确地区分开'主词我'（the I）和人格。经验的主词我（Erlebnis-ich）在任何角度下都是一种我的思想的对象（object）……行动从不能被对象化，它从不给予我们的外在或内在经验，而只能经由演出它而经验到。并且不同型式和范畴的行动之相关项，即人格，它极难被看成一种对象"②。

此时，"经验的主词我"开始成为一个对象，它不再是一个人随口所说出的语言学主语，在这个经验主词内部，因意欲而出现的阻抗为构造主词的自我提供了精神性的素材，与心理性素材仍然含有被动性不同，精神性的素材是超越性的。又因为阻抗来源于体验，所以，个体的体验也就开始成为个体所能够源源不断获取成长营养的地方。此时，体验就能够催生内主体，而

---

① ［德］马克斯·舍勒. 舍勒全集：第 2 卷　伦理学中的形式主义与质料的价值伦理学：为一种伦理学人格主义奠基的新尝试［M］. 倪梁康，译. 北京：商务印书馆，2019：212.
② ［美］阿弗德·休慈. 马克斯·谢勒三论［M］. 江日新，译. 台北：东大图书股份有限公司，1997：72-73.

内主体在构造自己的时候也就催生了人格属性。进一步说，"我"这个人格和"我们"之间的距离构成了阻抗体验的区间，此时的路径不再是康德的"直观→概念"，它变成了"体验→概念"。这就像伯乐的儿子和九方皋对待千里马的态度区别，在九方皋那里，它所要追求的肯定是独一无二的"九方皋"自己，就像伯乐所说的"良马可形容筋骨相也"，而"天下之马者"的形容是"若灭若没，若亡若失"，并且说"臣之子皆下才也，可告以良马，不可告以天下之马也"①。

在这里，"千里马"如果是一个对象，那么，"筋骨相"则可以用来形容对象的外化部分，而"若灭若没，若亡若失"和"可告以良马，不可告以天下之马也"则构成了对象在一个"相者"那里的内在部分，后者并不是来自"被告之"，它来自一个人内心在对待抗阻过程中的自我生成。因为"若灭若没，若亡若失"之间的无形的东西需要一个人用内在的意向来充实，这不是仅仅失败和成功的践行式的实现方式，它"很明显地表现在常常发生的怀疑的事实中，这个事实就是一个被体验到的抗阻的'处所'（在这个意义上）；无论是在对一个实事之意欲投入太少的情况下，还是在意欲投入太少的情况下（当意欲相同以及实事抗阻相同时）……正常的人具有把被给予的抗阻'首先'［并且在相同条件下（ceteris paribus）］移置到独立于他的自我和他的身体而存在的对象中去的禀好；但其次便是移置到他的身体中去，再次则是移置到他的心理领域中去"②。

在"按图索骥"的伯乐之子、"筋骨相""九方皋"之间恰恰折射了阻抗的三个层次，即"禀好""身体"和"心理领域"。这代表着意向充实的三个层次，在九方皋那里的充实是一个个体的心理充实，因此，就算有万千的马匹从他面前走过，他也能够一眼认出那匹千里马，伯乐的儿子则不同，他的千里马意向仅仅停留在禀好上，这就像叶公好龙，就算真的有千里马出现，也不会被认出。

① 列御寇. 列子［M］. 上海：上海古籍出版社，2014：227.
② ［德］马克斯·舍勒. 舍勒全集：第2卷 伦理学中的形式主义与质料的价值伦理学：为一种伦理学人格主义奠基的新尝试［M］. 倪梁康，译. 北京：商务印书馆，2019：213-214.

三、通过还原概念来据斥他者

所谓他者就是用符号化的方式去描述一个人，并将这个人的所作所为抽离于其体验的直观情境。被符号化的人在这里被我们叫作"他者"，它往往以"人家""他们"等非个人的词汇开始，这在我们的日常生活中并少见，例如，各种各样的符号暴力、地域黑等。不可否认，这与教育有些关系，"在一个给定的社会构成中，从来也不能在脱离不同教育行动从属关系的情况下定义这些行动，它们属于一个受主教育行动支配的系统。教育行动有助于再生产这一社会构成特有的文化专断系统，即主文化专断的统治，并由此促进把这一文化专断置于主导地位的权力关系的再生产"①。

但是，当我们悬置了教育这个大的结构性要素，就会发现它还与文化性的认同方式有关。胡塞尔认为"只要意指的表象与被意指的直观融为一体，认同也就随之而完成。即是说，认同是一步一步进行的，因为认同无非就意味着在一个意指的表象将其被意指的直观溢满过程中的重认之体验"②。在"被意指的表象"和"被意指的直观"之间存在一个认知的沟壑，以上文所指千里马的故事为例子，千里马的表象代表着符号化的表述，千里马的直观代表着活生生的马，在直观和表象之间存在一个落差，千里马的表象总不能全部涵摄千里马的直观，而"直观溢满"过程代表着表象与直观的一致性和超越性，它逼迫个人对这个超越部分进行新的认知。

此认知含有两个部分，其一，在先被给予的东西，其二，自身被给予的东西。在先被给予代表着我们的意向作用发生之前的东西，它代表着常识中的他者空间，也很像布迪厄的惯习概念，或者说像胡塞尔的自然态度，总之，它是一种在意向主体尚未发生意向作用的情形下被视作"想当然"的东西。自身被给予的东西则不同，它是个体经过了意向努力而面对的东西，举例来说，当我们出门被暴雨淋透的时候，我们心里会懊悔，但不会愤慨，这件事在内心的情绪波动会很快消失，但是，当我们出门被水浇头，并且这个

---

① ［法］皮埃尔·布尔迪厄，［法］J.-C. 帕斯隆. 再生产：一种教育系统理论的要点[M]. 邢克超，译. 北京：商务印书馆，2021：18.
② ［德］埃德蒙德·胡塞尔. 内时间意识现象学[M]. 倪梁康，译. 北京：商务印书馆，2017：217.

被浇头的行为是由一个人故意这样做的，此时我们就会非常生气，这就是因为"意向作用"。

这种"意向作用"的自我认同往往发生于"怀疑"的时候。此时，这个人就会剥离出他者所给予的"在先被给予"，也就是尚未被自己经过意向而被动认同的东西，在给予方式上，给予借助的符号文化权力越多，它对个体意向的逆反触动就会越大。另外，由于认同发生于"一个意指的表象"对一个"被意指的直观"的溢满，而事物的给予方式往往为两种，一个是"表象"，一个是"直观"，二者一起构成了认知。另外，在先被给予方式往往不强调直观的给予，它更强调表象的给予，这很像孩子咿呀学语的时候父母对他的给予方式，他们会用已经有的词汇回答孩子，而孩子的出发点却是直观，此时，直观和表象的发生是由两个人来组成的，甚至说是一个人和文化共同体之间的关系。

在此情况下，直观和表象间的"直观溢满"就无法发生，甚至，直观一直处于未满足状态，因此，个体基于"直观溢满"所代表的表象与直观之间的落差及其"重认之体验"也就无法发生。它所发生的是"认之为真"，却不是"认同"，因为，"在动态关系中我们第一步所具有的是作为完全未得到满足之含义意向的'单纯思维'（＝单纯'概念'＝单纯符号行为），这些含义意向在第二步中获得或多或少相应的充实；思想可以说是满足地静息在对被思之物的直观中，而被思之物恰恰是借助于这种统一意识才表明自己是这个思想的被思之物，是在其中被意指者，是或多或少完善地被达到的思维目的"①。

在社会性的关系中，"含义之意向"的单纯思维往往以精英人群的权威或者说传说为表征。其并不注重生活情境的还原，社会各行各业的精英个人是它的直观承载，它往往表现在三个方面：其一，精英个人的实名案例；其二，充分发展的目标规范；其三，精英个人与目标规范的去情境化结合模式。

其一，精英个人的实名案例，就精英个人的选择而言，往往涉及古今中

---

① ［德］埃德蒙德·胡塞尔. 逻辑研究：二（2）［M］. 倪梁康，译. 北京：商务印书馆，2017：1023.

外，在此氛围下，精英个人面对的生活情境及其抗阻并不会被推崇，这里弥漫着各种各样的传说、各种各样的标签将个人的生活化细节全部覆盖，提到康德就会说"纯粹理性批判"，就会提到他那雷打不动的作息时间，这些被作为自律的样本出现在我们的周围。然而，很多人并没有读过康德，甚至一本书都没有读过，也就不会了解康德自己成长中的抗阻现象。例如，康德曾经被宗教迫害，他不得不迫于压力承诺"不在课堂或著作里公然从事宗教讨论"，然而，皇帝死后，他却放弃承诺①，他给出的理由是皇帝死了，契约就消失了，但是，康德当时内心的苦闷却是无法为人所知的。康德曾经说过这样的话，"对自己内在信念的否认或摒弃是丑恶的……一个人所说必须真实，但他没有义务必须把全部真实都公开说出来"②。从这句话中可以明显感觉到他内心的抗阻，而这些抗阻却是你我这样的个人在日常生活中会遇到的问题。我们能够学习的榜样除了高高在上以外，它还需要一种切身的被给予性，也就是说，我们通过自己的努力可以达到这个目标，否则，榜样变成了传说，变成了一种文化再制的借口，而个人的认知发展却无从下手，这对于我们来说是可悲的，也是民族的不幸。

其二，充分发展的目标规范，当我们将规范实现的极限情况作为我们的实践模板的时候，恰恰证明了他者的一种极限情况。就像"止于至善"，它往往以"德目锦囊"的方式给予我们，根据已有的研究，这种操作"在道德品格上"并没有让人形成"任何进步"，并且，已有的研究也发现"没有正向的证据足以证明这种品格形成方案有效"③。

为什么？因为我们的行为除了规范的动机关联以外，它还存在一个自我意向关联的向度，前者可以称为客体关联，后者可以叫作自我关联。二者之间呈现一种反比关系，当规范要求在个体身上直接实现的时候，它就将规范与个人认知能力之间的关系处于隐蔽状态，此时，规范与他者的结合就会体

---

① ［英］罗杰·史克鲁东.哲学之钟：康德［M］.戚国雄，译.台北：时报文化出版事业有限公司，1983：52.
② 李泽厚.批判哲学的批判：康德述评［M］.北京：生活·读书·新知三联书店，2007：2.
③ ［美］L. Kohlberg.道德发展的哲学［M］.单文经，译.台北：黎明文化事业股份有限公司，1986：39.

现出权力的倾向。另一方面，个体在面对真实的行动决定时，它不仅仅要面对规范的作用，还需要面对一种情景的紧迫性和情感属性，如果社会以他者的规范权威作为行动之社会价值的衡量标准的时候，个体的行为意向就会处于被解读的被动性之中，而这种被动性将会让个人的意向发展出现困境。

这里有一个例子，笔者的孩子在上一年级的时候，老师有一天打电话来说孩子严重违反纪律，原因是学校要进行一次做操的视频录制，她竟然和别的小朋友打闹，这让老师很生气。笔者听了以后也很生气，但是教育学专业的背景让笔者想要还原当时的场景，于是，在孩子回家的时候笔者就问她怎么回事，她是这样回答的：我们都伸手做操，当我伸手的时候，另一个小朋友顺势打了我的手一下，我就想打回去，正好被老师抓到了。

在此，笔者并不想为孩子辩护什么，因为，科尔伯格的道德发展认知理论对此有专门的论述，这个年龄阶段的孩子在道德认知中是"工具性的相对论导向"，也就是"你抓我的背，我搔你的痒"①。在此，笔者并不想对这个案例进行更加深入的解读，比如有人告诉我说，可以教给孩子去告诉老师，然后让老师来处理这件事，我也这样告诉了孩子，但是，笔者总是觉得，对于行为的社会定位并不能单纯从行为与规范之间的相关性来解读它的社会价值，因为这种解读方式带有涂尔干刚性稳定的嫌疑。

其三，精英个人与目标规范的去情境化结合模式，就规范与精英人士的结合而言，这种他者倾向往往强调"理性"预设和"冷静的旁观"。然而，在现实生活中，"人们对别人做赞美或责备时所用的方式，与他们在做道德决定时所思考的方式并不一样"②，事实上，这是一种将人物他者化的思维，因为真实个人的行动是实践化的，感性的人。这也是马克思的一个重要贡献，就是对于认识的主体，对对象、现实、感性，不能从客体或者直观的形式去理解，而要将之作为"感性的人的活动，当作实践去理解"③。

---

① ［美］L. Kohlberg. 道德发展的哲学［M］. 单文经，译. 台北：黎明文化事业股份有限公司，1986：22.
② ［美］L. Kohlberg. 道德发展的哲学［M］. 单文经，译. 台北：黎明文化事业股份有限公司，1986：41.
③ ［德］弗里德里希·恩格斯. 路德维希·费尔巴哈和德国古典哲学的终结［M］. 中共中央马克思恩格斯列宁斯大林著作编译局，译. 北京：人民出版社，2014：59.

他者的这种表现和社会性特质与我国的家族式社会单元有关系，金耀基的研究显示，中国社会最重要而且特殊的结构要素是"家族制度"，家族而不是个人是社会的核心，并且，家以紧密性为主要的价值取向，家族是"'紧紧结合的团体'，并且是建构化了的，整个社会价值系统都经由家的'育化'与'社化'作用以传递给个人"①，而他者所承载的集体定位和社会团结方式的刚性稳定特质正好满足了这种社会单位的需要。然而，随着大家族的解体，核心家庭越来越成为我国家庭的存在方式，与之相对，个人也在发生着吉登斯所说的"社会抽离"过程，所谓抽离就是"把我们作为个体从亲密关系共同体里面抽离出来"，把我们从降生的初级社会群体中抽离出来②。在城市化的过程中，个体一次又一次地从原有集体定位的社会结构中抽离出来，自己越来越成为社会交往和互动的基本单位，这种趋势在信息化的当下时代表现得更为明显。

与他者观念的刚性需要有关的另一个原因是中国文化要素的特点是一种"统一"观念，根据张岱年的总结，他认为中国哲学的思维方式最重要的有三点：合知行、一天人和同真善③。所谓的"合知行"就是生活观念与学说体系合在一起，也就是将理论描述和生活体验合在一起。所谓"一天人"就是认为"物我本属一体，内外原无判隔"，也就是没有将外在和自我之间的差异作为客观存在予以描述。所谓"同真善"就是认为"从不离开善而求真"，并认为"离开求善而专求真，结果只能得到妄，不能得真"④，这种思维就将"善"代表的应然状态和"真"代表的实然状态混同了。在这种文化样态下，对"统一"的追求远远大于对"差异"的发现。或者说，他者的观念更注重统一性的观念，而不注重差异化的建构，这导致个体的自我同一性向外空间的不足。

然而，个体的同一性是个体自我的最终和最完善的存在。现象学代表人物海德格尔就认为"同一律是最高的思维规律"，代表了"一种中介、一种

---

① 金耀基. 从传统到现代 [M]. 北京：法律出版社，2010：29.
② 康永久. 教育学原理五讲 [M]. 北京：人民教育出版社，2016：154.
③ 张岱年. 中国哲学大纲 [M]. 北京：中国社会科学出版社，1982：5-7.
④ 张岱年. 中国哲学大纲 [M]. 北京：中国社会科学出版社，1982：6-7.

关联、一种综合"，并且代表了一种实现或者说进入"统一性"的过程①，也就是说，在"统一"之前还有一个"同一"的问题，而这种"同一"也许暗含了最为基本的人类思维，如果人类不能发现一粒谷物和一种植物的"同一"，不能发现一头小羊和一头大羊的"同一"，也许原始的农业和畜牧业就不会出现。另外，它还代表了一种现实的处理态度，这种态度不再将差异作为例外进行排除，而是运用人类的认知能力进行建构差异并在建构中实现自我认知能力的螺旋上升。

从某种角度上说，对他者的"悬置"涉及那句古老的箴言"认识自己"，这也是在此提出悬置他者的目的。另外，"人言可畏"这句话就像一座大山一样横在走向自己的路上，由于过于强调他者，社会关系的刚性稳定必然会占据主要的关系架构，就像涂尔干所描述的，"关系一断即为犯罪"，也就是说，社会关系的中断并不是个体差异出现的必然，它是一种类似刑法的"犯罪"，主动采取关系中断的那个人将会被排除出社会关系，这在很大程度上解释了我们日常生活中的情侣分手以后再也做不成朋友。

四、个体明见性的自我悦纳

为了克服这种他者倾向，我们需要重新将认知的形成纳入个体的明见性范畴。个人行为与规范之间的行动关系还存在个体明见的内心世界这一自我面向的情感体验，后者构成了个体真实的意识生活，也是规范在个人内心得以发生作用的直观触发要素。与结构意义的外烁或破坏性批判不同，后者的方法是现象学还原，它能阻断社会结构意义的他者再制，剥离出个体明见世界的具体行动意向。此时，个体对于他者就不再是一个符号性的意指，它还有一种理解的立义（verstehende Auffassung），也就是在还原中理解符号，并深入符号的情感世界进行理解的立义。"在理解的立义中进行着对一个符号的意指，就每一个立义在某种意义上都是一个理解或意指而言，这种理解的立义与那些（以各种形式进行的）客观化的立义是很接近的，在后者之中，对一个对象（例如'一个外部'事物）的直观表象（感知、虚构、反映）

①　[德] 马丁·海德格尔. 同一与差异 [M]. 孙周兴，陈小文，余明锋，译. 北京：商务印书馆，2014：29.

借助于一个被体验到的感觉复合而对我们产生出来。"① 这样，对象就从外烁的符号变为自我的对象，进而与自己的感觉复合形成"合一"。它包括以下几个步骤。

（一）规范后设的立义还原

后设是英文"meta-"的中文翻译，国内教育学者往往将之翻译成"元理论"，例如，教育学的元理论（metatheory of education），其代表着"一种描述的、批判的和规范的关于教育的陈述系统的理论"②，而台湾学者将之翻译成"后设"，研究的核心是道德词语的"意义"问题③。后设范式的提出让他者背后的意义附加及其"趋向"的向度展现出双向性的特质：趋向个人还是趋向他者，前者强调行动（act）的自我意向性（intention），后者强调行为（action）的合规范性。

然而，趋向于个人明见的立义向度却在历史发展的长河中萎缩了。立义构成的双向性在人类思想的源始阶段并没有得到有意识的区分，例如苏格拉底的产婆术、孔子的"性相近也"。然而，蛊惑青年、亵渎神灵和民主的审判形式却是苏格拉底被判处死刑的外在规范"语言"④，也许是因为这个原因，柏拉图提出了"隐喻"这一区隔于个人的立义向度，例如"洞穴隐喻""回忆说"等，这样，产婆术中所蕴含的个体明见及其个体根据这种明见来"认识自己"的向度开始萎缩。

就立义的双向特质之立场而言，柏拉图的集体表象是社会结构的诉求，其历史生成时刻的针对对象是犬儒学派和麦加拉学派，代表个体明见世界的"个别事物"的意义是其争论的核心⑤，即"个体明见"是否具有价值。对此，柏拉图采取了否定的立场，他强调理念才具有真实的价值，同时，个体

---

① ［德］埃德蒙德·胡塞尔. 逻辑研究：二（1）［M］. 倪梁康，译. 北京：商务印书馆，2017：427.
② ［德］埃德蒙德·胡塞尔. 逻辑研究：二（1）［M］. 倪梁康，译. 北京：商务印书馆，2017：427.
③ 黄庆明. 伦理学讲义［M］. 台北：洪叶文化事业有限公司，2000：5
④ 此处采用索绪尔对"语言"和"言语"的区隔，前者强调社会趋向，后者强调个人趋向。
⑤ ［瑞士］卡尔·荣格. 荣格论心理类型［M］. 庄仲黎，译. 台北：商周出版社，2017：50.

无法直观和认识这种理念，而只有通过"回忆"这种模棱两可的神秘方法去想象"神"的理念。对此，犬儒学派和麦加拉学派持强烈的反对态度，他们的核心观念是"善是一"，同时，善对应的不是"恶"而是"无知"。

二者争论的核心包含了一个重要的"明见性"问题——听说和知道。虽然，亚里士多德强调自己"知道为什么"这样的明见思想，他认为所谓"好的判断"是判断者将判断的内容限定在自己知道的范围之内，但是，中世纪宗教信仰和情感的特质却选择了柏拉图的"理念型"这一回避自我的取向，其原因在于，它更有利于神学的神秘精神需要，有利于让个体回避自己内心的明见内容——切身的感受性。这样，社会结构价值对个体的趋向就绕过了个体明见世界而塑造了直接发生的假象，于是，构成个体思考和判断的自我面向价值就因为结构导出空间的狭小而萎缩。

另外，外在结构的强大压力甚至会渗透进个体的潜意识，让个人无法区分主客认知的矛盾而陷入思维的无能为力，于是，回避自我的思维逻辑会与外在的、神秘原则一起构造时代的思维范式，比如奥古斯丁悲观性的原罪理论。这样，现实生活的情感体验也就在自我意识内处于纠结之中：自然性的无可回避与建构性的发展不能状态，前者让自我缺失了发展的源始动力，后者让自我因建构方法的缺失而出现发展不能的困境，于是，精神性、习得性的无助意识开始消弭社会的发展潜力。

（二）个体明见性的回避

柏拉图主义的"隐喻"范式暗含着个体明见性的偏离向度，因为它否认个体情感体验中的自我意识，这让个体的外在直观无法凭借情感这一内在的触发要素形成自主建构。"柏拉图以后，一切哲学家的共同缺点之一，就是他们对于伦理学的研究都是从他们已经知道要达到什么结论的那种假设上面出发的。"这种外烁"必然性"的认知方式让亚里士多德的"自己知道"范式被消弭。在这里，"不是试图将道德规范的内化与对个体自身的利益需要的尊重关联起来，而只是试图在受教育者的内心激起一种对道德法则的敬畏之情。在这里，道德情感被认为是对道德法则的情感，而不是对人的情感"①。

这样，个体自我的情感体验及其德行发展需要就不得不转向外在神秘力量的"救恩"与"感恩"策略，然而，忽略了"感"这一情感的内在触发，个体就不得不在"自然科学化"的结构向度上进行南辕北辙式的再制错误。在这种范式下，个体情感的自然体验是一种"原罪"性的"恶"，并且，这种"恶"暗含着一种自我否定的先天义务。因此，克制和回避是个人面对自我的两种被动选择——回避自我的情感需要来满足外在道德规范的结构要求，这样，认知的自反所要回指的那个"我"就处于"无的放矢"的状态，就像现实生活中的"及时行乐""混日子"现象，抑或对价值构成缺少情感体验，例如"假大空""精致的利己主义者"。

这种思维范式代表着经验主义的科学前夜，它的生成凭借是人类历史的发生与积累，它代表着人类思维范式的"自然状态"，这种自然状态的重要趋向是用集体表象来关照个体，强调个体的相对化视角。在现实的日常生活中，它可以被描述为"求同"思维的片面化，而不是"求同存异"的整体观。用法国思想家列维·布留尔的观点来说，它仅仅是"历史哲学"，而不是社会科学，柏拉图所说的"回忆"或者"联想"理念不能为之提供发生学论证②。它所折射出来的表象方式也不是个体的，而是"复合与整体"的"集体表象"。集体表象方式一旦获得宰制的地位，它就会影响个体的自我创新性及其实践性。

（三）个体明见性的自我趋向

"个体明见性"是胡塞尔现象学的一个重要概念，它所要解决的问题是转化人类内心世界的分析凭借：从外部转化为内部。即，外在行为这一带有物理空间性的表现在多大程度上是个人内心世界的真实标志？其理论反思的指向是洛克的经验心理学范式——用"被感对象的整全性"代替"个体感性的有限性和直观性"，即"从洛克时代以来，心理学传统中流传

---

① 康永久. 道德教育与道德规范：对康德与涂尔干道德理论的反思［J］. 教育学报，2009（6）：3-9.

② LEVY-BRUHL L. How Natives Think［M］. Authorized Translation by Lilian A. Clare, Mansfield Centre, CT: Martino Publishing, 2015: 44.

下来一种坏的遗产，这就是人们经常用'感性材料''感觉材料'来偷换在日常直观世界中实际体验到的物体的感性性质——颜色、触觉性质、气味、温度、重量等，这些东西正是作为物体的属性在物体本身上感觉到的"①。

"物体的属性在物体本身上"被"感觉到"意味着"对象并不是指某个实际存在的事物，或者一个内在的客体（immanent objectivity）"②。此时，我们并不能从外在部分去推测一个人的内在部分，我们需要相信个体存在内在的"客体"，它代表着个体的一种自身给予，代表着个体能够对自己所具有的能力的一种明察，"确然明证性不仅仅是在其中清楚明白的实事或事态的绝对的存在确然性（seinsgewissheit），而且，通过批判的反省，同时也表明本身决不可想象又是不存在"③。

也就是说，当我们经历了一件事之后，我们会很自然地自反，会对原有情境的意向进行再次思考，此时，思考的内容不再是对外部事物的"向往"，它开始思考自我的"接受性"并对这"接受性"的内容进行批判。由于原有的动机追求与外在之物的意识联结变成了现实，此时，这现实对意向的影响就像回声一样再次回到意向，并且，这种回到不是一种被动的回到，而是一种主动的回到，因为外在之物的吸引力减弱了。于是，自我关联开始出现了强势的回归，我们此时就会思考，这是不是我想要的，这就是自我意识的批判，这批判并不是一个冷静的"置身事外"，而是一个对过去滞留现象的当下化衡量，此时的自我就是一个清醒的自我，它所衡量的对象也不再是动机及其关联客体，它变成了自我意向。

而在明见性的批判中，自我意向就像"做贼心虚"。当外在物体是"贼"之动机的时候，他会不停地经受"梦寐以求"的苦恼，此时，他内心的意识状态是动机，就是个体自我的意向关联和外在客体关联混在一起，它会在内

---

① ［德］埃德蒙德·胡塞尔. 欧洲科学的危机与超越论的现象学［M］. 王炳文，译. 北京：商务印书馆，2017：44.

② ［英］E. 毕普塞维克. 胡塞尔与现象学［M］. 廖仁义，译. 台北：桂冠图书股份有限公司，1985：62-63.

③ ［德］埃德蒙德·胡塞尔. 笛卡尔沉思与巴黎讲演［M］. 张宪，译. 北京：人民出版社，2008：52.

心不停地衡量"得到"和"败露"之间的情境。但一旦他得手了这个东西，动机里的客体就不再是一个模拟之物，此时，"占有"这一个"想要得到某物"的意向就因为意向相关物的真实占有而消失了，此时自我的朝向就开始发生变化，它指向的不再是外在客体，因为外在客体在一个追求行为中已经获得了满足，它开始朝向一个内在的批判，而这个批判的指向是其自己的"意向"及其"意向体验"，它开始时刻担心"败露"。

而"明见性的意向"这一个体持续成就自我的意识状态就算经过了自反的批判，它仍然不能"想象其不存在"。相反，这是个体责任承担的一个不可回避的自我，因为，自我本身并不是通过外在物体及其客观性构造出来的，恰恰相反，它是通过意向，那个同一的意向构造出来，"把所有与他人的主体性直接或间接有关的意向性的构造成果放在一边，首先界定那同一个意向性——现实的和潜在的意向性——的全部关系。因为，这个自我本身正是通过这种意向性，在它的本己中构造出来的"①。

与之相反，那种过于强调"客观性"及其客体关联的"可证明性"不管给出的方式是神学的还是精致的自然科学的，都不会让个体达致自己，因为"一般认识的客观切合性根据意义与可能性已完全变得神秘，进而受到怀疑，而且，精确认识的神秘性并不比非精确认识的神秘性更少，科学认识的神秘性也并不比前科学认识的神秘性更少。认识的可能性成为疑问，确切地说，认识如何能够切中在自身中存在的客观性本身的可能性成为疑问"②。也就是说，明见性代表着"自知之明"，就是能够切中在"自身"中存在的客观性，而如何祛除与这种客观性有关的神秘性则是现象学的一个重要工作。

（四）明见性的自我救赎

由于自我对自身的切中是一种"明见性"的切中，这种切中方式是切身的直观性和印象性，因此，它需要的是理解和认同，这种认同是"意向的认同"而非"动机的认同"，如同东野圭吾所说的，刑警并不是解开真相和抓

---

① ［德］埃德蒙德·胡塞尔. 笛卡尔沉思与巴黎讲演 ［M］. 张宪，译. 北京：人民出版社，2008：130.

② ［德］埃德蒙德·胡塞尔. 现象学的观念 ［M］. 倪梁康，译. 北京：商务印书馆，2017：35.

住犯人那么简单，他还需要拯救案件相关人的心灵。就语言的表达而言，它需要的是救赎性语言，而不是粗糙的语言符码，就像"你真棒""你好伟大"这样的结构语言。

这里有两种语言，伯恩斯坦将之称为"精致型符码"和"限制性符码"，它们分别对应着"地位型家庭"和"个人型家庭"，二者之间的区别说明了我们成长中的信息凭借。例如，"别说话"和"安静点"是我们日常生活中遇到"想让别人别出声"的两句话语，在这里，"别说话"的出现频率一般会远远大于"安静点"，然而，就个体行动的信息凭借而言，"别"这个否定性用语或多或少带有限制性语言符码的含义，一个限制性语言符码更多的是适用于公共空间，而个体所直接能够自我成长的信息却是个体明见性的精致语言符码，这像"你真棒"这样的话就不如"我知道你为此所做的努力"更具有建设性。

在胡塞尔看来，"自明性绝不意味着别的东西，而只意味着通过意识到存在者原本的自身存在于这里而把握存在者。成功地实现一种计划，对于行为主体来说，就是自明性；在这种自明性中，被实现的东西作为它自己本身本原地存在于这里"[①]。在这里，"成功实现的计划"就像我们所说的"胸有成竹"，它代表着个体内心的真实客体，同时，它的意向对这个客体也真实地关联，因此，它就能够抗拒他者的集体无意识，并且这种抗拒不是破坏性的批判，而是救赎式的导出。此时，个人的认知由外部对象的追逐转变为认知自己的感受性和知性，感受性代表着个人因外在对象触发所被动生成的东西，而知性代表着个人内在思维能力所主动建构的东西，个人对二者的验前处理与超越就让个人生成了一个"我"性，这个"我"性支撑个人走出混沌的反思进而转向自反的沉思，与此同时，他自己的"我"性也获得了锻炼。

---

① ［德］埃德蒙德·胡塞尔. 欧洲科学的危机与超越论的现象学［M］. 王炳文，译. 北京：商务印书馆，2017：449.

第五章

还原后的身体与体感体验

第一节　还原后的身体

在此，我们所要寻找的东西并不是外在事物的稳定性，而是一个"自身被给予"的稳定性。"自身被给予"是一个现象学的概念，它是"我自己"成为"我自己"获得认识的凭借，"这是追溯到一切认识形成的最后源泉的动机，是认识者反思自身及其认识生活的动机。在认识生活中，一切对认识者有效的科学上的构成都是合目的地发生，被作为已获得的东西保存下来，并且现在和将来都可以自由使用。这种动机如果彻底发挥作用，就是一种纯粹由这种源泉提供根据的，因此是被最终奠定的普遍哲学的动机。这种源泉的名称就是我自己"①。

此时，认识批判的动机发生了变化，它不再是文字符号与对象之间的符应论，它变成了自己对自己身体感觉的创造论。即"认识批判的可能性除了依赖于被还原了的诸思维之外，还依赖于其他绝对被给予性的指明……现象学的特征恰恰在于，它是一种在纯粹直观的考察范围内、在绝对被给予性的范围内的本质分析和本质研究"②。在现象学看来，认识批判有两个大的对象：被还原的思维；纯粹直观。

---

① [德] 埃德蒙德·胡塞尔. 欧洲科学的危机与超越论的现象学 [M]. 王炳文，译. 北京：商务印书馆，2017：126.
② [德] 埃德蒙德·胡塞尔. 现象学的观念 [M]. 倪梁康，译. 北京：商务印书馆，2017：61-62.

由于思维在现实进行中存在一个不自觉的设定，这个设定让认识者认为，自己所认识的对象并不是思维发展的产物，而是客观存在的事物。可是，思维在整个认识过程中就像"光"对于视线一样起着无可比拟的现实作用。另外，思维是作为从直观到表象之间的超越功能在发挥作用，它是一种"功能"，一种等待发生作用的内在活性状态，能够进入这种状态的东西并不是外在具有广延的物理事物，而是内在的"意向体验"。另外，思维对对象的构造具有超越性，这种超越性不仅仅是空间的超越性——超越事物的单面显示而以整全的方式进行言说，它还能够超越时间，就是能够将客观时间本身作为体验对象进行言说。比如，我们在着急和焦虑的时候，客观时间是以秒甚至更小的单位出现，而我们开心的时候，客观时间是以小时甚至更大的时间出现于我们的体验之内。

我们可以以空间事物在思维中的超越性为例子，就像我们观看房间的桌子，我们看到的桌子仅仅是单面显示，即使我们能够围绕桌子不停地旋转，我们也不能在直观的意义上看到桌子的整个面貌，但是，当我们用语言说出来的时候，这个直观就变成了"我看到这个桌子"，而"这个桌子"在现象上并没有被我们看到，这就是"超越性"。在此，我们需要对这句话进行还原，还原的目的就是要找到思维的超越性功能在发挥之前的认识状态，此时，那个单面现实的直观就会被悦纳。这样，客观现实的"直观"和思维功能的等待发挥就会重新构成客观性认识的基础，这个基础不再是康德的感性和知性，而变成了自己的直观和思维，并且这个思维还是一种被还原的思维，这个直观也是自己身体的观看直观。

就像我手术之后去摸我自己腿的感觉一样，在"习以为常"的观看中，腿和手的感觉是一起被给予的，我的思维并没有被还原，当手术麻醉了腿部神经以后，出现了一个契机，那就是"还原"被给予方式，此时，我的身体开始成为对象，而手的获得感也一并出现在我的意识之内，它是一个纯粹的直观，就是手和作为对象的腿之间的直观及其意向体验。这种获得方式作为一个认识论的范式很晚才出现，它至少是在现象学之后才出现的一种新型的认识论模式，在这种模式下，我们自己成为自己获得认知的凭借，它改变了通过他者或者文字符号等方式来获得认知的方式。

一、身体的消失

不知道从什么时候开始，个人的"身体感觉"之"验证"受到排斥，在那里，感性和感觉并不区分，感知和理性也无法说得清楚，甚至，感性认知是等待被否定并需要被上升到理性认知的东西。这种身心分离的认知方式往往被归咎于笛卡尔的"身心二元论"，"依据笛卡尔的二分法，身体是在空间中延展的广延物，是可以分割的；而心灵则是非空间的思，是不可分割的。'我'的本质是非广延的'思'，而不是作为广延物的身体……这种'观法'实际上已蕴含一个未曾言明的前提：'我'与'身体'是有隔的，'我'是'身体'的'观众'，观察、打量着'我'之外的'身体'。这个'观''身体'的'我'实际上是解剖尸体的医生的角色"①。另外，17世纪以来的"男性科学"之发展也起到了推波助澜的作用，即"重契约轻习俗、重知觉轻直觉、重客观轻主观、重事实轻价值等态度都可以被看作男性优于女性这一观点的表现形式"②。

在这样的背景下，"感觉"开始被"感知"所代替，在胡塞尔看来，"外感知的展示性内容定义了通常的、狭窄的意义上的'感觉'概念"③。而感知则不同，它是一种原本意识的感觉体验，它隶属于意识范畴，即"从意向活动的（noetisch）方面看，感知是现实的展示（darstellung）（它使被展示物以原本展示的方式直观化）与空乏的指示（它指向可能的心感知）的一种混合"④。也就是说，感觉具有外向性，而感知具有意识的体验性，并且，它能够将现实的展示凸显出来，也即知道一种单面现实性，同时，它也带有一种缺失意识，即"空乏的指示"。

然而，自笛卡尔开始，理性和感知因为与自然科学的紧密关系而受到整

---

① 陈立胜."身体"与"诠释"：宋明儒学论集［M］. 台北：台湾大学出版中心，2012：5.

② 陈立胜."身体"与"诠释"：宋明儒学论集［M］. 台北：台湾大学出版中心，2012：10.

③ ［德］埃德蒙德·胡塞尔. 逻辑研究：二（2）［M］. 倪梁康，译. 北京：商务印书馆，2017：1072.

④ ［德］埃德蒙德·胡塞尔. 被动综合分析：1918—1926年讲座稿和研究稿［M］. 李云飞，译. 北京：商务印书馆，2017：17.

个认识论哲学的推崇，这或多或少与感性和理性的误解有关系，也与基督教的神学之现代性的反叛具有很强的历史依赖关系，主流的基督教宣扬信仰与爱，所以，他们强调对上帝的情感皈依，而后世的启蒙运动及其宗教改革却宣扬"知识与理性"，也就是自己思考自己的能力，理性在经历了康德的先验批判以后越来越表达出人类向自然索取的"力量"，却并没有表现出"人"本身的"柔情"。这在某种程度上并没有解决"自身被给予性"这个思考功能的问题。这种取向在现象学之后开始出现转机，与现代性的笛卡尔"身心二元论"不同，"在现象学家看来，身体绝不只是世界之中的一个物体，相反，世界的存在恰恰是通过身体这一中介的。身体现象学的出发点是对躯壳（korper/physical body/body）与身体（leib/living body/body）进行区分，前者是对象之身，后者是'主体之身''绽出之身'（the ecstatic body）"①。

在这样的认识论范畴下，"躯体"这个肉身开始与身体的感知综合媒介区分开来，这改变了信息获取的他者媒介这一传统，"切身性"即"任何一个可想象的显现方式中，对象都不处于最终的切身性（leibhaftigkeit）中，而最终的切身性将会带来对象之完全被穷尽了的自身，每一个显现都在空乏视域中带有一个剩额（plus ultra）"②。也就是说，切身性就是自身获取性，如何将自身的获取性变成课题，即让一个问题开始变得有本己意义。另外，此时的"课题"是一个科学化的选择，它与"想象的显现"不同，它可以借助科学的工具将问题逼迫出来，就像笔者自己的博士选题——《韦伯主义的行动诠释：民办高校农家子弟学习获得感研究》，当时就是根据自己的身体感知而进行的选题，其中有几个理由，自己是一个农家子弟，自己在民办院校工作了七年，如何将自己这些生命经历的身体感知写下来也是自己的最大问题。事实上，借助韦伯主义的诠释，笔者也确实做了一篇这样的博士论文，并在学校评比中获得了优秀。

---

① 陈立胜."身体"与"诠释"：宋明儒学论集［M］.台北：台湾大学出版中心，2012：14-15.

② ［德］埃德蒙德·胡塞尔.被动综合分析：1918—1926年讲座稿和研究稿［M］.李云飞，译.北京：商务印书馆，2017：24.

二、身体的回归

身体的消失与笛卡尔的"身心二元论"有某种关联，这种关联也与工业社会的外在性文化观念有或多或少的关系，就像马克思的异化概念所描述的，工人以工资的形式将自己的生命时间卖给了资本家，而资本家也以生产线的方式将工人的劳动产品及其剩余价值占为己有。工资和金钱及其资本形式开始占据社会的主要媒介，在这样的背景下，个人的身体及其生命时间并不属于自己，而是属于他者。

然而，胡塞尔反思了欧洲科学的弊端，斯宾格勒甚至用《西方的没落》来解释欧洲资本范式在时代的退隐，它将欧洲的范式总结为文明式的，也就是追求外在之物的范式，这与文化不同，文化的作用方式是内在的，与个体的认知观念具有很强的关联性。另外，在后现代，个人开始成为社会的单位，一个认知的客观性不再仅仅限于外在之物的客观性，它来自认知者自己，当认知者自己认为完成了这个认知，那他就完成了这个认知，这是后现代实证之"实"的真实性。在这样的背景下，"身体"开始回归学者的视野。现象学者舍勒专门强调，"身体不属于人格领域和行为领域，而是属于任何一个'关于某物的意识'及其种类和方式的对象领域，而且它的现象的被给予性方式和被给予性奠基本质上有别于自我及其状态和体验的现象的被给予性方式和被给予性奠基"①。

在舍勒这里，身体是"'关于某物的意识'及其种类和方式的对象领域"，它既是一个与躯体相对应的概念，也是一个与精神相对应的概念，躯体的概念更多对应于感觉，其是一个感觉的综合体，而精神则是一个感知的综合体。"我们唯一所学的仅仅是在我们的身体被给予性的杂多性中的定向，是这种杂多性的变换对于那些同样根据内部方式而被给予的身体单位或身体

---

① ［德］马克斯·舍勒. 舍勒全集：第 2 卷　伦理学中的形式主义与质料的价值伦理学：为一种伦理学人格主义奠基的新尝试 ［M］. 倪梁康，译. 北京：商务印书馆，2019：580.

器官的各个环节单位所具有的'意义与含义'。"① 另外，胡塞尔的老师布伦塔诺将人的身体分为心理之物和物理之物，进而将心理学分为发生心理学和描述心理学的对立。"通过将心理事件还原到其他的，最终是生理的事件上，发生心理学对心理事件进行因果的说明。他的方法是归纳（induktion）。在《导引》中，涉及对逻辑学的心理学奠基时唯一受到讨论的就是这种心理学。与此相反，描述心理学的任务则在于对'内经验的被给予性'的澄清。他的方法是直观（intuition）。"②

埃尔玛·霍伦斯坦的总结非常具有启发性，它一方面说明了胡塞尔对"心理主义"的批判，即放弃为逻辑学的心理学奠基，"如果要对心理学的概念做更宽泛的理解，如此宽泛，以至于可以谈得上通过心理学对认识批判的论证，那么就必须再加上作为先天心理学的先天规律的整个领域，而这门先天心理学就不再是人的或动物的心理学，更不是经验心理学；它含有对人的意识有效的规律，因为这些规律（正是作为先天的）对任何意识有效"③。结合上文所说的"对'内经验的被给予性'的澄清"这个描述心理学的任务，它不再是"发生"心理学所要描述的经验心理学的东西，经验心理学的思维方式大多都与"归纳"有关。

所谓的归纳就是一种奠基于经验出现的思维方式，它往往以现实生活中所出现的"事件"之心理学意义为样本，通过抽象其内在的相关性而得出共性，也就是说，它预设了经验事件的客观存在性。而描述心理学不同，它并不设定任何的立场，而是将这些经验事件的意义都悬置起来，用直观的方法去观看，而这个观看方式就来自"身体"。进一步说，在"内经验的被给予性"中只有身体这个整体一起被给予，用舍勒的话说，"这个身体本身更多是在不依赖于，并且先于所有以某种方式被区分了的所谓'器官感觉'以及

---

① ［德］马克斯·舍勒. 舍勒全集：第 2 卷　伦理学中的形式主义与质料的价值伦理学：为一种伦理学人格主义奠基的新尝试［M］. 倪梁康，译. 北京：商务印书馆，2019：587.

② ［德］埃德蒙德·胡塞尔. 逻辑研究：一［M］. 倪梁康，译. 北京：商务印书馆，2017：IXi.

③ ［德］埃德蒙德·胡塞尔. 逻辑研究：一［M］. 倪梁康，译. 北京：商务印书馆，2017：IXi.

先于所有对它的特殊外感知的情况下，作为一个完全统一的现象的事实组成而被给予我们，并且是作为一个如此的和别样的'身体状况'（So-und Anders'befindens'）而被给予我们的。它，或者说，对它的直接的总体感知，既在为身体心灵这个被给予性奠基，也在为身体躯体这个被给予性奠基。而正是这个奠基性的基本现象才是严格词义上的'身体'"①。

另外，与身体有关的东西不再是心理之物和物理之物的对立，它是"意识"和"身体被给予性直观"之间的相关性。舍勒就是从这个意义上说身体是"关于某物的意识"，在这里，身体是意识所指向的对象，它并不是我们获取外在事物的工具性存在，它是我们进行意识思考的场所，"并不只是在我之中有感觉以这种或那种秩序如此这般地出现，以至于根据发生的规则必定会有一个自然为我构造起来，并且这个自然会一直被保持；毋宁说，有一个具有固定类型的身体已居间促成了此事"②。在这里，世界不是"在我之中"的"既定构成"，它是凭借身体的"居间"促成了世界的构成，这就像横看成岭侧成峰一样，当我们凭借自己的身体位置的变换而进行"横看"或者"侧看"的时候，世界就变成了"岭"和"峰"。

这代表着一种新的与世界的关联方式，在哥白尼革命之前，我们以不动的观察者去观看这个世界，在哥白尼革命之后，我们开始让被观察对象不动，而让观察者围绕被观察者移动，而在身体转向之后，身体本身又成为"居间"的媒介，就算我们的身体不动，我们的视线却可以移动，我们的手臂可以挥动，这种动态的身体移动方式给了我们外部世界的构造方式。也就是说，此时，我们并不能再局限于世界是什么这样的本体论问题，它需要询问的事情是"发现者如何构造自己的发现"这样的认识论问题。

就像"感时花溅泪，恨别鸟惊心"，就客观的世界而言，花的露珠和鸟的叫声是自然的世界，它隶属于自然科学研究的范畴，然而，当以文学这样一种人文科学的方式去表达的时候，它就变成了"花溅泪"和"鸟惊心"，

① ［德］马克斯·舍勒．舍勒全集：第2卷 伦理学中的形式主义与质料的价值伦理学：为一种伦理学人格主义奠基的新尝试［M］．倪梁康，译．北京：商务印书馆，2019：584.

② ［德］埃德蒙德·胡塞尔．被动综合分析：1918—1926年讲座稿和研究稿［M］．李云飞，译．北京：商务印书馆，2017：384.

因为"发现者",也即作者特定的心境而对外在事物的发现及其背后的情感基础构成了这两个自然物体的世界性。因此,与这种身体认知相关的认识论方式就不再是一种"认知能力与不断退隐的物自体"之间的先验关系,它变成了一种动感的构造关系,这种动感的构造关系以"身体位型"为特质,它不仅仅包含有身体的面向方式,还包含有"当下化"的心境。

"我们在此必须指明一个对于感知对象的客体化来说是本质性的、意向相关项的构造的方面,指明动感的动机引发(motivation)的方面。我们曾一再附带谈到,显现进程随着身体(leib)的策动性的运动而发生。但这不应是一个偶然的附带话题。身体作为感知器官始终一同起作用,同时,它自身又是由各个相互协调的感知器官所组成的一个完整系统。身体本身具有感知身体(wahrnehmungsleib)的特征。对此,我们把它纯粹看作一个主观运动的身体,而且是在感知行动中主观运动着的身体。就此而论,它不应该被看作被感知的空间事物,而应被看作所谓'运动感觉'(Bewegungsempfindungen)的系统。"①

因此,在胡塞尔这里身体的"运动感觉"具有三个属性,其一,它是系统性的,其二,它是"动感的",其三,它是主观性的。这三者共同构成了认知时刻的"心境"特征。另外,当我们回头反思这个心境的时候,我们使用的方法并不是将结果作为对象,而是将认知形成的整个身体和心境一起作为对象,因此,这个时候就不再是追求物自体的加法原则,而是一种还原方法,也即减法原则②。

---

① [德]埃德蒙德·胡塞尔. 被动综合分析:1918—1926 年讲座稿和研究稿 [M]. 李云飞,译. 北京:商务印书馆,2017:26.

② 针对自然科学及其思维范式的"加法"策略,胡塞尔提出"Phenomenological Reduction"的方法,Phenomenological 国内一般翻译成"现象学的",而 Reduction 一般翻译成"还原",其德语表述为"Reduktion",金山词霸的翻译为"减少;降低;(数学)约简;(摄影术)减薄",由于胡塞尔本人在哲学研究之前的研究对象是数学,所以他用"Reduktion"这一概念最有可能的意向指向是"(数学)约简",就是数学上的约分法。胡塞尔概念设定的目的是获得严格认识论反思的首要条件,"把一切不能在意识流之中自明地呈显彰示出来的事物括剥剔除掉",约分掉分母和分子中的公约数,就像化约到缠绕在认识主体心性和认识对象上的理论体系一样"。(孙凤强. 韦伯主义的行动诠释:民办高校农家子弟学习获得感研究 [M]. 天津:天津人民出版社,2022:204-205.)

三、身体的总体被给予

身体有两个重要的要素需要我们认真对待，其一，它是关于某物的意识，其二，它是一种整体性的被给予。"关于我们身体的意识实际上始终是作为关于一个总体、一个或多或少含糊地被划分的总体而被给予我们的；而这是不依赖于并先于所有特殊'器官感觉'之复合的被给予性的。"① 也就是说，身体的被给予方式不是布伦塔诺所区分的物理之物与心理之物，也不是笛卡尔的"躯体与心灵"之间的对立，更不是荷马所说的肉体与精神的对立，它是一种整体的被给予，其被给予的主体是自我的意识性。"我'拥有'我的身体，是这个身体的功能性主体，而且借助这个身体，我是与我的周围世界及其主体发生认识关系、构形关系和交往关系的功能性主体，同样，这些主体也作为身体性的和通过其身体性发挥功能性的主体被给予我。"②

一旦我们接受了这一点，我们就会悦纳身体的信息性，就不再会去追溯什么身体是精神的奠基之物。比如洛克就这样认为，他的那句名言"健康的精神寓以健康的身体"就是明证，如果健康的精神寓以健康的身体，那么就不会有"身残志坚"的事情，也就不会有霍金的伟大。事实上，身体在给予我们内经验的时候，是不分躯体和心理的整体给予方式，"'身体性'展示了一种特别的、质料的本质被给予性（对纯现象学直观而言），它在每一个实际的身体感知中都作为感知的形式（也可以在我们先前对范畴之物所做的更为详尽的特征描述之意义上说：作为范畴）起作用。这里包括：这个被给予性既不能被回溯到这样一个外感知上，也不能被回溯到这样一个内感知上，也不能被回溯到对两种感知内容一种归派（zuordnung）上；遑论甚而被回溯到归纳经验，亦即对一个特别的个别事物的感知的事实组成上"③。

---

① ［德］马克斯·舍勒.舍勒全集：第 2 卷　伦理学中的形式主义与质料的价值伦理学：为一种伦理学人格主义奠基的新尝试［M］.倪梁康，译.北京：商务印书馆，2019：586.

② ［德］埃德蒙德·胡塞尔.被动综合分析：1918—1926 年讲座稿和研究稿［M］.李云飞，译.北京：商务印书馆，2017：504-505.

③ ［德］马克斯·舍勒.舍勒全集：第 2 卷　伦理学中的形式主义与质料的价值伦理学：为一种伦理学人格主义奠基的新尝试［M］.倪梁康，译.北京：商务印书馆，2019：580-581.

在这里，身体在给予我们信息的时候是一种"整体"性的被给予，它是在感觉和感知交织在一起的体验概念，在这个体验概念下，"经验"概念是需要被悬置的东西，因为经验之物缠绕着"文化"和"文明"等外在的标志，这些标志不可避免地进入了柏拉图主义的他者视角，它在我们观看的时候会以不自觉的方式以集体无意识的方式进行。在这个进行中，我们习惯于将之作为事实，举个例子来说，当中国人看到红色的时候就会想到喜庆，而西方人看到红色的时候就会想到血腥，就像电影《大腕》里那位导演对中国皇宫的理解：中国的皇宫有两种颜色——红和黄，红色的墙和金色的瓦，红色代表鲜血，黄色代表金钱，血和钱，这是东方人的权力观点，谁能像这样显示权力呢？只有皇帝敢这样做。然而，这是西方人对东方人的理解，当那个西方导演的华人助理向那个导演泰勒说自己是中国人的时候，泰勒反驳了她："你不是中国人，你只有一张中国人的脸，你是在美国长大的，你想知道普通中国人对皇帝有什么看法，你就问尤优（电影中一个普通的中国人）。"得到的答案却是"皇帝的一生并不是悲剧，我的一生才是悲剧，因为他有很多女人，可以每天换一个，并且不用花钱，都是朝廷养着"，并且得出结论说"没有钱，没有女人，才是悲剧"。这是一个很好玩的对白，在这个过程中其讨论了两种文化观念下的观看差异，这种差异会以不自觉的方式发生。

而胡塞尔的身体观看则不同，它是在悬置这些东西之后的观看视角，如果以身体体验为核心去观看中国的皇帝，"金钱"和"鲜血"就都不是他们的凭借，相反，我们需要看看皇帝的生活起居，比如他几点起床，他工作多少时间，在这个工作中他体验到了什么。在这里，有一个小故事，笔者在读书的时候曾经被人问到，如果有机会去做皇帝，笔者会不会去，笔者的回答是否定的，因为那个工作太累了，还不如一个王爷来得快乐。笔者并不承认自己没有权力欲望，只是皇帝这个活不是谁都能够干的好的工作，至少笔者认为自己干不好。

而笔者的回答并不是一种谦虚，而是来自皇帝日常工作的一种体验式的理解，而这种理解是还原一切外在之物的体验言说，它与日常的言说不一样，日常的体验概念往往与外在的对象有关系，而现象学的体验概念却强调一种内在性，它不是用外在直观之物去否定自己内心的体验，而是强调直观自己的内心世界，去回答这是不是我想要的东西。即"所有在持续的感知序列的进程中被经验到的事物都被关联到一个本己的身体上，于是，在体验进程中出现的所有其他东西都作为有规则地与这个本己的身体交织在一起的东西在心理体验的标题下被构造起来，这些心理体验作为束缚于这个身体的东西在心理物理上是有规则的"①。

身体的整体被给予性与中国的哲学具有很近的关联性，这一点可以通过中医和西医之间的对比来阐释。例如，当我们的身体有某种不舒服的感觉，我们去找西医，他们往往使用的是一种经验观察法，也就是将我们的身体带至机器面前，采用更加物理性的观看来确认病变。中医往往并不推崇这种物理性的观看方式，他们的"心"也不是生理的心脏，而是一套整体的身体系统，这个系统又和整体的身体一起构成了更大的身体系统，此时，身体的细微变化都可以通过一种"整体"而得到观看。当然，这里并不是去讨论两种观看方式哪个更高明的问题，而是想凸显两种不同的观看方式的问题。而这在现象学的身体观看上具有了相互承接的敏锐地带，"'身体'（leib）完全不是一个在地球的有机组织上的经验抽象，相反，它本身是一个不依赖于这些组织之此在的本质性并且是这个此在的形式"②。

四、从身体到认知的阐释

当我们用现象学的还原方法对感知进行还原之后，身体作为唯一的切身的被给予性就开始给予我们了，它很像是王国维所说的第三个层次的问题，即"众里寻他千百度，蓦然回首，那人却在，灯火阑珊处"。这代表着从他者视角向自我的回归，在这里知性这种功能变成了一种中立性视角下的价值问题。也就是说，当我们在观看自己身体的时候，不再是从经验视角出发，从已经具有的外在之物出发进行认知，而是从内在的身体体验出发进行认知，并且这种认知是一种中立化的认知，它既不是一种"肯定"，也不是一

---

① ［德］埃德蒙德·胡塞尔. 被动综合分析：1918—1926 年讲座稿和研究稿 ［M］. 李云飞，译. 北京：商务印书馆，2017：252.

② ［德］马克斯·舍勒. 舍勒全集：第 2 卷　伦理学中的形式主义与质料的价值伦理学：为一种伦理学人格主义奠基的新尝试 ［M］. 倪梁康，译. 北京：商务印书馆，2019：465.

种"否定",而是一种好奇。海德格尔专门论述说"视见的基本建构在日常生活特有的一种向'看'存在的倾向上显现出来。我们用'好奇'这一术语来标志这种倾向。这个术语作为描述方式不局限于'看',它表示觉知着让世界来照面的一种特殊倾向"①。

也就是说,这很像是柏拉图所描述的洞穴隐喻中的"走出洞外者",也很像尼采所描述的查拉图斯特拉,他离开了洞穴,开始用一种独立的自我的方式"让世界来照面"。此时,我的身体开始变成"我"的身体,并且这种"我"不是一个语言学的"主词我"②,它是一个人格化的东西,在这里,"我的身体对我来说,而且只有对我来说,是原初地被给予的,我的心灵生命是作为其中的主宰者。我的心灵生命对我而言完全是直接的,就其最严格的字面意义而言,而且是直接被感知着而言,并非在身体之旁,而是作为将身体心灵化的心灵生命。唯有在此我们才原初而合乎感知地经验到身体与心灵的单体性(Einheit von Leib und Seele)这个身体与心灵发生的相互纠缠。所以对我来说这里乃是身体、心灵及心灵化的意义的最终泉源"③。

"原初的被给予"不同于他者的被给予,这种被给予方式是通过自己的身体的感觉并将自己身体感觉悦纳之后的感知,它不是心理学的概念,更多的是人的认知能力的知性概念,因此,它的"既有性"是身体的既有性。在此,客观性背后的设定出现了某种情况的转向,它开始将自己的身体作为对象,并且这个身体是经过了还原之后的身体给予性,"本质性的东西首先不在于相应性,而在于现象学的还原和执态。现象学的感知关系到这个还原的纯粹现象,在现象学感知中被感知到的东西在客观空间中没有位置,在客观时间中也没有位置。没有任何超越的东西被一同设定:这个纯粹现象是一个

---

① [德]马丁·海德格尔.存在与时间[M].陈嘉映,王庆节,译.北京:生活·读书·新知三联书店,2014:198.
② "谢勒曾确定出'人格'的概念,这个概念是他的所有哲学思考的基础。他明确地区分开'主词我'(the I)和人格……行动从不能被对象化,它从不给予我们外在的或内在的经验,而只能经由演出它而经验到。并且不同型式和范畴的行动相关项,即人格。"([美]阿弗德·休慈.马克斯·谢勒三论[M].江日新,译.台北:东大图书股份有限公司,1997:72-73.)
③ [德]埃德蒙德·胡塞尔.现象学的心理学:1925年夏季学期讲稿[M].游淙祺,译.北京:商务印书馆,2017:122.

纯粹决然的此物，一个绝对的被给予性和无疑性"①。

此时思考的问题既不是认识论转向之前的世界是什么，也不是康德的"我应该做什么"这样的先验问题，它变成了"还原和执态"之间的反思问题。举例子来说，当一件事情发生之后，如果结果和我们预想的一样，在未反思执态的时候，它代表着一种经验的视角，就是事件发生的整个模态已经在我们内心以经验的方式发生着作用，与此相反，当结果和预想的事情不一样的时候，我们自然会反思执态——我当时怎么想的？这样的话语代表着催生执态出现的观念，然而，我们若没有进行身体的转向，那么，我们就没有办法去切身地抓住这个身体的被给予性，此时，感知也就很难出现。对于胡塞尔来说，感知就是"感觉的体验"，而身体的感觉在尚未经过"意向"反思的时候，它不是一个认知的对象。

其原因就在于，"作为感知的对象，它们必然具有这样或那样'映射'的显现方式。每一个映射莫不具有其身体感知的关系，与感知器官、'感觉器官'或身体有所关联，身体乃诸感知器官的本有综合，于此综合之中进行感知之自我的个别的器官乃被自我联系起来，或可被联系成一个被整合的器官去，并因此所有器官都整合起来，不过该自我不必然是一个主动的自我"②。这里有一个关键词，"映射"，胡塞尔强调"首先在正确的方式下学习去看……我们在此要确认并永远摆在眼前，那个客观的外形、客观的扩延自身是在映射的外形、一个相应的依据映射的共同扩延当中视角地展示着；但也如此，这些映射外形本身并非空间中的形状"③。

这说明，"映射"概念并不是与"空间形状"相关，它是与"视角地展示"相关，因此，它就变成了体验，也就与感知的对象不再相同。因此，观察者自己身体的一行一动、身体的面向及其身体的状态开始具有了认识媒介的作用，"内容对我来说可以根据以下情况的不同而以不同的方式此在，即我究竟是仅仅隐含这个内容，而并不在整体中对它加以特别的突出，或是对

① 倪梁康．胡塞尔现象学概念通释［M］．北京：商务印书馆，2016：548-549.
② ［德］埃德蒙德·胡塞尔．现象学的心理学：1925年夏季学期讲稿［M］．游淙祺，译．北京：商务印书馆，2017：411.
③ ［德］埃德蒙德·胡塞尔．现象学的心理学：1925年夏季学期讲稿［M］．游淙祺，译．北京：商务印书馆，2017：176.

它加以突出；再有，我究竟是仅仅附带地注意到它，还是优先地注意它，特别地关注它。对我们来说更为重要的则是在以下两种内容的此在之间的区别，前者是指被意识到的，但本身未成为感知客体的感觉，后者则是指感知客体"①。

在这里，我们就能从身体出发，区分现实之物的给予或者说出现，也能够将这种出现的设定悬置起来，去抓住意向体验的被给予——映射。它不再是去追求一种将身体悬置起来的客观主义态度，也不再是一种受情绪化影响的主观主义态度，它变成了一种触发事物的讨论。在身体感知下，有两种触发之物，一种是外在对象的触发之物，也即康德意义上的"出现"，还有一种是"映射"即个体随着自己身体及其状态的不同而出现的意识体验。此时，"不是素朴地实行属于我们的、构成自然的意识的、具有其超验设定的行为，并让我们被诸设定之内在潜在的动机所引导去实行更新的超验设定——相反，我们使所有这些设定'失去作用'，我们并不介入它们；我们使把握的和理论上探索的目光指向在其自身绝对独特存在中的纯意识"②。

五、基于身体感觉的感知

在胡塞尔看来，我们的感知或者说瞬间感知仅仅是一个"指明"系统，"被感知物存在于其显现方式之中，在每一个感知瞬间，它本质上是一个指明（verweisen）系统，具有一个诸显现立足于其上的显现核。在这些指明中，被感知物似乎在向我们召唤：这里还有进一步可看的，将我转一圈，同时用目光遍历我，走进我，打开我，解剖我"③，也就是说，这个感知就感觉的被给予而言永远都处于未完成阶段，它是一个让我们凭借并进一步向前的标志。举例来说，就像牛顿力学和量子力学的关系一样，它并不是一个相对于空间事物的绝对显现，而是一个指明系统，指示我们可以凭借这些东西少

---

① ［德］埃德蒙德·胡塞尔．逻辑研究：二（1）［M］．倪梁康，译．北京：商务印书馆，2017：810.

② ［德］埃德蒙德·胡塞尔．纯粹现象学通论：纯粹现象学和现象学哲学的观念（I）［M］．李幼蒸，译．北京：中国人民大学出版社，2004：76.

③ ［德］埃德蒙德·胡塞尔．被动综合分析：1918—1926年讲座稿和研究稿［M］．李云飞，译．北京：商务印书馆，2017：17.

走别人走过的路，进而达到自己的本己感知。

另外，我们需要知道，外在的空间之物和文化之物永远都没有办法被穷尽，"任何空间对象都必定在其中显现的视角（aspekt）、透视性的（perspektivische）映射（abschattung）始终只是使它达到单面的显现。无论我们可能如何充分地感知某物，那些应归于它并且构成它的感性事物性的特征绝不会全部落入此感知之中"①。它不会全部落入"感知中"。也就是说，类似于鸡生蛋还是蛋生鸡的因果必然性问题就仅仅是一个形而上的概念争论，或者说几乎是一个没有任何意义的问题。

经过了上面的讨论，我们就能够将自己的感知聚焦于自己的身体了，也就是聚焦于自己的身体感性了。这就像当我的腿因为意外骨折的时候，我想到的问题不仅仅是一个生理的躯体问题，例如疼痛，事实上疼痛的发生仅仅是在骨折和后面的恢复中，至少我现在感觉不到任何的疼痛，另外，就算我通过回忆使那个时候的感觉当下化，我也是感觉不到疼痛的。但是，那一刻的躯体感觉和心理感觉一起构成的身体感觉却让我永远都不会忘记，我有后悔为什么不小心点儿，也有抗拒这件事的发生，比如，想象这件事情如果没有发生会怎么样，等等。

但是，在现象学的视域下，这些东西就变成了"躯体"和"心理"的概念，它被现象学叫作"执态"，也就是当我面对这件事的时候所持有的"心境"和身体状态，它是一个整体的本己被给予。相对于牛顿力学或者说康德哲学的客观事物的"出现"，这里更加看重一种"状态"，一种动态的自我感觉系统，它不再将外在事物与物自体关联，而是将认知与自我的身体关联，在这关联中，反思自己的身体位置，反思自己对客观世界的执态，同时，将"映射"这一意识体验的媒介作为自我的近端而予以把握。

另外，这种被给予方式不是一种绕过身体这一第一性的被给予而去追求客观性的给予方式，它是一种悬置近代自然科学和文化科学在对存在所做的设定的基础上去思考自我的身体感知。这很类似于现实主义画家库尔贝在拒绝以"宗教画"为主题创造时所说的话，"我不画没见过的东西"。然而，这

---

① ［德］埃德蒙德·胡塞尔. 被动综合分析：1918—1926 年讲座稿和研究稿［M］. 李云飞，译. 北京：商务印书馆，2017：15.

样说并不是要强调现象学的身体感知是一种纯粹主观主义的学说，而是强调我们需要抓住自己的切身感知，并将自己的"执态"和"设定"作为自己的反思的凭借，从而将这些东西进行悬置。

这些东西中往往充斥着他者的视角，而身体感知的回归将带领我们成为我们自己，"每个人都是一个一次性的奇迹，应该听从良知的呼唤'成为你自己'！懒惰和怯懦是使人不能成为自己的主要原因。我们必须自己负起对自己人生的责任。你所珍爱的一系列对象向你显示了你的真正自我的基本法则，它们组成了向你的真正本质攀登的阶梯"①。尼采在这里将"懒惰和怯懦"作为不能成为自己的原因，事实上并非如此，不能让一个人成为自己的关键问题是个人对自己的"身体感知"做绕过原初被给予的他者解读，也就是用别人的人生处境来解释自己的人生问题，就像怀特海所说的，"若欲冒险尝试创造性思想，却又并无这样一个明确的理论，那就只好让自己听任祖先学说的摆布了"②。

而身体感知却可以为之提供一套指示，胡塞尔明确地宣称，"心理存在'是'什么，对此我们无法从同一个对物理有效之意义上的经验那里得知；心理甚至不被检验为显现者；它是'体验'，并且是在反思中被直观到的体验，它通过自身而显现为自身，在一条绝对的河流中，作为现在和已经'渐减着的'（abklingend），以可直观的方式不断向一个曾在（gewesenheit）回落"③。

在这里，"在范式中被直观到的体验"构成了我们整个的身体构成，它就像回声的源始点，不管回声有多么复杂，有多少句回声再次回到我们的耳朵，回声的源始声音仅仅有一个，它构成了我们生命不断被反思的基础。需要再次强调的是，它不是物理有效意义上的经验，这就像我们很多父母描述经验的那句老话，"我吃的盐比你吃的面多，走的桥比你走的路多"。然而，

---

① ［德］弗里德里希·威廉·尼采. 作为教育家的叔本华［M］. 周国平，译. 南京：译林出版社，2012：1.

② ［英］阿尔弗雷德·诺思·怀特海. 观念的冒险［M］. 周邦宪，译. 南京：译林出版社，2014：244.

③ ［德］埃德蒙德·胡塞尔. 哲学作为严格的科学［M］. 倪梁康，译. 北京：商务印书馆，1999：32.

在现象学这里，它不再是这个量变的东西，它是一个性质的本质统一性，吃盐有吃盐的体验，吃面有吃面的体验，走桥有走桥的体验，走路有走路的体验。我们需要回到自己的那个体验中，以"直观"的方式回归那个体验。

有时候，我们需要重新接受，或者说现实地接受一件事情，这种接受的能力远远大于去认识的能力，因为认识的背景来自意向的启动。也就是说，一旦我们发生"去认识"的意向的时候，我们就会奋不顾身地去围观，去看，去围着这件事不断地思考，这个时候，就算我们没有办法全部认识这个事情，整个认识的过程中我们也会获得一些新的有意义的认识。相反，接受一件事，尤其是以个体自己的意向去接受一件事本身就是很困难的事情，这好比我们从来都没有看到过的东西一下子出现在我们面前，我们不是想着去好奇地观看，而是会害怕地离开。

六、接受自己的身体感知

尼采说，"有时候，接受一个事实要比认识它更加困难"①，事实上，就现象学的方法而言，接受和认识都是意向体验。另外，接受所要追求的不是一种"盲目服从"，后者不是"接受"而是一种空泛的意指，它是一种表面的附和而非意向的朝向。以我们日常听到的"谢谢合作"这句话为例，不管是要求者还是服从者，他们对于"合作"的意向都是空泛的意指，因为"合作"是双向的，真实接受语义下的合作是双方自愿的意向合意，它不需要外在物理性的和文化性的表达方式，比如握手，比如签订协约，再比如说"谢谢"，至多，它需要的是一句"合作愉快"。

与空泛的意指不同，现象学的接受是一种自我关注中的意向付出，即"只要自我在关注之中把刺激作用预先给予它的东西接纳下来，我们在此就可以来讨论自我的接受性了"②。"刺激作用预先给予它的东西"被接纳意味着一种"接受"，以我们的"观看"为例，当强光照射的时候，我们并不能观看，只有当我们将这种强光接受下来的时候，我们才会打开自己的眼睛去

---

① [德]弗里德里希·威廉·尼采. 作为教育家的叔本华 [M]. 周国平，译. 南京：译林出版社，2012：48.

② [德]埃德蒙德·胡塞尔. 经验与判断：逻辑谱系学研究 [M]. 邓晓芒，等译. 北京：生活·读书·新知三联书店，1999：99.

观看，从强光刺激到自我意向目光朝向之前的时间就是"空泛意向"，在此，自我并没有进行"自我关注"，也就不能去谈论"预先被给予"。

接受一件事的困难在于如何处理"预先被给予"，就是"一切由近代自然科学在存在者的规定上所成就的东西"①。就自然科学的设定而言，现象学所关心的问题并不是自然科学所成就的东西，它所关心的是自然科学成果背后科学家的生活，也即科学家所接受的自发性（spontaneität）概念，"一个对象通过自发性被原初地构成，最低度的自发性就是把握的自发性。但是把握可能是一种再活跃化，即一种变样化把握之再活跃化，此把握把一种已经被意识到的对象因素引入进行把握的自我之目光内"②。

通过这些分析，我们可以发现，自发性往往与一个具体的、活生生的人有关系，就像《燃情岁月》里说的，"有些人能清楚地听见来自心灵的声音，他们依着那声音作息，这种人最终不是疯了，就是成了传说"。而接受性往往与一种"预先被给予性"的自然设定有关。如同尼采所说，"是那些真诚的人，那些不复是动物的人，即哲学家、艺术家和圣人；当他们出现时，通过他们的出现，从不跳跃的自然完成了它唯一的一次跳跃，并且是一次快乐的跳跃，因为它第一回感到自己到达了目的地，亦即这样一个地方，它在这里发现，它无须再想着目标，它已经把生命和生成的游戏玩得尽善尽美"③。

在接受性的物化趋向和自发性的自我趋向之间，隔着一个自然态度："近代自然科学在存在者的规定上所成就的东西"这个预先被给予性。而现象学的接受态度就是在将这个总设定予以接受的前提下进行还原，这个总设定可以被进一步表述为"道德规范""自然科学的总范式""文化科学的总范式"，它们"透过凸显意义，也就是这个生活世界本身在构成科学成就之

① ［德］埃德蒙德·胡塞尔. 经验与判断：逻辑谱系学研究［M］. 邓晓芒，等译. 北京：生活·读书·新知三联书店，1999：59.
② ［德］埃德蒙德·胡塞尔. 现象学的构成研究：纯粹现象学和现象哲学的观念（2）［M］. 李幼蒸，译. 北京：中国人民大学出版社，2013：20.
③ ［德］弗里德里希·威廉·尼采. 作为教育家的叔本华［M］. 周国平，译. 南京：译林出版社，2012：44.

基本的理想化与形式化的固定过程中所经历的转换"①。并且这个世界是一种以"你"为统整的他者世界,"这个被描绘成我们唯一的及统整的生活世界,隶属于涵盖着单纯的汝关系(Hhou-relation)到最分歧的社会社群(包括所有科学,它们是从事科学工作之全部人类的成就总和)所有社会生活现象"②。

在还原之后的世界里,能够发生作用的东西并不是"主动性与被动性"之间的对应关系,主动性和被动性的关系更有利于去描述一种"承受性",其将受众置于一个承受者的位置。这种接受方式甚至与一个石头对待外力的方式没有区别,也与动物接受外在刺激的方式很类似。但是人不同,他会改变环境,会觉醒,会倾听自己内心的声音。本能是动物处理一切内外作用的重要因素,而人不同,除了本能以外,它需要文化性的总设定,这些总设定在个体来到这个世界之前就以"客观事实"的方式给予了个体。

与动物的被动承受不同,人类的接受性带有超越性,就像尼采所描述的"快乐的一跳","谁也不能为你建造一座你必须踏着它过渡生命之河的桥,除你自己之外没有人能这么做。尽管有无数肯载你渡河的马、桥和半神,但你必须以你自己为代价,你将抵押或丧失你自己。世上有一条唯一的路,除你之外无人能走,它通往何方?不要问,走便是了"③。另外,自发性与接受性仅仅是内时间意识的差别,二者在构造对象的功能上起着相辅相成的作用,"接受性这一现象学上的必要概念绝不是与自我的主动性处于截然的对立之中的,在后一个概念之下包括了一切专门从自我一极(Ichpol)出发的行为;反之,接受性必须被看作主动性的最低阶段,自我能够容忍外来的东西并接受它"④。

在经历了这一系列的还原之后,我们就可以讨论身体的接受性了。它不

---

① [奥]阿尔弗雷德·舒茨.舒茨论文集(I):社会现实的问题[M].卢岚兰,译.台北:桂冠图书股份有限公司,1992:142.

② [奥]阿尔弗雷德·舒茨.舒茨论文集(I):社会现实的问题[M].卢岚兰,译.台北:桂冠图书股份有限公司,1992:143-144.

③ [德]弗里德里希·威廉·尼采.作为教育家的叔本华[M].周国平,译.南京:译林出版社,2012:4.

④ [德]埃德蒙德·胡塞尔.经验与判断:逻辑谱系学研究[M].邓晓芒,等译.北京:生活·读书·新知三联书店,1999:99.

仅仅接受了身体的躯体，而且还接受了身体的精神性，即"必须如此地接受现象，就像它们自身给予的那样，即作为它们之所是的这个流动着的意识到、意指、显现，作为这个前景意识到和背景意识到，作为意识到的当下呈现之物（gegenwärtiges）或前当下呈现之物（vorgegenwärtiges），作为被想象之物或被符号化之物或被映像之物，作为直观性的东西或空乏表象性的东西，如此等等"①。

这样，我们就开始将身体作为一个整体被给予接纳下来，并且这个身体不是躯体的感觉系统，也不是心理的经验系统，而是与精神系统相对的身体系统。这就像"事非经过不知难"一样，当我们听到一句歌词，看到一个场景，只要我们内心有故事，我们就会浑身发毛，就像书里说的，永远年轻，永远热泪盈眶。另外，这种被给予方式是一种直接的、去中介的给予方式，这种被给予方式既不能从外部的经验视角下找到摹本，也不能从内在心理学里找到心理样本，它是一种身体的属性。

需要进一步强调的是，体验或者说内体验的直接给予性才是身体的获得性，它是感觉和心理的第一次综合。虽然我们用"综合"这个词有点儿综合判断的意思，但是我们强调，这个综合不是综合判断，就像怀特海所主张的"人的经验是一个包括了整个自然的自我发源行动。这一行动局限于对某一焦域（focalregion）的透视，它位于身体内部，不一定与大脑的某一确定部位持续地保持着固定的协调关系"②。就像"灵感""突然的想象""总体的体验式回忆"。

对于"总体的体验式回忆"就像我们"睹物思人"，一旦我们对一个人特别思念的话，时间并不能够抹平这种思念，它所抹平的是思念的细节性的东西。就像感觉细节，我们甚至忘记了某个具体事情发生的缘起，也忘记了当时令自己怦然心动的经历，但是，一旦一个熟悉的音乐响起，一个类似的场景出现，我们脑中所浮现的并不是那个人的那张脸，而是那个人的名字和思念本身。

---

① ［德］埃德蒙德·胡塞尔. 哲学作为严格的科学 ［M］. 倪梁康，译. 北京：商务印书馆，1999：33.

② ［英］阿尔弗雷德·诺思·怀特海. 观念的冒险 ［M］. 周邦宪，译. 南京：译林出版社，2014：247.

　　这种思念本身是通过身体的直接被给予而给予我们的东西，它是我们所无法回避也不能回避的东西，它就像珍珠蚌的伤痕。在自己日积月累的岁月沉淀中，消失的东西仅仅是经验的外在之物，而作为我们生命体验部分的思念却像陈年老酒的香气一样，只不过这里留下的东西是思念本身。

　　在这里，我们需要进一步强调的是，从外在的客观之物的理解转向个体的接受方式及其接受模式上，这是人类与其他物种不同的地方，因为人与其他物种最大的不同就是"身体和精神"对立，其他动物的外在表现与它们的内在心理往往处于一致状态，而人不同，它具有自我意识。所以，人除了能够用外在直观方式描述"精神事物"——躯体和经验心理的描述之外，更为内在的东西是其"精神和身体"的对应。因此，就接受方式而言，从内在给予的接受方式更加适合人类接受者，也就是从给予者到接受者的接受方式上的描述。

第二节　自我道德发展的适切性

　　在面对社会属性的时候，德行生活是我们所无法回避也不能回避的问题，这其中蕴含着中西文化的巨大差异，"中国哲人认为真理即是至善，求真乃即求善。真善非二，至真的道理即是至善的准则。即真即善，即善即真……西洋哲学本旨是爱智，以求真为目的；如谓中国哲学也是爱智，虽不为谬误，却不算十分切当，因中国哲学家未尝专以求知为务。中国哲学研究之目的，可以说是'闻道'"①。也就是说，在"求真"和"求善"之间，西方哲学注重"善"寓以"真"，而中国哲学认为"真"寓以"善"，前者将"爱智"作为求真的终极追求，后者将"伦理皈依"作为终极追求。

　　然而，就个人的日常生活而言，过于注重外在的"伦理规约"则会让个体自我的发展起点处于被排斥的地位，也就是"怀疑自我"。另一方面，面对高入云端的道德规范，个人往往如坠云雾，不知道自己应该从什么地方开始，也不知道自己要到哪里去，就像鲁迅《狂人日记》中所描述的，很可能

---

① 　张岱年．中国哲学大纲［M］．北京：中国社会科学出版社，1982：7．

变成吃人的礼教。另外，个体其实迫切地想要融入社会规范，试想我们每到一个新的环境，往往会将自己最美好的一面展示给别人，这与功利没有关系，而是个体内心的那种先验的善意，"先验的善意帮助个人在这个世界立足，也帮助他们重新认识这个世界，体味人世中平凡事件的意义。正是这种先验善意帮助我们在自我和不断后退的物自体之间建构了家、家乡和祖国。这种原初的家国认同本身不是一种深思熟虑的产物，而是对意义的直观"①。

也就是说，个体内在的"先验善意"具有一种稳定的道德起源，它是一种意义的直观，就像我们看到孩子就想微笑着逗逗他一样，这就是我们需要的稳定德行基点。这个基点不是一种外烁的规范学习，它是一种主体侧面的道德认知，这种认知以个体自我的发展阶段、文化氛围为基础，以有限的发展区间为目标，"因为要使某种东西在道德上成为善的，它仅仅符合道德法则还不够，它还必须为了道德法则而发生。否则，那种符合就只是很偶然的和糟糕的，因为非道德的根据虽然有时会产生符合法则的行动，但多数情况下却将产生违背法则的行动"②。这是康德先验思想的一个延伸，也就是道德性的衡量标准不再是行为的合规范性，而是道德规范对"意志"发生的直接性，此时，"闻道"就不再是一个虚无缥缈的东西，它变成了一种"认知"的发生。"道"也不再是一个无限延展的"至善"性标准，而是个人有限认知的发生标准。这个"发生"的标准需要一种客观性，同时需要一种主观性，科尔伯格的道德发展适切性标准可以为道德的发展提供适切性的目标，而胡塞尔的意识科学可以为道德的发展提供主观意识的准备状态。

一、柯尔伯格德行"适切"性概念

在反思道德发展行为主义取向的基础上，柯尔伯格"用哲学的适切性来解释观念体的发生根源"③，他不是去追问道德概念和道德推理的认识论基

---

① 康永久. 先验的社会性与家国认同：初级社会化的现象学考察 [J]. 教育学报，2014（3）：9-26.
② [德] 伊曼努尔·康德. 道德形而上学的奠基 [M]. 注释本. 李秋零，译注. 北京：中国人民大学出版社，2013：4.
③ [美] L. Kohlberg. 道德发展的哲学 [M]. 单文经，译. 台北：黎明文化事业股份有限公司，1986：156.

础，即有关"道德概念"和"道德推理"的心理学研究之认识论和道德哲学的"假设是什么"①。在这样的理论视角下，他认为道德发展进步缓慢的原因在于"一套不甚适切的认识论"，其重要的表征就是"不允许心理学把认知的过程视为包含知识的历程"②。为了呈现这个历程，他引入了杜威"发展"的概念，认为教育的目的在于保证学生较高发展的"确切达成"，而不只是"目前层界的儿童健康功能的完成而已"③。为了提供一套形式意义上的适切性标准，他将其道德发展的序阶理论界定为三水平：成规前期、成规期和成规后自律或原则期；六阶段：惩罚与服从导向、工具性相对论导向、人际和谐导向、社会维持导向、社会契约导向和普效性伦理原则取向④。他用这种发展的阶段性特征来描述个人道德的发展，并将教育的目的指向较高序阶的发展完成这一发展性的标靶。

柯尔伯格适切性概念可以为道德发展的过程性、发展性提供阶段性的描述。所谓道德发展适切性就是出于个人道德发展的目的需要，总结道德发展过程的阶段性特征，并将这些阶段性特征作为道德发展课堂教师和学生可资凭借的节点，从而提高道德发展教学效果的道德发展策略。也就是"经过一套顺序的进展，表示由适切性较小的心理状态，进步到适切性较大的心理状态"⑤。

这种道德发展策略的积极之处是它能够将道德发展的总体目标具体化为阶段性的分支目标，并在学生个体道德发展水平的基础上提高教育的适当恰切水平。然而，柯尔伯格在强调哲学和认知论基础的同时，并没有将个体对道德规范的"意义认同"纳入理论体系，这让个体的意义认知图式被置于道德教育的边缘。这与他道德发展价值的定位有关，其个体认知能力的发展是

① ［美］L. Kohlberg. 道德发展的哲学［M］. 单文经，译. 台北：黎明文化事业股份有限公司，1986：121.

② ［美］L. Kohlberg. 道德发展的哲学［M］. 单文经，译. 台北：黎明文化事业股份有限公司，1986：121.

③ ［美］L. Kohlberg. 道德发展的哲学［M］. 单文经，译. 台北：黎明文化事业股份有限公司，1986：66.

④ ［美］L. Kohlberg. 道德发展的哲学［M］. 单文经，译. 台北：黎明文化事业股份有限公司，1986：23.

⑤ ［美］L. Kohlberg. 道德发展的哲学［M］. 单文经，译. 台北：黎明文化事业股份有限公司，1986：99.

从属于他"应然"价值导向的,他没有对"应然"价值导向下行到个体进而形成个体的意义附加进行过多的探索,这导致了他理论的社会本位趋向,也即用道德发展的"客观性"回避了个体生活需要中的意义认同。

柯尔伯格对个体生活需要意义问题的回避让他的理论面临困境,其表现为,在实现序阶跨越的社会需要与个体行动发生背后的意义建构模式之间,他无法给出适应于个体认同的意义附加模式。然而在现实中,为了实现相邻序阶的跨越,个体的意义行为需要两个步骤:其一,他要放弃原有道德序阶,或者认知到原有道德序阶在适切性上的不足;其二,产生向更高道德序阶发展的自主需要。这两个步骤需要借助意义认知图式的平台进行转换。如果道德发展的道德序阶无法在个体意义附加及其转换维度提供理论描述,那么,道德发展的适切性目的也会面临无的放矢的风险,而胡塞尔的超越现象学"至少已使意义建立与意义诠释等难题,有了解决的可能"①。

在反思行为指向的心理主义基础上,胡塞尔将自己的研究指向从外在行为上折回,他不是从社会视角的外在行为上研究个体的意义附加,而是从个体内在——意识的向度,即从意向性来研究个体。胡塞尔借鉴了他老师布伦塔诺的"意向性"概念来研究个体的意义附加,为了能够深究并达到意识发生的最初根源,他引入了还原的概念,也即"没有任何先天的形而上学立场的哲学分析方法"②。由于还原的方法将已有的认知立场放入了括号中并悬置起来,这也就具有了离开原有认知的可能性。

二、还原方法的适切性促使原有道德序阶失效

按照柯尔伯格的道德序阶理论,任何一个个体都处于一个特定的发展阶段。另外,个体的道德发展也是客观的,总带有向较高道德序阶发展的趋向,道德教育的目的就是为道德的发展提供适切性帮助。这种帮助首先要做的就是让个体体会到原有道德序阶在适切性上的不足,也就是探索能够让个体对原有道德序阶"存而不论"的方式,这种"存而不论"不是对原有道德

---

① [奥] 阿尔弗雷德·舒茨. 社会世界的现象学 [M]. 卢岚兰,译. 台北:桂冠图书股份有限公司,1991:10.

② [英] E. 毕普塞维克. 胡塞尔与现象学 [M]. 廖仁义,译. 台北:桂冠图书股份有限公司,1986:2.

序阶的否定指向，而是对更具适切性、较高道德序阶的前瞻，其目的是让个体在意识自我觉知的基础上放弃固执成见，催生面向较高道德序阶的开放心态。胡塞尔现象学为此提供了借鉴。

胡塞尔"还原"方法的核心意蕴就是给"没有内在的给予我的东西以无效的标志"①，这意味着属于"自然态度本质的总设定失去作用"②。这样，他的理论指向也就具有了让原有道德序阶悬置并失去效力的积极意义。另外，其理论偏重意义的起源是个体内在的生发，他强调认识的开端阶段"不能把任何认识当作认识，否则我们就不具有可能性，或者说同一的、有意义的目的"，而需要"在体验的过程中和对体验的朴素反思中"获得事物"最初的绝对被给予性"③。他强调其认识论的目的是"使认识成为明见的被给予性"，并且"直观到认识的成效"，而不是"从已被给予的，或被当作由被给予的事物中合理地推导出"④。这样，还原的理论就具有了独特的意义平台和描述方法，通过还原的方法，个体就通过意义的模式被置于原有道德序阶的切身体验面前，这种体验也当然包括个体对原有道德序阶适切性不足的体验。

"存而不论"的方法对道德发展的适切性具有重要启示，对科尔伯格道德序阶的发展而言，它可以让当下序阶所倡导的规范要求被"存而不论"、被悬置。这种存而不论不是走向反叛，不是为了否定过往，而是在"另一个方向上"⑤，也即就"直接的、可明证论断的本质特征及其与纯粹意识被共同给予而言"⑥ 的适切性方向上，并且他强调还原不会自然发生，而是需要

① ［德］埃德蒙德·胡塞尔. 现象学的观念 ［M］. 倪梁康，译. 北京：商务印书馆，2017：13.
② ［德］埃德蒙德·胡塞尔. 纯粹现象学通论：纯粹现象学和现象学哲学的观念（I）［M］. 李幼蒸，译. 北京：中国人民大学出版社，2004：43.
③ ［德］埃德蒙德·胡塞尔. 现象学的观念 ［M］. 倪梁康，译. 北京：商务印书馆，2017：13.
④ ［德］埃德蒙德·胡塞尔. 现象学的观念 ［M］. 倪梁康，译. 北京：商务印书馆，2017：16.
⑤ ［德］埃德蒙德·胡塞尔. 纯粹现象学通论：纯粹现象学和现象学哲学的观念（I）［M］. 李幼蒸，译. 北京：中国人民大学出版社，2004：44.
⑥ ［德］埃德蒙德·胡塞尔. 纯粹现象学通论：纯粹现象学和现象学哲学的观念（I）［M］. 李幼蒸，译. 北京：中国人民大学出版社，2004：90.

方法的努力才能完成①。也就是说，原有的道德序阶并不会自然地失去作用，它需要道德发展重新去考虑其有效性的基础，通过置于括弧的方法将有效性置于形式要件的位置，其内容要件的具备还需要个体认知能力的加入。这样，被解放的个体认知能力就具有了发现原有道德序阶适切性不足的可能性，它也为更适切的道德序阶发展提供了稳定的个体意识状态。

在个体的认知层面，存而不论策略促使原有道德序阶失效的具体办法是"中止判断"，在普遍的中止判断中，"被剥夺了其有效性的世界存在暴露自身"②，这样，它就为个体达致事物的"真实显现"提供了适切性的基础。

胡塞尔分析了适切性不足在认知偏好上的生成原因，认为其来自人类认知的一种"傲慢"，认为"知性无所不能"，这种偏好导致人的"外在化、现实化和物化"③，具体而言就是，我们有一种把认知放错地方的自然态度，它在人类认知能力之外预设认知对象，没有区分人类理论设定下的世界和真实的世界之间的区别，这就将认知的应然和实然混同了。在这种认知偏好下，人类的认知就将真实世界之外、被理论层层包裹的设定当作了真实，也就增加了不够适切本身的发生。具体到道德发展来说，外在的规范设定让我们变得盲从于他者的旁观视角，也让我们降低了对自己体验的认同，进而，我们就被裹挟进未加反思的"认定为真实"，进而对"认定为真实"进行循环设定的再生产中。

通过中止判断的方法，原有道德序阶就被置于道德发展的适切性和个体体验的切身性这一最终考量面前，此时，实存和有效性不能被"预设为实存和有效性本身，至多只能被预设为有效性现象"④，日常生活中"凭想当然就认定"的自然态度就面临失效的境地。因为从适切性的角度上说，认知发生于事物的单面显示面与主体面向之面之间，而不是心理模糊主义将认知笼

---

① ［德］埃德蒙德·胡塞尔. 纯粹现象学通论：纯粹现象学和现象学哲学的观念（I）［M］. 李幼蒸，译. 北京：中国人民大学出版社，2004：95.

② ［德］埃德蒙德·胡塞尔. 现象学的方法［M］//克劳斯·黑尔德. 导言. 倪梁康，译. 上海：上海译文出版社，2016：31.

③ 吴汝钧. 胡塞尔现象学解析［M］. 台北：商务印书馆，2001：41.

④ ［德］埃德蒙德·胡塞尔. 现象学的观念［M］. 倪梁康，译. 北京：商务印书馆，2017：16.

统地界定为主体和客体之间。这样，还原的概念就将个体认知从整体设定的"模棱两可"中解放出来，它也为个体认知的意义附加打开了向更加适切的态度前进的可能性。

通过现象学的还原方法，个体开始被迫褪去附加在原有道德序阶价值之上的他者视角，他不再是理论的形式附和者，而是将自己的自主意识作为内容加入进来。此时，个体自己的视角开始复活，通过自己的观察，他就能"从'只专注于形式普遍之认识活动'扩充为'有认识内容的活动'"①，而这个认知的内容就是个体自己的独特视角和自主的认知能力，一旦个体作为一个独特的内容加入进来，原有道德序阶就不再仅仅是一种应然的状态，而成为一种被认知的对象状态，也就成为意向的指向，在此，意向与意向的相关项统一在个体的体验中了。

胡塞尔强调，在体验中，意向连同意向客体一起被给予我们，"没有什么不适应这个关联的统一性的东西能落入我的眼帘"②，此时，个体自主的意向也就开始在反思原有道德序阶的基础上重新面对其适用性情境，只不过这次面对是一种纯粹的先天或说验前（apriori③）的面对。韦卓民先生认为这个词不具有"与生俱来"的先天性，也与"transzendental"的"先验"不同，而是强调"在经验之前"④。如果联系胡塞尔的体验概念，这个词在此还具有将自己置于自己的体验之前，去体验意向与意向相关项的整体关联过程的含义，因为这个整体关联过程最能反映出自己的行动需求，并暗含着道德发展的痕迹及其适切性的行动要求，在这个过程中，那个作为"素朴的经验世界"原初被给予我们，我们也直接而无距离地感知到。

---

① ［德］埃德蒙德·胡塞尔. 现象学的心理学：1925 年夏季学期讲稿 ［M］. 游淙祺，译. 北京：商务印书馆，2017：56.
② ［德］埃德蒙德·胡塞尔. 被动综合分析：1918—1926 年讲座稿和研究稿 ［M］. 李云飞，译. 北京：商务印书馆，2017：470.
③ 关于"apriori"学界有多种译法，在传统上，有两种译法：先验的和先天的。韦卓民在反思上述两种翻译方法的基础上将之翻译成"验前"，本文采用后者的翻译。
④ ［德］伊曼努尔·康德. 纯粹理性批判 ［M］. 韦卓民，译. 武汉：华中师范大学出版社，2004：7.

三、胡塞尔超越概念促使个体向较高道德序阶的适切发展

"超越"——"transzendental"这个词是康德从经院哲学那里引入的一个概念，国内一般翻译成"先验的"，倪梁康先生翻译成"超越的"，在此选用"超越"的译名。康德用这个词凸显人类的认知能力，将知识与对象的关系范式转换成人类的认知能力与知识的关系范式①，他还进一步强调只有自己明确知道成为可能和何以可能的时候，才能是超越的②。胡塞尔继承了这一用法。

胡塞尔延续了康德对超越的用法，承认他与康德的超越论哲学有"一种明显的本质上的近似"③。然而，他通过区分"自然反思与先验反思"发展了康德的超越论，前者主要侧重于自然情境和心理科学范畴，针对"预先作为存在着的而给定了的世界"，后者通过"对世界的存在或非存在所做的普遍悬搁"而摆脱了这一基础④。

这对柯尔伯格道德序阶的提升具有积极的描述意义，因为通过现象学的还原和悬置，我们使原有的道德序阶失去效力，但这种失效是在经验视角下的失效，并不是于超越视角下的适切性反思，并不必然生成能超越弊端的主体。例如，在现实生活中我们可能发现自己的生活态度有问题，但是，这并不必然生成我们改变这种态度的方法，只有从我们自己内心生成一种视域，一种能够超越经验自我的超越性，我们才会自然地放弃这种自然态度，因此，胡塞尔强调这种"超越论的生活和超越论自我不可能是出生的，只有世界中的人才能是出生的"⑤。

为了描述这种超越于经验之外，并且不存在于经验之内的自我，胡塞尔

---

① ［德］伊曼努尔·康德. 未来形而上学导论［M］. 李秋零，译. 北京：中国人民大学出版社，2015：36.

② ［德］伊曼努尔·康德. 纯粹理性批判［M］. 韦卓民，译. 武汉：华中师范大学出版社，2004：95.

③ ［德］埃德蒙德·胡塞尔. 第一哲学：上［M］. 王炳文，译. 北京：商务印书馆，2017：296.

④ ［德］埃德蒙德·胡塞尔. 笛卡尔式的沉思［M］. 张廷国，译. 北京：中国城市出版社，2002：46.

⑤ ［德］埃德蒙德·胡塞尔. 被动综合分析：1918—1926 年讲座稿和研究稿［M］. 李云飞，译. 北京：商务印书馆，2017：430.

提出了"清醒自我"的概念，强调"把自我行为实际进行着的清醒状态与作为潜在性、作为能够实行该行为的状态的保持清醒"区别开来，后者是前者的"前提条件"，"觉醒就是把视线指向某物。被唤醒就是感受到一种情绪倾向的效力；一个背景成为'生动的'，诸意向性对象从那里或多或少向自我靠近，无论是这个或是那个对象，它都起着把自我引向它本身的作用"①。这样他就将经验的现实与超越自我分开了，此时，自我的清醒意味着从"能够进行"向"实际进行"转化，意味着具有兴趣地去朝向一个对象。

在清醒的自我面前，个体行动的意向根源不再是已有的经验记忆，不再是那种沉溺过去并重复过去的经验视角，同样，它也不是在缺乏理论建构的情况下对未来盲目臆断，而是一个具有理论支撑和现实凭借的超越者，就理论支撑而言，他通过还原的方法清醒认知到了原有道德序阶的适切性不足。就现实的凭借而言，其获得了一个超越的主体，这个主体具有思维的自发性，让自己"转向作为确然确定的和最终的判断基础的我思"②，这样的自我能够将原有道德序阶与情境之间的互动关系作为对象的一方，将经验自我作为另一方，通过综合建构实现自我的超越。

超越在经院哲学那里，意味着"超出任何范畴规定而直接属于存在本身"③，康德将之引入主体领域，强调他的超越论哲学不再将关注的重点置于对象，而是将之置于人类的主体认知能力。胡塞尔就是在这个主体取向中去讨论他的超越论哲学，这种超越论下的主体变成了被褫夺了一切经验限制的"这个我"，也就是说，此时的"我"开始让一切符号和标签退隐，这个人既不会局限于经验心理学那种对占有之物的偏爱，也不是对自身心灵世界的自发领会，它是一种基于自我的适切性的认知发展。

因此，这种超越的探求不仅仅是一个纯粹自我的生成，还是一种更加适切性的道德朝向，它不再是将外在道德规范当作必然达成的目标，而是将之视为一种可能性的目标要求。与这种外在的东西相比，它更加看重个体的

---

① ［德］埃德蒙德·胡塞尔．经验与判断：逻辑谱系学研究［M］．邓晓芒，等译．北京：生活·读书·新知三联书店，1999：99．

② ［德］埃德蒙德·胡塞尔．笛卡尔式的沉思［M］．张廷国，译．北京：中国城市出版社，2002：25．

③ 倪梁康．胡塞尔现象学概念通释［M］．北京：商务印书馆，2016：505．

"自身被给予"性，并且，这种被给予性还带有个体建构的特质，即"绝对的、明晰的被给予性，绝对意义上的自身被给予性。这种排除任何有意义的怀疑的被给予状态是指对被意指的对象本身的一种绝对直接的直观和把握，并且它构成明见性的确切概念，即被理解为直接的明见性"①。

据此，个体的注意力就不再是外在规范的限制性，它变成了个体对外在规范的发展性依赖关系，这样，"超越"就不是那种精致利己条件下的规范认知，后者将规范作为自己谋取个人利益的凭借，规范在他们看来，仅仅具有工具性的价值，一旦个人的利益达到了，他们立马就会放弃对规范的正向认同。与之不同，规范因为明见性而具有了主体适切性的面向，它变成了一个现象学的"对象"，"现象学的对象并不被设定为在一个自我之中、一个时间性的世界之中的实存，而是被设定为在纯粹内在的直观中被把握的绝对被给予性"②。此时，规范不再是外烁指向，而是内在的适切性把握，这种把握不仅仅包含有规范的外在要求，还包含有规范信念持有者自己的生命体验。

---

① ［德］埃德蒙德·胡塞尔. 现象学的观念 ［M］. 倪梁康，译. 北京：商务印书馆，2017：45-46.
② ［德］埃德蒙德·胡塞尔. 现象学的观念 ［M］. 倪梁康，译. 北京：商务印书馆，2017：55.

第六章

自我的学习与读书

第一节　学习意向的自我化

个人学习意识的内在部分是一个未完成的趋向性，外在的学习行为并不能对此进行全面的解读。胡塞尔现象学的意向概念和还原方法为此提供了意识分析的科学方法。意向自我化的学习以学习意识的自我定向为内容和描述标准，以理解、倾听和诠释为研究范式。

一、学习现象背后的意识定向问题

《反思教育：向"全球共同利益"的理念转变？》是联合国教科文组织在2017年出版的重要文献，其再一次强调教育需要超越"识字和算术"这一外向性的学习特质，强调"新的学习方法"，强调教育和学习的重要意义是"为所有人提供发挥自身潜能的机会"①，也就是强调教育需要为学习者自我的能动发展提供机会。

这个问题可以表述为：学习者在学习的发生时刻，其意识是外定向的还是内定向的？前者指向于外在社会结构的功能要求（下文称结构定向），后者指向于自我的内在意向（下文称自我定向）。前者让教育对学习现象的意义聚焦于文凭、刻苦的外在表现，"有钱"和"成功"等字眼儿是外在结构

---

① 联合国教科文组织编. 反思教育：向"全球共同利益"的理念转变？［M］. 联合国教科文组织总部中文科，译. 北京：教育科学出版社，2017：2.

面向在个人内定向中的投影。后者聚焦于内在客体的感性基础及其个人能力对感性基础与科学概念的关联与言说，其更强调教育的"倾听和尊重"等人文关怀。结构面向和自我面向之间的区隔与综合是教育自身的永恒问题。不同的时代意识对学习定向的要求不同，总体而言经历了"内外混同"的前科学神秘外定向、社会结构要求的外定向和自我内定向三个阶段。

从希腊三杰的各有侧重到中世纪的神学外定向，从笛卡尔的身心二元到康德"直观+知性"的人之属性之"人类"外定向，学习意识的定向一直是以外在定向为主的。

苏格拉底用"我知道我无知"这样的话来否认自己可以提供外在的、现成的"教育知识"，他的产婆术教学法也暗示了学习者具有内在的意识定向。然而，其弟子柏拉图却用"回忆说"否认了个人学习活动在意识内在性上的自我定向，他所指向的仅仅是"上帝的理念"这一理性构形，虽然亚里士多德强调"自己知道为什么"这一学习意识的内定向，但是其思想却消失于整个中世纪的欧洲世界。与之相对，影响欧洲整个意识世界的理论是回避个人学习意识内在性的柏拉图主义及其经院哲学。

柏拉图主义及其经院哲学让人类意识的考察产生了两个弊端：其一，用道德论代替知识论；其二，对人类意识的内在性和外在性并不区隔。二者共同为人类意识考察的外定向提供了"与生俱来"的理论神秘性，"柏拉图以后，一切哲学家的共同缺点之一，就是他们对于伦理学的研究都是从他们已经知道要达到什么结论的那种假设上面出发的"[①]。"他们已经知道的结论"和"假设的必然性"的极限化概念图式让学习意识的"当下化发生"缺乏定向于个人的内容设定，当个人成绩不好的时候，他会用道德批判的大帽子对个人进行全面否定，当个人成绩好的时候，他则会用社会的结构性语言来回避个人学习自我面向的发生机制，会用"懂事""听话"这样的粗糙语言符码回避个人学习意向中的积极要素。

个人学习的自我定向这一积极性的创设力量一旦无法面对自我的矛盾，它就会停留在人类的文化再制这一集体无意识的前科学时代。法国社会学家

---

① ［英］伯特兰·罗素. 西方哲学史［M］. 何兆武，李约瑟，译. 北京：商务印书馆，1963：113.

列维·布留尔将之总结为"原始思维",其以"完全不关心的态度对待矛盾"①。这种学习意识以"集体"表象的文化结果为指向,这样,主客之间的区隔和综合就无法实现科学化的表述。然而,自康德以来,"思辨"性思想要素和直观性事实要素之间的区隔与综合开始成为科学意识定向的共识。

康德用"思想而无内容,是空洞的;直观而无概念,是盲目的"② 来描述人类知识的"发生意识"及其构成要素,这标志着人类对 metaphysics(形而上)思考具有了科学发展的可能性。其积极意义在于人类可以分清楚"meta"的后设与"physics"的物理事物之间的区别与综合。这首次在理论意义上确定了知识的科学化构成:对象通过我们自己的感受性给予,让我们形成"当下化"的、此时此刻的身心状态和态度,让我们的思想具有了现实化的直观要素;我们通过对自己的状态和态度进行"后设"思考,形成科学化的"概念",后者是借助我们的"知性"能力来完成的,而知性就是我们教育的核心目标,即认识与改变的能力。

"直观+知性"的二元区隔与综合是康德所建构的现代人类的知识意识模型,这种模型是对笛卡尔以来人类认识论意识的总结,其积极意义在于将人类的认识能力从中世纪的"本体论""道德论"中解放出来,开创了现代"认识论"意识的科学定向。然而,康德时代的"科学"定向模型是牛顿力学代表的物理学以及相关的数学科学,所以,他对学习意识定向的转化是从外在的神秘性转向了集体意识的类属性这一集体化范畴。

就问题而言,康德对人类学习意识定向这一问题的解决成果及其历史价值在于,他将人类学习意识的定向从神学价值的外在性转向了人类集体意识的"类内在"性,却没有解决"人性向个人性"转化这一个人内在性问题。例如,他在"先验感性论"中强调了知识与对象关联的基础性要件是"直观",并且强调直观构成了思想的材料,但是他并没有强调"发生"认知的那个人对于直观性要素感知到了多少、感知到的性质和属性是什么。

这导致人类学习在意识靶标和意识内容的定向上还是外化的,他在解决

---

① LEVY-BRUHL L. How Natives Think, Authorized Translation by Lilian A. Clare, Mansfield Centre, CT: Martino Publishing, 2015: 78.

② [德]伊曼努尔·康德. 纯粹理性批判 [M]. 韦卓民, 译. 武汉: 华中师范大学出版社, 2004: 92.

了神学的神秘性的同时并没有解决人本身的神秘性，例如，他将自己对人类学的研究定名为"实用人类学"，这表明他对人的考察是以"类"为单位进行的。另外，他认为人类的认知起源于"感受性和知性"，两个主干从"一个"共同的根生发出来，"而这根尚不为人所知"①。

二、外定性的阶层文化对自我定向的裹挟

康德开创的认识论是从"直观"概念开始，并且其直观的重要参照是牛顿式的外在物理性自然世界，因此，其理论对个人学习的内在自我定向并没有多少涉及。在后世的理论发展中，这种缺失内定向的意识研究让学习意识定向从"集体无意识"的神秘性转向了"集体意识"这一人本身的"类"属性的神秘性。

就教育的社会属性而言，他悬置了神学的独断，为知识的科学化表述开拓了路径，这让教育的科学化和班级化运行能够被实践。例如赫尔巴特的教育学就以康德哲学为意识基础。但是，它也增加了知识的阶层属性、权威属性等神秘要素，只是，这种要素的附加不再借助于"神"这一人类之外的意识定向，而是借助"阶层文化无意识"这一阶层化的、人自己为自己所设定的意识定向。

就教育的历史特质而言也确实如此，康德的《纯粹理性批判》第一版的出版时间是1781年，而教育的阶层化是18世纪末开始的，在一般系统的教育与普遍的教育普及后，"受教育的"与"未受过教育的"的区分越来越带有阶层和道德评价的意蕴②。而这背后是特定知识阶层及其意识定向的阶层固化、优势化，"当某个特定的阶层以及某些特定的群体——符合时代潮流的团体——将本身的价值重心转移到观念上时，观念在他们看来，就比个别事物的真实性显得更有实在的价值，或更有存在的价值"③。

---

① [德]伊曼努尔·康德.纯粹理性批判[M].韦卓民，译.武汉：华中师范大学出版社，2004：57.
② [英]雷蒙·威廉斯.关键词：文化与社会的词汇[M].刘建基，译.北京：生活·读书·新知三联书店，2016：187.
③ [瑞士]卡尔·荣格.荣格论心理类型[M].庄仲黎，译.台北：商周出版社，2017：50.

　　与神学的神秘性不同，此时需要被悬置的对象是"精确认识的神秘性"。现象学创立者胡塞尔不断强调，这种神秘性并不比"非精确认识的神秘性更少，科学认识的神秘性也并不比前科学认识的神秘性更少"①。与康德将学习意识定向与经院哲学的悬置不同，现象学悬置的对象恰恰是康德所开创的现代式"精致科学"。

　　其原因在于，当我们用"直观+知性"来设定其知识模型的时候，康德并没有对其基础性概念"直观"进行个人化的设定。因此，相对于后世的"语言学转向"这一带有个人内定向的意识解决策略，他的理论更偏重于对经院哲学所代表的"本体论"批判。

　　然而，这种认识论的基础定性在历史流变中面临两个现实：其一，康德的综合建构模式彻底推翻了中世纪的"本体论"，也为人类的认识论提供了现实的科学方法，但是，康德之后的思想家却并没有对"个人认知"的体感性进行明确的界说，这一问题是到了胡塞尔现象学才得到解决的。其二，人的类意识在脱离神秘性之后，进入了自己所创设的"自然科学"神秘性，其"符号化"的单一处理方式无法为体感属性的杂多提供意义附加模式，而缺乏了意义化的体感也无法进入个人的成长观念，此时，个人就被置于"有感而发"的失声状态。

　　其原因在于，康德并没有解决"个人性"问题。没有个人性，也就没有"体感"这一更加具有现实面向的"直观"要素，例如，他强调人在不能说出"我"并且也不知道用什么样的词来表达"我性"的时候，"我"就已经在思想中存在了，这是人类知性的能力②。也就是说，此时的"我"是一个思想中的我，还不是一个生活化的、人间烟火的我，因此，"我"的集体文化性和个人体感性并没有得到严格的区分。然而这个"我"在胡塞尔那里得到了明确的区分，它强调"我，这个我，包含所有这一切"③。

———————

①　[德] 埃德蒙德·胡塞尔. 现象学的观念 [M]. 倪梁康，译. 北京：商务印书馆，2017：35.

②　[德] 伊曼努尔·康德. 实用人类学：外两种 [M]. 注释本. 李秋零，译. 北京：中国人民大学出版社，2013：7.

③　[德] 埃德蒙德·胡塞尔. 欧洲科学的危机与超越论的现象学 [M]. 王炳文，译. 北京：商务印书馆，2017：233.

这也许是胡塞尔以康德当世传人自居的原因，二者共同关注基础理性批判。其区别在于，胡塞尔的意识指向不再是经院哲学的"本体"悬搁，而是"人类被给予方式"这一文化科学的悬搁，因此，对象在"人类给予方式中的存在"这一心理问题才是他的核心问题。也就是说，此时的对象不再是物理化的对象实在性，而是对象与人类给予方式之间的互动问题：人类经验世界的对象是如何在人类自己的被给予方式和生成方式之间互动的。

此时，人类经验中的对象与被给予方式之间的"普遍关联"这一具有先验性的文化特质开始成为人类学习意识的定向问题。因为，集体无意识的类属性让个人无法选择对象的被给予方式，也就无法进行自主的思考。为了解决这一问题，胡塞尔将知识对象不经过自我定向就给予我们的先验性作为自己终生的问题，一切都是预设完成时，这让他深深震撼，如何处理这种先验性也是胡塞尔终生的奋斗目标①。

此时，文化特质在阶层中的固化及其再制问题就开始具有阻断的可能性，"被给予方式"可以让人面向自己的体感及其体验，同时，它也能让个人以"意向共同体"的精神性来反思自我定向。这样，个人的学习意识定向就能借助自我的体感信号这一现实不可回避的意识要素实现个人的发展性，同时，阶层文化的无意识再制就会转化为个人意识的发展性凭借和要素，而这也是人类意识的客观功能。按照荣格心理类型的界定，这种意识属性是自我对自己所关联的心理内容的感知②，是自我的一种功能，它是维系个人本身与自己心理内容的永恒力量。

与学习有关的现代理论也在确证这一学习意识的内定向。其强调学习的文化性，也即我们所要学习的内容并非自然生成，而是信息化的文化产物，因此"自反"这一联系自我的机会开始变得重要③。而这种学习即"导向持久性能力改变的过程，而且，这些过程的发生并不是单纯由于生理性成熟或

---

① ［德］埃德蒙德·胡塞尔. 欧洲科学的危机与超越论的现象学［M］. 王炳文，译. 北京：商务印书馆，2017：210.
② ［瑞士］卡尔·荣格. 荣格论心理类型［M］. 庄仲黎，译. 台北：商周出版社，2017：469.
③ ［丹］克努兹·伊列雷斯. 我们如何学习：全视角学习理论［M］. 孙玫璐，译. 北京：教育科学出版社，2014：72.

衰退机制的原因"①，因此，其学习意识的定向不再追求于外在客体的统一性，即知识的客观性、学习行为的刻苦和努力行为，较高的成绩表现和学业成就，而是追求自我的同一性，追求个体学习意识与自我定向的不断互动和自我生成。

三、意识内容意向性的现象学内定向

学习意识的自我定向所指向的自我内在性内容是什么？这是康德哲学之后的一个重要理论反思问题，这在某种程度上代表着人类的第二次启蒙，即"脱离自己所加之于自己的不成熟状态"② 这一基础性问题的个人化转向。

在康德那里，所加于自己的不成熟是神学的神秘性，而在现象学这里，它变成了从被动思考到主动思考这一更深层的内在性问题，是一个自我意识的"同一"问题。前者的解决代表着从本体论到认识论的转向，后者代表着体感转向和语言学转向，而语言学转向的深层问题是意识定向的内属性和言说问题③，即当我们说"冷"和"热"的时候，我们说的是自己的体感还是外在的事物，体感的前概念性代表着个人学习意识的内定性具有了确定性的内容。

当个人的体感内容被意识察觉的时候，心理内容的自我定向在个人意识的"实用"性就开始成为学习意识和教育不可回避的基础性问题。而这一问题是 20 世纪初期以来整个世界学术思想所关注的核心问题，例如，牛顿力学的宏观立场开始转向量子力学的微观立场，斯宾格勒在《西方的没落》中将定向区隔为文明的外向性和文化的内向性，胡塞尔在《逻辑研究》中将人类心理的意向性区隔于物理事物的空间轨迹，荣格《心理类型》对心理能量的内外定向的界定及其对弗洛伊德生理基础的突破。而胡塞尔在 1900 年发表《逻辑研究》所代表的现象学则是里程碑式的基础意识批判成果，其后，现

---

① [丹] 克努兹·伊列雷斯. 我们如何学习：全视角学习理论 [M]. 孙玫璐，译. 北京：教育科学出版社，2014：3.
② [德] 伊曼努尔·康德. 历史理性批判文集 [M]. 何兆武，译. 天津：天津人民出版社，2014：22.
③ [瑞士] 卡尔·荣格. 荣格论心理类型 [M]. 庄仲黎，译. 台北：商周出版社，2017：51.

象学的研究范式开始成为"高雅批评的绝对必要条件"①。

　　体感要素作为基础性的学习活动与自我意识的同一性关联，同一性关联方式的思考与切身的觉察是一个人一生的意识存在。这种学习意识的内定向关联方式开始于胡塞尔现象学，其开始的标志是人类心理现象获得了区别于物理现象的独立性，这类似于物理学从神学的独立、人从物理学及其工业思维范式的解放是它的主要问题，此时，学习者在自我意识的定向上，或者说，外在的被学习内容在个人意识自我定向的内容具有了可"描述"的基础性概念——意向。因此，现象学的对象不是中世纪以来贯穿到康德时代的"先验"概念——设定中的自我存在，"而是被设定为在纯粹内在的直观中被把握的绝对被给予性"②。

　　这个"自身被给予性"是借助于学习者或者说学习意识发生者的自我来定向并予以实现的，因此，它是不同于外在物理运行轨迹的内在意识现象。现象学的启蒙者布伦塔诺认为这是人类心理与外在物理最大的不同，物理遵从空间性直观规律，内在心理内容相对于外在可见行为（action）而被分析。后者则关注主观感受性对此时此地的心理落差与错位的获取内容，以及此内容在主观意向的自我性是如何借助客观时间（空间）获得填充的，例如，学习者会用自己的感受性来判断过去的事情和未来的事情在当下化的发生。这就像韦伯的"伐木者案例"，挥刀向木的物理运动轨迹还存在个人意识的"独特向度"——意向本身，例如，我们并不知道那个砍伐动作的发出人是为了泄愤、谋生还是燃火之用等。

　　因此，现象学将意识自我定向的"意向"作为行为描述的基础，认为"意向"才是"'行为'的描述性的种属特征"③。胡塞尔强调，外在物理轨迹中的事态性之"真或者认之为假的判断方式"与意指方式具有不同的"种和属"，需要不同的"基础性概念"。也就是说，外在行为在心理内容内部还

① ［美］赫伯特·施皮格伯格. 现象学运动［M］. 王炳文，张金言，译. 北京：商务印书馆，2011：1.

② ［德］埃德蒙德·胡塞尔. 现象学的观念［M］. 倪梁康，译. 北京：商务印书馆，2017：55.

③ ［德］埃德蒙德·胡塞尔. 逻辑研究（2）［M］. 倪梁康，译. 北京：商务印书馆，2017：793.

存在意识的能动意义附加这一内定向，其以意向为表征，以体验为内容，并且，这个意识内容"必须在意向作用的和意向对象的本质组成方面加以系统地描述"①。

这样，胡塞尔现象学就将认识论的外在发生这一意识外定向转为内在指向性，其也在理论上完成了认识论的物理本体论到文化本体论再到个人意识发展论的转向，即为个人学习意识的内定向提供了"意向体验"这一独一无二的意识内容，"属于现象学并且主要属于认识论（作为对观念思维统一或体验统一的现象学澄清）领域的唯有本质和意义：我们在陈述时所意指的是什么；根据其意义而构造出这个意指本身的是什么；它如何根据其本质而用局部意指建造出自身；它指明了哪些本质形式和差异，以及其他类似的东西"②。

四、阶层文化外定向的除魅式还原

在现象学看来，人类学习意识在内在构成上具有两个部分：意向和意向相关物。这就让人类的意识分析具有了现实可操作的可能性，此时，意识本身开始成为学习内在性"发生"所不可回避也没有办法回避的现实问题。并且，"自我定向"不是外在经验世界的"再制"，它变成了内在的意识体验，"从'内部地被感知到的东西'和在这个意义上的被意识之物扩展成为一个意向地构造着经验自我的'现象学自我'的概念"③。

另外，学习者所面对的知识"符码"也不再是物理性的图形，它变成了人类个体的"意向"构形物，也即意向相关物，此时，学习者学习意识所面对的世界不再是康德用"物自体"所寓意的外在物理世界，它变成了一个验前（a priori）的"意义"世界，"对象与世界只是借助意义和存在样式才存在的，它们正是以这种意义和存在样式而不断地从这种主观的成就中产生出

---

① ［德］埃德蒙德·胡塞尔. 纯粹现象学通论——纯粹现象学和现象学哲学的观念
（I）［M］. 李幼蒸，译. 北京：中国人民大学出版社，2004：271.

② ［德］埃德蒙德·胡塞尔. 逻辑研究（2）［M］. 倪梁康，译. 北京：商务印书馆，
2017：512.

③ ［德］埃德蒙德·胡塞尔. 逻辑研究（2）［M］. 倪梁康，译. 北京：商务印书馆，
2017：781.

来，或说得更确切些，已经产生出来"①。此时，外在物理世界的直观这一纯粹客观性作为学习者意识面向的功能开始降低。与之相对，作为知识存在样式的背后能动性——意向及其意义附加活动开始成为知识创设者去描述知识的意识内定向源泉——知识巨人的肩膀，其构形过程的动态结果也开始作为知识产生过程所不可回避的"时间"存在。

这改变了学习意识的定向，它不再是对外定向的被动性服从和被裹挟的"习得性无助"，也不再是盲目自我的"混日子"，二者都蕴含着学习性"失范"的意识源头，其或者是精致的利己主义者，或者是"躺平"的无可奈何者。然而，在学习意识自我定向的意向概念下，个人可以利用自己的生命体验这一自我的意向构形来理解知识，此时，学习意识的发生基础不再是追求"识字""背诵"这样的外定向，不再遵从"文化要求的预设—发生—体验"这样的外烁逻辑，它开始变为"内在体验—发生—文化要求"之间的意识逻辑。这对学习意识的发生及其教育具有明显的范式转化意义，它要求教育从外烁式的破坏性批判转为除魅式的现象学还原，同时，它要求学习的对象从外在符码这一物理性特征转变为意义的理解与还原性的文化自信。

与"成绩不好就是坏孩子"的破坏性批判不同，除魅是韦伯为学术思想的演进所指出的方法②，他强调学术的"技术性"和"理知化意义"。然而，按照现象学的意识科学属性，"除去"本身却也蕴含着人类意识向度的价值性，这一属性被表征在人类思维的逻辑性中，并被奥卡姆剃刀的破坏性批判所时时困扰。受中世纪后期"意识的共同性"这一共相问题的困扰，奥卡姆本人不认为"共相"可以被认识，因此，认识的前提是用奥卡姆剃刀将"共相"这一学习意识的外定向目标刮掉。

然而，这种逻辑性二元论调的"非此即彼"思路却并没有将问题界定为人类的"意识现象"这一文化属性，这其实像为孩子洗澡最后将脏水和孩子一起倒掉一样无知和简单粗暴。现象学的意识科学解决了这个问题，它将人类学习意识的外定向聚焦于"文化现象"这一更加现实的意义世界，而这也

---

① ［德］埃德蒙德·胡塞尔. 欧洲科学的危机与超越论的现象学［M］. 王炳文，译. 北京：商务印书馆，2017：203.
② ［德］马克斯·韦伯. 学术与政治［M］. 钱永祥，译. 桂林：广西师范大学出版社，2010：171.

是德国西南学派所一贯的立场，其代表者瑞克特拒绝使用"人文科学"，而采用"文化科学"的表述，强调"意义"本身的研究，这一界定被韦伯、舒茨所继承和发扬。其强调文化是"由自己编织的意义之网"①。

文化是"自己编织的意义之网"，而意义又是个人学习自我定向的出发点和归属，二者的融合性决定了学习意识及其教育的"除魅"不能是奥卡姆剃刀式的"非此即彼"，它需要现象学的还原方法。因为在形式逻辑的二元之外，还存在人类自己的心灵世界，这个心灵世界内部不仅仅有学习意识外定向的"a priori"这一验前的共性世界，还存在个人用自己的意向对这个共性世界的意义附加。因此，学习意识的自我定向需要的不是奥卡姆剃刀，而是用还原的方法去约分掉二者发生的"验前"性，剥离出个体学习意向自我侧的定向超越性。对个人学习意识的内定向而言，个体思维的存在与他自己对给予对象的精确性感知同等重要，二者之间的冲突和融合是个人学习意识内定向的发生性素材。

就还原方法的具体运用而言，它需要承认人类文化现象在人类意义构形中的独特性。同时，它需要明确存在层面的文化现实性与活于当下的个体意识内定向中的、不间断的思维现实性是两个问题，还原方法的价值积极性就在于阻断二者的必然性刚性结合，防止自我定向被裹挟之后的自我否定及其习得性无助的蚕食与消弭。

因此，这种还原所要否定的不是意向与意向相关物之间的因果性，它仅仅是否认由某个个人意向所创设的意向相关物在另一个个人之上发生的必然性，这样，它就将意向物转向了意识自我定向的"自我同一"。因此，它仅仅是对"同一个意向性"的界定，因为"这个自我本身正是通过这种意向性，在它的本己中构造出来的。并且，在这种意向性中，这个自我构造与本己性不可分割——就是说，本身可以把意向性的本己性看作综合的统一性"②。这就既避免了个体的消逝，也避免了阶层文化集体无意识地再制。

---

① ［美］克利福德·格尔茨. 文化的解释［M］. 韩莉，译. 南京：译林出版社，2014：5.

② ［德］埃德蒙德·胡塞尔. 笛卡尔沉思与巴黎讲演［M］. 张宪，译. 北京：人民出版社，2008：130.

五、意向自我侧的助产与发展

苏格拉底的助产式概念导向、柏拉图的理念型和回忆说导向以及亚里士多德"自己知道"的意识自我导向是人类教育在"意识后设"领域的基本起源，然而，三者之间在共性上却是苏格拉底所创设的"概念式思维构形"这一人类"智识"，韦伯认为这是人类"有意识"地去创设思维和意识的创举①。康德将之作为避免感性直观盲目性的基础性要素——直观无概念则盲，这一基础性意识界定路径被后世的黑格尔用以研究"精神"现象，他将"有意识地实现自身"作为前提，将概念的"发展"和"具体"作为靠近知识的关键途径②。

然而，黑格尔的思维出发点还是"本体论"的③，其在追求人类精神特质的同时，将精神的"统一"性这一意识的"外定向"作为目标。这与胡塞尔对意识自我定向的研究具有本质的不同，其区别在于二者对"概念"这一思维结果的生发向度做了不同的前提性设定，黑格尔的向度是"本体论"的经验理念，而胡塞尔的向度是"体验"，后者标志着一个转向：个人的意向体验开始具有了思维分析的"客观身份"，他强调"面向事实本身"的事实是个体的意向、体验及其体验者的自我同一性。

此时，教育借助概念的言说性就不再是从外定向出发的外烁，它变成了意识内定向的"发展性"助产与导出，而其导出的内容指向于个体的思维体验，其效能是防止学生学习意识的"发展"不能状态。这种发展不能的原因被怀特海界定为创新方法缺失所导致的"不得不接受祖先学说的摆布"这一文化再制现象，他甚至强调教育的结果分析不能通过成绩，而是通过忘记所教内容之后的"剩余物"，而这一界定被爱因斯坦在演讲中引用。

关于"剩余物"，胡塞尔现象学的"内定向"和"内意识"的描述性概

---

① ［德］马克斯·韦伯. 学术与政治［M］. 钱永祥，译. 桂林：广西师范大学出版社，2010：173.
② ［德］G. W. F. 黑格尔. 哲学史讲演录：四［M］. 贺麟，王太庆，译. 北京：商务印书馆，2009：26.
③ ［瑞士］卡尔·荣格. 荣格论心理类型［M］. 庄仲黎，译. 台北：商周出版社，2017：64.

念体系为此提供了方法。他强调意识领域的研究方法是认识论的无前提原则，它"偏好内经验并抽象于所有心理物理的说明"①。因此，人类所有意识的外定向，例如康德的自然理性、狄尔泰的历史理性都在还原之列。其目的是给学生学习的内在意识定向寻找其自己生命的体验基础。此时的自我，变成了一个现象学自我，同时，自我学习定向的意识内容也变成了"体验"意识上的意识内容，即"只要感知、想象表象和图像表象、概念思维的能力、猜测和怀疑、快乐和痛苦、希望和恐惧、期望和意愿等在我们的意识中发生，它们就是'体验'或'意识内容'"②。

这样，作为教育学所不可回避的被给予对象——知识（knowledge）的意识内定向和外定向开始有了不同的意义，知识作为个体意向的相关物需要经过现象学还原之后才能进入教育学的领域，以牛顿力学为例，其公式化的符码表征仅仅是外定向的，背后那个体意向用自己生命所经历的不间断意识过程及其意向活动本身开始具有了现实的教育意义。而教育的发生路径也存在于其发生性被还原的思考之路上，它以"意向体验"为核心要素，这一要素不服从外定向的空间化时间，而是服从于个人意向的内时间意识。这就好像牛顿在直观苹果的时刻，其内在的意向及其问题意识也许是他一生夜以继日的不间断过程。

另外，此时教、学和知识这三个核心要素在教育学中的"构形"特质也开始发生变化，它不仅仅是物理世界的符号化结果，还是个人意向对意向相关物的意义附加。这样，教学的主体性意向对意义的关联方式、知识背后的意向及其意义就通过"意义"化的给予方式获得了理论的同频。

此时，个人意向与知识背后的、作为阐释主体的那个意向就能够实现理解，而这种理解往往蕴含于知识化的形式与个人意向化的内容之间的普遍关联中。这种关联不仅仅包含着人类学习意识内定向的接受方式，同时，也蕴含着人类文化（人类总体的意义构形）的意向性关联，于是，学习者的意向就能够通过还原方法从学习意识的外定向上实现心灵转向——面向自我定向

---

① ［德］埃德蒙德·胡塞尔. 逻辑研究（2）［M］. 倪梁康，译. 北京：商务印书馆，2017：360.

② ［德］埃德蒙德·胡塞尔. 逻辑研究（1）［M］. 倪梁康，译. 北京：商务印书馆，2017：766.

的意义构形能力。另外，个人意向中的体验内容就对个体具有了"建构性"的积极意义，二者结合的现实凭借是知识构形历史脉络中的"先知"及其对生命意义附加所生成的"意义"——知识的概念构成。

这样，个人体验为个人认知的发展提供了现实的生发基础，"知识概念"又为他们的发展属性提供了可资凭借的"力量"和"能力"要素——巨人的肩膀。于是，个体知识创设的能力就能够在个体自己的主体性和知识巨人的主体性之间实现"概念"化阶梯的超越。在这种超越中，个人意识在意向中的部分就越来越获得"理解能力"的充实，个人的生命经历、知识伟人对生命经历的意向性就共同成为教育的内生性素材，教育的"事实面向"也因此获得了其真实的意识事实状态并获得了"转向"这一发展性、阶段性凭借的能力。

第二节　读书的谱系

当下，碎片化阅读和大数据信息推送让我们的阅读之眼应接不暇，然而，这并不是一个科研人员的阅读策略，严格来说，它也不是自我成长的阅读策略，科学的阅读是与作者同呼吸共命运，而在这样的阅读中，选择经典的作品进行精读又是绕不过去的关口。因为，一个学科的科学化之路有两个条件，其一，经典作家，其二，经典学说，而经典作家的作品又不是空穴来风，它是经典作家对待其自身的生活情境、个人体验及其科学思考的结果，所谓读书，就是在阅读文字的基础上还原作家的思路。

一、阅读的思路

（一）对人不对书的理念

在日常阅读中，我们存在"消费式阅读"和"还原式阅读"两种方法。

所谓消费式阅读是"对书不对人"，任何作家在写作的时候，都会以某种方式来包装自己的思想，而消费式阅读往往会将自己沉浸在这种包装中。在此，读者本身并不是一个主体在阅读，也就是说，此时的阅读并没有以将自己视为一个"努力爬上巨人肩膀"的心态去阅读，这种阅读有一个弊端，就是将自己的视域作为出发点去阅读所选择的书目，而经典作家的作品都有某种程度的具身性，即"文化资本的积累是在具身化的条件下发生的，比如说，以那些被称为文化、培养、教化的形式，它们都预设了一种具身化的进程，一种统合。因此，这就暗示了一种反复灌输的和积累性的劳动，一种对于时间的耗费，投资者必须亲自投入时间"①。

然而，消费式阅读往往并不注重这种"时间"的填充。笔者所说的时间填充就是将经典作家的生命时间和生命体验作为一个原型，用自己的生命体验和生命时间来谋求对经典作家和经典作品的重叠。以康德的《纯粹理性批判》为例，这是康德这样的伟人经历了几十年的工作以后的作品，而我们就算精读这部作品，也就仅仅花费半年的时间，试想，我们这样的普通人怎么可能用"半年"的时间去涂满康德半生的作品？

很多消费式阅读往往并不明白这些道理，他们或者以"六经注我"的态度，或者以所谓"批判"态度对经典作品进行"为我所用"的阅读，甚至并不阅读经典，而仅仅是从别人的引用中"拿来"为自己的文章添色。我们认为这种阅读多少有些蹭热点的痕迹，经典是经典作家对自己所生活的时代持久、专业的思考，如果我们对经典作家的生命特色不太了解，我们就分不清楚它的"精华"和"糟粕"，也就无法提出针对性的评说，这样，我们的阅读结果只能是流于形式而无法深挖作者背后的深意。

为此，我们提出"还原式阅读"的理念，按照马克思历史唯物主义的观点，将作者放入他所生活的时代进行作者生命体验的还原，在还原作者生命背景的条件下进行阅读，从而梳理出作者的问题提取策略、解决策略及其创新之处。

所谓还原不仅仅要还原作者本人，还要还原他们所针对的思维范式及其思维范式的社会基础。以洛克的"白板说"为例，它其实针对的是柏拉图的"回忆说"，柏拉图认为世俗的东西太过多变，所以，这种多变并不是真实的世界，而真实的世界是一种"理念"，这种理念在我们出生之前就已经被上

---

① ［英］迈克尔·格伦菲尔. 布迪厄：关键概念［M］. 林云柯，译. 重庆：重庆大学出版社，2018：135.

帝写入了我们的大脑，而我们只需要努力回忆起来就可以了。这种观念解决了人类意识的"自动性"，就是有时候我们恍如隔世地突然想起某个东西，猛然间偶有所得。

但是，它并没有解决"回忆内容"的外在性问题，为此，洛克才提出了"白板说"，也就是我们的大脑在先天那里就像一块白板，后天写入什么就是什么，后天的东西在洛克那里叫作经验。随后莱布尼茨对此提出了"大理石纹理"，康德根据"大理石纹理"提出了"验前综合判断如何可能"的问题。因此，还原不仅仅是还原作家，还要还原作家所面对的问题情境及其影响。

否则，我们的思路就会掉进"成长陷阱"里面，也就是自己学习的知识并不是将自己导向客观性并形成开放性的自我；相反，它变成了成就自己主观性的独断资本，它会阻碍个体的进步，会让个体停留在自己的原有认知之中，而他选择的经典作品也不是"人类进步的阶梯"，而是成为成就他自己独断的证据。

（二）问题导向

"问题"是我们进行阅读的里程碑，所谓"仿旧须宗雅则，肇新亦有渊源"，也就是说，我们的问题要有"前因后果"之间的关联性，旧有旧的雅则，新有新的渊源。

问题代表着一个视域意识，人文科学的问题意识和自然科学的问题意识是不同的，自然科学的很多问题是需要解决的，或者说能够解决的，例如，火车的发明确实可以解决出行的问题，但人文科学的很多问题是不能够解决的，例如就算火车的速度多快，也消除不了我们为了去见亲人的那种焦虑情绪。相比较而言，人文科学需要的东西是"多元"与"统一"，也就是说，人文学者面对的是一个又一个的个体，每个人都有自己的想法，这想法背后又折射着不同的视域，所有的社会大问题都可以在个体内心找到部分的投影。由于自然科学并不是笔者所关心的问题，在此专门就人文科学的问题凸显进行表述。

就世界的思维视域而言，主要存在两种经典的思维视域，一种是经验主义的。一种是理性主义的，这甚至可以追溯到荣格的心理类型的两种性格类型，一种是内向性的，一种是外向性的，内向的人特别注重内心的观念，所以，他们往往会成为一个理性主义者，外向的人往往注重外在的观念，因此，他们往往会变成经验主义者。理性主义者像莱布尼茨，像康德；经验主义者像洛克。

所以，问题的形成也就有两种范式，一种演绎式的问题形成方式。一种是归纳式的问题形成方式。不管是哪种问题的形成方式，它都需要以现实生活中的具体个人的具体人生为样本，我们需要的是运用经典作家的方法论，来逼问当下生活的问题，并以此为凭借去爬上经典作家的肩膀，只有如此，我们才能学会像经典作家一样去看待问题，并选择一个对待问题的方案。

以笔者自己的问题为例，"我知道你说得是对的，但是我做不到啊"，这个教育学的问题是笔者一直关注的问题。在前期的时候，笔者总是将"对的东西"作为自己思考的问题，认为只要是对的东西，就会获得实现，后来发现，"对的东西"往往代表着一种理性主义的视域，而"做到"的东西却是经验主义的视域。二者视域不同，但是，由于切入的对象是一个独特的个人，因此，我们对"对的"的给予方式还需要凭借个体自我的发生方式，此时，个体自我的"发生"方式就开始成为笔者思考的问题。

为了解决这个问题，笔者开始去读现象学的文献，也就是胡塞尔的东西。在阅读过程中越来越发现，我们所能够提供的"对的"东西对于个体来说，仅仅是外在的一种"非本己的东西"，它需要借助个体的本己体验来实现认同，即"理性并非偶然出现的能力，也并非作为可能偶然事实的标题，毋宁说，理性完全是先验主体性的一种普遍的本质上的结构形式。理性指出证实的可能性，而这种证实最终会指出明证性造成（Evident-machen）和明证性拥有（Evident-haben）的区别"①。

二、经典的选择

经典的价值在于人类思维历史的"里程碑"价值，它们往往在人类历史的思维长河中承载着蓄水池的作用，人类的思维河流流入他的思想，然后，

---

① [德]埃德蒙德·胡塞尔. 笛卡尔沉思与巴黎讲演 [M]. 张宪，译. 北京：人民出版社，2008：92-93.

在经典作家的个人努力下，重新开疆扩土，将河流开枝散叶。因此，我们对待文献的选择遵从"无谱系无文献""无定位无文献""无问题无文献"的方法，也就是说，如果一本文献我们无法在"谱系""历史定位"和"问题"方面进行定位，我们就不会去选择这个文献。

以笔者自己的读书经历为例，第一个让笔者能够进入教育社会学领域的作家是杜威，他的那句话成为笔者所挥之不去的梦想，即前文引用的那句话"常说中国有数千年的矿产"①。中国有世界上最多的人口，如何能用教育的方法让这些人口焕发出活力是笔者一直思考的问题，也是笔者选择杜威的原因，当时给自己订立的目标是"爱国就要爱自己，因为每个人都将自己作为最爱的对象去爱的时候，就会将自己打造成一个对国家有用的人，如果中国人每一个都是独一无二的对国家有用的人，那么，我们的国家就会成为这个世界上最强大的国家"。

当时还不知道有一种学说叫作"教育功能论"，也即讨论教育在社会中的"功能"问题。过了几年，笔者开始接触涂尔干，涂尔干强调社会事实的客观性，由于受马克思决定论思想的影响，笔者对涂尔干的思想非常着迷，涂尔干的《社会分工论》《社会学方法的准则》和《道德教育》是笔者常常阅读的书目，涂尔干有一条准则，即"一种社会事实的决定性原因，应该到先于它存在的社会事实之中去寻找，而不应到个人意识的状态之中去寻找"②。这句话让笔者离开了杜威，因为杜威还是强调"个人"的社会属性，而涂尔干强调的是社会属性下的个人。

后来，笔者才知道，"教育功能论"是涂尔干所开创的一种教育的社会理论学说，与之相对的是马克思的"冲突论"和韦伯的"诠释论"。这时候，笔者开始有意识地去思考"功能论"与马克思的"冲突论"之间的关联性，也有意识地去阅读了马克思的几本小册子，在自己漫长的读书和思考过程中，"自我"与"外在"如何关联的问题慢慢地变成了思考的主问题。此时，"认同"这一描述个体与社会之间的发生问题开始出现了。此时，韦伯作为

---

① 单中惠，王凤玉. 杜威在华教育讲演 [M]. 北京：教育科学出版社，2007：169.
② [法] E. 迪尔凯姆. 社会学方法的准则 [M]. 狄玉明，译. 北京：商务印书馆，1995：125.

"诠释论"开始进入笔者的阅读范围，韦伯的那句"所谓'行动'（handeln）意指行动个体对其行为赋予主观的意义——不论外显或内隐、不作为或容忍默认。'社会的'行动（'Soziales'Handeln）则指行动者的主观意义关涉他人的行为，而且指向其过程的这种行动"①。这样，笔者的思考开始了某种转变，即开始思考社会意识下的个人侧面的意识发生问题，即个人的"主观意义"关涉他人的行为。韦伯的例子给笔者很大的启发，即"我们对砍伐木材或举枪瞄准的行动，不仅可以直接地观察，也可以由动机去理解：如果我们知道伐木者是为了薪水工作或为了他自己燃火之用或者可能只是一种消遣活动而已（这是理性的例子）；但是，他可能也是为了宣泄因愤怒而生的冲动（这是非理性的例子）"②。

这样，社会如果是一个圆形，个人如果是一条直线，个人与社会之间的关系就变成了相交或者相切之间的关系。总之，由于社会的在先被给予，个人与社会之间的关系不会是一种"分离关系"。

在这样的氛围下，笔者开始思考"意识之内"的认同发生问题，也就是在这个契机下，笔者才进入了现象学的范畴。而在进入现象学之前，笔者的方法论基础是康德的，至于为什么选择康德，其实来自一个小小的偶然，就是笔者在阅读西方经典作家的作品时，发现"康德"是他们喜欢引用的人，笔者当时就在想，既然那么伟大的人都去引用康德，那就应该去阅读康德的作品，当时选择的是他的第一批判，即《纯粹理性批判》。

在当时的基础条件下，它是让笔者最痛苦的书，后来对舍勒的书也有同样的感觉。但是，当时来说，这本书真的好难读，例如其中的"杂多"概念，例如当时的"出现"概念，再加上康德的论证以"完整性"为标准，所以读起来就更加难懂。但是，笔者当时有一个想法，就是既然大家都觉得这是一个好东西，那么，个人就应该放下恐惧心理，也应该放下所有的成见虔诚地向这本书靠近。

笔者在康德这里花了三四年的时间，感觉确实有很多的收获，这其中最

① ［德］马克斯·韦伯. 社会学的基本概念 ［M］. 顾忠华，译. 桂林：广西师范大学出版社，2010：20.

② ［德］马克斯·韦伯. 社会学的基本概念 ［M］. 顾忠华，译. 桂林：广西师范大学出版社，2010：27.

多的是康德的"先验概念"。但是，当时只是觉得康德非常厉害，并不知道康德的思想源头，在读的时候也是云里雾里，不知所云。后来又读了郑昕的东西，才知道有康德主义和新康德主义，才知道康德的思想发端于经验主义和理性主义，慢慢地，自己以前读的洛克、莱布尼茨、休谟、卢梭、笛卡尔才被慢慢地定位。

此时，笔者也慢慢地懂得了陈丹青那句话，每当有新的作品出现，历史上的经典都会随着动一动。也就是说，在自己不停地往前走的过程中，自己原来读的书并没有像一团散沙一样剥离出自我，恰恰相反，它们就像珍珠一样，一个又一个有了自己的位置，这位置到目前为止，核心的定位基础仍然是现象学年龄也确实不小了，也没有更多的力气去为现象学的内容细分找到凭借了，这对自己来说其实是一个很残忍的事情，这就像一个虔诚的朝拜者走了好远的路前去朝拜，却因为各种各样的不可抗力的原因难以到达，无缘得见真容，我相信所有的朝拜者都会遇到这样的问题吧。

三、问题发现的方法

问题的发现是与阅读不同的思路，经典的文献不管与其生活的时代结合多么紧密，它也需要面对经典文献的宿命：一方面，它要想成为经典就不得不经历历史的沉淀；另一方面，它还要面对时代的当下化，解决当下化的问题。也就是说，它需要解决的是历史跨度下的时空问题。

任何一个问题的出现都代表着个体的一种认同现象，这种认同方式代表了外在的表象进入我们意识的方式，最开始进入我们意识的认同是"他者认同"，其实是一种"统一"认同，即我们会因为对某个人的权威产生认同进而认同这个人的某一种观点，笔者给这种认同方式取名"统一式认同"，这是我们刚刚开始的认同方式，例如，我们会因为认同自己的父母而认同父母的话语。然而，"同一"式认同不同，"同一性并不是通过比较的和思想中介的反思才被提取出来，相反，它从一开始便已在此，它是体验，是不明确的、未被理解的体验。换言之，在现象学上，从行为方面来看被描述为充实的东西，从两方面的客体，即被直观到的客体这一方面和被意指的客体那一方面来看则可以被表达为同一性体验、同一性意识、认同行为；或多或少完善的同一性是与充实行为相符合并在它之中'显现出来'的客体之物"①。

笔者之所以如此表述认同，并将认同与"同一"关联，其目的是描述一种问题的发现方法，也是我们一直强调的以自我为对象的方法，笔者的目的就是要凸显个体自我内心的自我同一性。然而，这种自我同一性就像卢梭所说的，天生的都是好的，一旦来到人间就变坏了。这句话在笔者看来，它是需要走向自我还原的路，也就是"从两方面的客体，即被直观到的客体这一方面和被意指的客体那一方面"来发现自我的同一性问题。

这里有一个很好玩的故事，这个故事涉及自我"统一性"的成见。它发生于笔者小的时候，那个时候家里很穷，父亲从集市上买回来几根香蕉，那是笔者第一次吃香蕉，所以，也分不清楚香蕉是熟了还是不熟，结果那是不熟的香蕉，印象中吃起来又苦又涩，父亲为了让香蕉更好吃些，还上锅蒸了一次，并蘸上白糖，总之，我的印象是香蕉不好吃。后来，在我上三年级的时候，有一次去亲戚家里，那个亲戚给我一根香蕉，我拼命拒绝，说香蕉不好吃，我不爱吃，后来无奈之下吃了一根香蕉，发现很好吃。在这个例子中，"被意指的客体"是"香蕉不好吃"，被直观的客体是"不熟"的香蕉，而自我的强势"统一"，形成了"香蕉不好吃"的成见。

然而，如何从这种成见中走出来呢？这就是笔者所一直关心的问题了。在我们的意识深处，有一些同一的东西，它并没有经过"比较的和思想中介的反思"，它就像我们自己一样，与自我同一地发生着关联。然而，还有一些东西，这些东西往往是经过了他者的中介，或者说经过了"思想中介"而给予我们的，它往往在我们尚未思考的情况下就凭着自己想当然的方法相信了，它并不是"体验"，而是一种外在表象的记忆。自我对这种问题的凸显方法就是重新回到自己的体验，用体验去挤压出那些"空乏"表象。

为此，我们选择的问题发现方式不是回归经典，恰恰相反，我们采用田野调查方法去寻找问题。人民群众是历史的创造者，社会最基础的部分是问题最为敏感的部分，因此，我们采用扎根理论的质性研究方法，采用个人自传的撰写和半结构的深度访谈方法来提取社会和个人的问题。

---

① ［德］埃德蒙德·胡塞尔. 逻辑研究：二（2）［M］. 倪梁康，译. 北京：商务印书馆，2017：1023-1024.

四、用经典解决真问题

经过了经典的还原和问题的发现，我们的科研思路就开始变得开阔了，一方面，我们具有了切身的问题导向，另一方面，我们有了问题的经典高度。此时，我们需要一个科学的思维：做一个研究和做一篇论文是不一样的。研究需要科学精神，论文不一定需要。自五四运动以来，科学和民主的问题开始为我们所了解，然而，就目前的科研精神来说，我们往往最缺的是科学的精神。

而集中体现科学精神的东西有两种，其中一种是自然科学，其追求因果必然性，这就像电灯的开关一样，我们打开灯，灯就要亮，如果不亮，那就表明停电或者电灯坏掉了。然而，人文科学不同，它需要的不是因果必然性，这也是笔者没有选择量化研究的原因，它需要的是阐释，它需要用简单的语言描述深刻的道理，用理解性高的语言代替理解性低的语言。然而，这种逻辑可能会被现象学所改变，因为深入意识之内的东西并不是"理解性"很高的语言。

此时，我们需要借助一些科学的方法，这个方法在前面已经论述了，就是还原的方法论。然而，在执行这些方法论的时候，还需要一种暂停"成见"的立场，此时，我们需要将我们原有的东西暂时放入括号中，我们并不是否认它们，而是否认它们发生作用的"因果必然性"。此时，我们自己的原有信念就会离开"成见"，它就会变得不那么独断，"我们也可以说：设定是一种体验，但我们不'利用'它，而且这当然不被理解作我们失去了它（如同当我们说某人失去知觉时绝不使用一个设定一样）；相反，对于这种表达和一切类似的表达而言，这是一个对确定的、特殊的意识方式的指示的问题，这个意识被加诸原初的简单设定之上（不论它们是否是一个现实的甚至是述谓的存在设定），而且以同样特殊的方式改变了它的价值"①。

至此，我们可以明确地表明我们的"科学态度"，与康德的"自然理性"和狄尔泰的"历史理性"不同，我们所要借鉴的东西是现象学的"意识理性"，

---

① ［德］埃德蒙德·胡塞尔. 纯粹现象学通论：纯粹现象学和现象学哲学的观念（I）［M］. 李幼蒸，译. 北京：中国人民大学出版社，2004：42.

在此"意识不仅是与客体相对的主体实在和功能，它本身也已成为一种重要的分析对象"①。而这在某种程度上可以回溯到"科学"的鼻祖阶段，也就是亚里士多德的"自己知道"这个范畴。在这样的背景下，一切存在于意识之内的东西都是我们要面对的东西，其不同之处在于，我们对"能为我所用"的意识部分存在一个批判，也即，一种认知是如何进入我们的意识之内，以及如何被我们认之为真的这一现象整体成了我们所要批判的内容。

在这样的思路下，我们开始重新校正经典和问题之间的关联方式。就文献的处理方式而言，"引证"和"印证"是两种主要的方式，在日常的科研中我们喜欢去"印证"，就是我们在阅读经典中发现了一个问题，然后带着这个问题视角去观看经验生活，然后我们就进一步确认了自己的认知。与之有关的还有另外一种，就是我们不带任何的视角去观看我们的日常生活，然后，用经典的文献去"引证"，然后，发现经典描述与我们的日常生活不同的地方，并以此为基础开展研究。

二者不同的地方在于对待"核心词汇"的态度不同，一种是名称的对待方式。一种是概念的对待方式，"太阳东升西落"就是一个经验的名称对待方式，而"日心说"则是一个概念的对待方式，虽然后者还是会被推翻，但是，它与前者不同的地方在于它的概念方式。这样，我们对待经典的方式就开始具有科学思维，也就是两个维度：其一，专业的学说；其二，专业的科研团队。任何的科学研究都是在这两个维度上展开。

第三节　教育社会学的三大谱系整理

一、功能论、冲突论和诠释论

1. 结构功能主义自上而下的意义解释取向

这种理论取向的开创者是法国社会学家涂尔干。结构功能主义的重要贡

---

① ［德］埃德蒙德·胡塞尔. 纯粹现象学通论：纯粹现象学和现象学哲学的观念（I）［M］. 李幼蒸，译. 北京：中国人民大学出版社，2004：4.

献就是提出了社会学应该研究的对象——社会事实，它与物理事实一样，不能隶属于心理学和哲学，而是一个独立的研究对象。以此为基础，他以社会事实的功能需要来研究和讨论个人与教育现象。

（1）社会事实的概念

他认为社会事实是客观的，"社会事实是与物质之物具有同等地位但表现形式不同的物"①。在个人与社会关系定位上，他强调社会是个人的缘起，而不是个人构成社会。他从社会事实出发来解释个人的行为，"社会事实"是存在于个人之外并能对个人产生强制作用的"行为方式、思维方式和感觉方式"②。

他并不否认个人的主动性，但是，他认为个人心理特征与社会事实之间不是一个线性的决定关系，认为在心理学和社会学之间"存在着同样的不连续性"③，其根源在于，社会事实是个人精神世界综合加工的结果。这种综合的概念带有康德"综合判断"的意蕴，康德认为判断可以分为综合判断和分析判断，综合判断的结论并不能从判断的前提中找到原型，综合判断的独特性就是其通过判断生成了新的东西。

（2）社会事实的功能分析立场

涂尔干以社会事实的功能属性来分析社会，他认为个体与社会在功能上是相通的、一体的。因此，为了满足社会事实的功能需要，对个人采取的强制措施就不是为了个人复仇，而是满足集体意识这一社会性要求。如果个体没有能够社会化，那就是"脱序"或者"失范"，"失范"是个人社会功能的空白，是相对社会事实已经得到规定部分的"未规定性"，"如果分工不能产生团结，那是因为各个机构间的关系还没有得到规定，它们已经陷入了失范状态"④，这一思路一直延伸到了他对自杀现象的研究。

---

① ［法］E.迪尔凯姆.社会学方法的准则［M］.狄玉明，译.北京：商务印书馆，1995：7.

② ［法］E.迪尔凯姆.社会学方法的准则［M］.狄玉明，译.北京：商务印书馆，1995：24.

③ ［法］E.迪尔凯姆.社会学方法的准则［M］.狄玉明，译.北京：商务印书馆，1995：119.

④ ［法］埃米尔·涂尔干：社会分工论［M］.渠东，译.北京：生活·读书·新知三联书店，2013：328.

(3) 教育的社会功能定位

涂尔干用教育事实的功能分析教育事实，认为教育是"为了培养作为社会存在的人"①。进一步说，教育需要服从社会的功能价值，通过社会化和选择功能的发挥，教育在个人的阶层分流以及知识的管理等方面发挥作用。并且，教育不是为了促进个人的发展。

在涂尔干看来，"教育在我们身上所要实现的人，并不是本性使然的那种人，而是社会希望他成为的那种人，是社会根据自己内在经济的要求希望他成为的那种人"②。而人类生活社会属性的表现为共同的信仰和道德原则，所谓共同就是"社会成员平均具有的信仰和感情的总和，构成了他们自身明确的生活体系"③，而道德来自社会分工所要求的"秩序、和谐和社会团结"④。

因此，他将教育定位于"年长的一代对尚未为社会生活做好准备的一代所施加的影响。教育的目的就是在儿童身上唤起和培养一定数量的身体、智识和道德状态，以便适应整个政治社会的要求，以及他将来注定所处的特定环境的要求"⑤。在他看来，教育的意义就是帮助个人习得社会事实。社会通过制度化的酬赏和惩罚来维持社会的存在，这样，个体如果不能够通过学习和考试来满足社会的结构要求，那么，个体就不能够将自己纳入社会中来，这样社会对个人的负面评价就会以学业失败的形式表现出来。因此，他认为"好的成绩、分数、奖项以及班级荣誉实际上都是留给最聪明的学生的"⑥，因为个人的知识成就、产业成就以及艺术成就是社会所需要的，而德行的奖

---

① ［法］E. 迪尔凯姆. 社会学方法的准则［M］. 狄玉明，译. 北京：商务印书馆，1995：28.

② ［法］爱弥尔·涂尔干. 道德教育［M］. 陈光金，沈杰，朱谐汉，译. 上海：上海人民出版社，2006：269.

③ ［法］埃米尔·涂尔干. 社会分工论［M］. 渠东，译. 北京：生活·读书·新知三联书店，2013：43.

④ ［法］埃米尔·涂尔干. 社会分工论［M］. 渠东，译. 北京：生活·读书·新知三联书店，2013：27.

⑤ ［法］爱弥尔·涂尔干. 道德教育［M］. 陈光金，沈杰，朱谐汉，译. 上海：上海人民出版社，2006：235.

⑥ ［法］爱弥尔·涂尔干. 道德教育［M］. 陈光金，沈杰，朱谐汉，译. 上海：上海人民出版社，2006：149.

赏则是个人自我感觉到的尊敬感和同情心，是个人的事情。

据此，如果农家子弟出现学业失败或者失落现象，那么原因在于他们自己。因为他们在社会事实和功能上远远没有社会精英阶层的作用大，所以，他们就会在学业升迁这一社会奖赏方式上落败，进而丧失了学业升迁的机会。另外，由于他们不够努力，也不够聪明，所以，他们没有办法积累足够社会事实的"智识"，这种个人差异的现实情况，也是社会事实的一个部分。在结构主义看来，教育承担了个人与社会之间的功能价值，社会通过教育对个人进行社会价值的影响，并对符合社会价值的个体进行学业酬赏，继而，将这种酬赏体现在工作机会和社会地位上。与之相对，如果个人对这种教育体制反对，或者无法接受这种体制，那么就是社会的"脱序"和"失范"现象。

2. 马克思主义冲突论自下而上的解释取向

相对于结构功能主义偏静态的分析视角，冲突理论强调"矛盾""冲突"和"变迁"等动态要素，并认为这三种要素内存于任何的社会结构。因此，马克思以"矛盾性"和"对抗性"来解释资本主义社会。与功能主义相类似，马克思将自己的分析单位定位于阶级而非个人，并且提出唯物史观和劳动异化的概念，他自己也以此为基础揭示被宰制阶层的贫困和被动社会地位。

（1）唯物史观的阶级分析方式

马克思的社会分析立场是非个人取向的，并且他对社会的分析立场是唯物的，他强调他的研究与旧唯物主义的不同之处就是将唯物的观点推进到社会历史范畴。就推理方式而言，他首先将人确定为感性的存在，并且从属于一定的阶级，然后，阶级式的社会关系又受到其特定的物质生产方式的制约，这样，就实现了他生产力与生产关系的决定关系，以及生产力与生产关系共同构成经济基础进而决定上层建筑的理论分析模式。

对于人的界定来说，他批判旧唯物主义将人界定为孤立的个人这一分析指向，认为他们的主要缺点是"对对象、现实、感性，只是从客体的或者直观的形式去理解，而不是把它们当作感性的人的活动，当作实践去理解，不是从主体方面去理解"①。他将个人寓于所存在的社会关系之中，认为人在根

---

① ［德］弗里德里希·恩格斯. 路德维希·费尔巴哈和德国古典哲学的终结 ［M］. 中共中央马克思恩格斯列宁斯大林著作编译局，译. 北京：人民出版社，2014：59.

本上只是社会关系的总和而已，"各个人的出发点总是他们自己，不过当然是处于既有的历史条件和关系范围之内的自己，而不是意识形态家们所理解的'纯粹的'个人"①。

但是，与结构功能主义不同，他对被支配阶层持同情态度。另外，马克思"经常援用支配（herrschaft）和阶级支配（klassenherrschaft）两个概念"，而它们在英文版中被译为"统治"（rule）和"阶级统治"（class rule），从而导致"这些术语较德语愿意更多了一层故意强加的权力的含义"②。他强调个人的生活受其所处的阶级地位决定，"阶级对各个人来说又是独立的，因此，这些人可以发现自己的生活条件是预先确定的：各个人的社会地位，从而他们个人的发展是由阶级决定的，他们隶属于阶级"③。并且这种社会性阶级关系的决定因素根植于其物质性的生产方式之中，"人们是受他们的物质生活方式的生产方式、他们的物质交往和这种交往在社会结构与政治结构中的进一步发展所制约的"④。这样，马克思就完成了其社会分析的闭合路径。

（2）异化劳动和工人的贫困

马克思提出"异化劳动"的概念来解释资本主义社会中的工人贫困问题，因为工人并不占有所生产商品的价值和使用价值，"工人对自己的劳动的产品的关系就是对一个异己的对象的关系"⑤，而商品的价值需要工人劳动进行价值附加来实现，这样，工人生产的产品越多，产品的交换价值就越低，而产品交换价值的减少会让工人附加在产品中的劳动价值相对贬值，进而导致工人劳动力交换价值的减少。"工人生产的财富越多，他的生产的影响和规模越大，他就越贫困。工人创造的商品越多，他就越变成廉价的商品。物的世界的增值同人的世界的贬值成正比"⑥，另外，由于人受生产关系及其生产力的决定，因此，这种异化劳动也最后导致"人自己的身体同人相

① 马克思．德意志意识形态［M］．节选本．北京：人民出版社，2018：65.
② ［英］安东尼·吉登斯．资本主义与现代社会理论：对马克思、涂尔干和韦伯著作的分析［M］．郭忠华，潘华凌，译．上海：上海译文出版社，2013：48.
③ 马克思．德意志意识形态［M］．节选本．北京：人民出版社，2018：64.
④ 马克思．德意志意识形态［M］．节选本．北京：人民出版社，2018：16.
⑤ 马克思．1844年经济学哲学手稿［M］．北京：人民出版社，2018：48.
⑥ 马克思．1844年经济学哲学手稿［M］．北京：人民出版社，2018：47.

异化，同样也使在人之外的自然界同人相异化，使他的精神本质、他的人的本质同人相异化"①。

（3）服务于劳动异化的教育再生产

在马克思看来，资本主义的教育不是为了满足个人的自我发展，而是隶属于资本主义社会关系的生产与再生产，因此，"工人的需要不过是维持工人在劳动期间的生活的需要，而且只限于保持工人后代不致死绝"②。并且，由于资产阶级掌握着生产资料的所有权，他们对生产力和生产关系的基础决定地位必然让他们掌握着上层建筑的设定模式，这样，上层建筑中的教育必然隶属于资本主义生产力和生产关系的再生产。国家"不是资本家与劳动阶级间的仲裁者和调和剂，甚至成为阻挠劳动阶级表达不满的压抑者"③。另外，资本家需要传播自己的意识形态，并运用他们自己的意识形态来对工人阶层进行教化，教育的作用和价值就在于此，资本家借助教育将资本家所认可的价值观念对工人阶级进行意识的再制，从而实现资本主义生产关系的再生产。

二、三种宏观解释取向的发展

以马克思、涂尔干和韦伯为基础开创的三大社会学解释取向直接或间接地影响了后世的教育社会学研究范式，这种分类方式最早由英国学者 Barry Hunt 和 David Blackledge 所编写的《教育社会学理论》所开创④，在陈奎熹编著的《教育社会学》中得到保持和运用⑤，另外在谭光鼎和王丽云所编著的《教育社会学：人物与思想》中也有体现。根据《教育社会学：人物与思想》这部著作的研究发现，后世的学者虽然都博采众长，但在直接的思想源头上都师承一个明确的理论取向，例如帕森斯和默顿受到涂尔干的影响，也被归为功能分析的学派，而鲍尔斯与金帝斯、布迪厄、法兰克福学派的意志

---

① 马克思.1844 年经济学哲学手稿 [M]. 北京：人民出版社，2018：54.
② 马克思.1844 年经济学哲学手稿 [M]. 北京：人民出版社，2018：62.
③ 谭光鼎，王丽云.教育社会学：人物与思想 [M]. 上海：华东师范大学出版社，2008：17.
④ [英] 布列克里局·杭特.教育社会学理论 [M]. 李锦旭，译.台北：桂冠图书股份有限公司，1976：214-218.
⑤ 陈奎熹.教育社会学 [M]. 台北：台北三民社，2007.

论解释者哈贝马斯，符码理论的创立者伯恩斯坦，以及目前在国内影响很大的保罗·威利斯则受到马克思的影响，也被归为冲突学派，而就韦伯的诠释社会学而言，其后继者舒茨和舍勒等也因为借鉴了现象学的视角有所发展。另外，就研究旨趣来说，福柯因为"试图从微观的角度，来探索社会中对人的心灵具调控作用的种种权力机制"，他可以被归为诠释社会学的流派。当然，教育社会学的三大流派具有合流的趋向，这是下个部分要说明的问题。

1. 功能主义的范式发展

（1）帕森斯

帕森斯是最有影响的功能论作者，他的理论被称为"和谐理论"，他遵从了涂尔干"社会事实"的诠释路径，借助"体系"的概念来分析社会的结构化现象。他认为体系具有"内在状态稳定"和"自行调整"的特点，而教育的功能在于缓解"社会紧张"。

因此，帕森斯认为教育的不公并非来自社会结构，而是来自能力、家庭偏好和个人的动机①。他把社会分为三个系统：文化系统、社会结构系统和人格系统，其中文化系统包括共享的价值、规范、知识和信念，社会结构系统包括角色、角色期望和被共享的行为期望，而人格系统包括社会化过程中习得的需求②。就社会的运行而言，其遵从文化系统决定社会结构系统，社会结构系统决定人格系统。

学校的功能体现在"社会化的媒介"（agency of socialization）上，个人的社会化功能体现在个人对社会的承诺和能力上。承诺有两种，即对现有社会结构的承诺和对广泛价值（broad values）的承诺；能力也分为两种，即满足个人角色的能力和满足他人对附加于这些角色之特定人际行为的期望要求，并能够进行角色履行（role-responsibility）的能力③。体现在这种承诺指向社会的文化系统和社会结构的功能系统，当一个人的能力指向社会文化系

---

① ［英］布列克里局·杭特. 教育社会学理论 ［M］. 李锦旭，译. 台北：桂冠图书股份有限公司，1976：89.

② ［英］布列克里局·杭特. 教育社会学理论 ［M］. 李锦旭，译. 台北：桂冠图书股份有限公司，1976：94.

③ PARSONS T. The School Class as a Social System: Some of Its Functions in American Society ［J］. Harvard Educational Review，1959，29（4）：298.

统的"广泛价值"的时候，他自己的社会化程度就高，社会对这个人的酬赏就越大，如果一个人仅仅是扮演社会结构之内的特定角色，他的社会化程度就会很低，从而，他的教育酬赏也就低。

就教育在社会与个人之间的功能发挥来说，教育成就是个人的经济收入和社会地位的衡量标准。教育通过选择和社会化的方式发挥了其社会功能：一方面，教育将社会的主要价值观念内化为个人的人格；另一方面教育也以学业成就为基础进行选择，并将这种选择的结果作为个体进入社会并获得社会认可的凭借，从而实现了教育在个人与社会之间的贯穿功能。

（2）默顿

默顿是帕森斯的学生，也是另一位社会功能论的大师，他批判帕森斯的理论是一种"静态的"和"非历史的分析方式"，认为社会学的研究对象是对"社会结构及其变迁"与"结构中人们的行为及其结果"进行"逻辑相关"和"经验相符"的命题表述①。为此，他提出自己的"中层理论"作为分析视角，他的中层理论就是"社会系统的一般理论和对细节的详细描述之间"②。

他借鉴了帕森斯用结构化要求来分析社会与个人互动的策略，同时，他认可个人通过对结构要求的认可来存在于社会之中，因此，他的一个重要的理论出发点是"结构影响功能，功能影响结构"③。在这一点上，他与帕森斯的研究路径具有相通之处，但是，他通过一定的概念图式将这种研究指向动态化了，并在动态化中将个体适应社会的方式分为五种类型，见表6-1。

表6-1　个体适应模式的类型

遵从类型	文化目标	制度化手段
Ⅰ. 遵从	+	+
Ⅱ. 创新	+	−

① ［波兰］彼得·什托姆普卡. 默顿学术思想评传［M］. 林聚任，等译. 北京：北京大学出版社，2009：102.

② ［美］罗伯特·K. 默顿. 社会理论和社会结构［M］. 唐少杰，等译. 南京：译林出版社，2008：51.

③ ［美］罗伯特·K. 默顿. 社会理论和社会结构［M］. 唐少杰，等译. 南京：译林出版社，2008：166.

续表

遵从类型	文化目标	制度化手段
Ⅲ. 仪式主义	-	+
Ⅳ. 退却主义	-	-
Ⅴ. 反抗	±	±

其中（+）代表接受，（-）代表据斥，而（±）代表"对流行价值的据斥及用新价值替换"①；"遵从"代表着对文化目标和制度化手段的接受状态，而"创新"代表着个体接受文化目标，但是对达致目标所配置的制度化途径和方法缺乏内化，"仪式主义"代表着个人对金钱成功和社会升迁一个更高社会目标的放弃，或者降低到"个人志向得到满足"，常见的说法就是"知足常乐"，"退却主义"则代表了文化目标和制度化手段的双重丧失，他们只是"在社会里"但不属于那里，例如"流浪儿、吸毒者"，"反抗"意味着对现有社会结构的否定和欲求脱离"其支配作用的目标和准则"，但是其并不将"忠诚和合法性"等文化标准置于其中②。

2. 冲突论的发展

（1）鲍尔与金提斯

他们在《资本主义美国的学校教育》中提出资本主义的教育遵从符应原则、家庭经济地位和阶层代际传递原则。

首先，他认为美国的学校教育遵从与资本主义的生产目的相符合的原则（correspondence principle），它的目的是让个人成为一个成年的工作角色而准备的，教育不是为了满足个人的认知能力的提高。因此，就美国的教育来说，虽然大家认识到了认知技能非常重要，但是，其教育的指向却"躺在别处"③。

其次，他认为，由于教育在经济地位和社会定位方面的不公平分配这一

---

① ［美］罗伯特·K. 默顿. 社会理论和社会结构 ［M］. 唐少杰，等译. 南京：译林出版社，2008：233.

② ［美］罗伯特·K. 默顿. 社会理论和社会结构 ［M］. 唐少杰，等译. 南京：译林出版社，2008：233-257.

③ BOWLES S, GINTIS H. Schooling in Capitalist America：Educational Reform and the Contradictions of Economic Life ［M］. New York：Basic Books, 2011：ix.

原因，经济出身较好的学生获得了超出性（beyond）的优质教育，这让个体的经济地位和社会阶层及其经济处境在代际之间进行传递，优势通过教育获得更优势的资源，然后再占有优势教育，而劣势则只能再生产劣势。另外，他认为现代学校系统的进步并不来自民主观念和教育学思想的渐进完善（gradual perfection），而是来自因工作和收入所形成的社会团体间所不断上升的冲突或矛盾（conflict）①。根据他的调查和研究结果，在美国的当下，个性特质和行为情感方面的个人差异比认知技能和其他技能方面的差异更能解释社会经济的不平等②，这说明以"认知和技能"为中心的教育解释正在被个人情感和个性差异等解释方式所代替，而后者却要比教育的"技术培训"具有更加复杂的社会原因。而这种结论也被美国芝加哥学派的计量经济学家、2000 年诺贝尔经济学奖获得者詹姆斯·赫克曼所证明。

最后，在提高个人的认知技能方面，美国学校教育将之相关于经济成功的工作尚不尽如人意。他认为美国的学校教育仅仅是在复制工厂和工作场所（environment of the workplace）所要求的社会结构和个人特质，而且，学生在学校所学习的智力技能很少能够支撑他们将来的经济成功。由于这种教育的不公平，它导致父母所属的阶层和经济地位会在代际间再制。

就社会再制的原因分析而言，鲍尔和金提斯是运用马克思的生产力决定生产关系，生产关系要与生产力相符合这一理论为基础来分析教育的，因此，在他们看来，教育要服从于其所属的"经济"结构，教育也要为了再制这种经济结构而运作，这就是教育的"符应原则"。因此，就美国的资本主义社会来说，教育追求的核心价值是"技术专家主义——功绩主义"（technocratic-meritocratic）③，这说明教育改革不能从技术入手，而要从社会结构入手。

---

① BOWLES S, GINTIS H. Schooling in Capitalist America：Educational Reform and the Contradictions of Economic Life［M］. New York：Basic Books, 2011：X.
② BOWLES S, GINTIS H. Schooling in Capitalist America：Educational Reform and the Contradictions of Economic Life［M］. New York：Basic Books, 2011：XI.
③ BOWLES S, GINTIS H. Schooling in Capitalist America：Educational Reform and the Contradictions of Economic Life［M］. New York：Basic Books, 2011：68.

（2）布迪厄的文化再制理论

布迪厄是通过教育行动、符号暴力、社会化和支配阶层的概念来讨论教育与个人的关系，他认为教育是支配阶层再生产自己认可社会文化的一种专断工具，通过将自己认可的文化符号和价值观念直接灌输给被支配阶层，并将之内化。

首先，文化及文化资本的概念。对此，他用文化专断概念（Cultural Arbitrariness）来说明教育的社会属性，他认为任何文化都含有专断的属性，当我们接受一种文化的时候，就自觉地接受了这种文化的立场和专断。它代表着一种"实在的纯粹权力"，并且它的发生方式是"不让人如实认识这一实在的权力，并由此使人承认这是合法权威的社会和机构方面的条件"[1]。而教育行动就是"从一种专断权力所强加的一种文化专断的意义上说，所有的教育行动客观上都是一种符号暴力"[2]。

其次，教育的再生产方式是一种支配阶层文化的再生产。学校进行教育的文化是"占统治地位的合法占有文化和艺术作品的方式的定义"，它们有利于那些"有教养家庭里的人，他们很早就在学校教育科目之外接触到合法文化"[3]，并且，教育的这一强加方式不仅仅是权力关系的表现，还来自"对教育行动客观真相的不知。后者决定了对教育行动合法性的承认，这一承认又构成了教育行动的实施条件"[4]。

最后，被支配阶层的大学生对文化再生产存在"合谋现象"[5]。他认为，大学生对支配阶层的文化再生产有一个合谋作用，由于教育背后的文化符号是一种专断的符号暴力，它通过教育向个体的传递是在机会的形式平等下进行的，这就将个体对机会均等的认同纳入对文化的认同之上，形成了被支配

① ［法］P. 布尔迪约，［法］J. -C. 帕斯隆. 再生产：一种教育系统理论的要点［M］. 邢克超，译. 北京：商务印书馆，2002：5.

② ［法］P. 布尔迪约，［法］J. -C. 帕斯隆. 再生产：一种教育系统理论的要点［M］. 邢克超，译. 北京：商务印书馆，2002：13.

③ ［法］皮埃尔·布尔迪厄. 区分：判断力的社会批判［M］. 刘晖，译. 北京：商务印书馆，2015：2.

④ ［法］P. 布尔迪约，［法］J. -C. 帕斯隆. 再生产：一种教育系统理论的要点［M］. 邢克超，译. 北京：商务印书馆，2002：23.

⑤ ［法］P. 布尔迪厄，［美］华康德. 反思社会学导引［M］. 李猛，李康，译. 北京：商务印书馆，2015：23.

阶层通过教育公平的外衣而忽略了教育内容的不公平，形成了支配阶层文化再生产的"合谋现象"。因此，学业的差异表现有其深层的文化原因，而不是其带有神秘属性的"天分"和"优秀"的标签，"他们对精英文化虽然也只是从远处有所了解，但他们认为此种文化具有决定性意义，可以证明他们在文化方面的良好愿望——接触文化的明显意图"①。

（3）伯恩斯坦的符码理论

伯恩斯坦首先批判了教育学语境下的"文化再生产"的概念，认为这种概念缺失是对"话语结构本身的任何内在的分析"，而这些话语结构和话语的逻辑方式"提供了外在权力关系得以被承载的方法"②。他接受马克思主义的社会结构决定社会意识的观点，但是，他引入了支配力的概念，权力支配转换成学校的知识分类原则，知识分类原则影响架构，并进而影响教育中的话语方式，这就是他著名的"符码理论"。

首先，他认为学校具有权力支配下的知识分类属性，知识的分配遵从由具体的应用性知识到体现一般原则的普遍性知识的原则，并且这种分类方式暗含了一定的社会要素，即他强调的两种符码类型：集合符码类型与整合符码类型③。前者代表强分类和强架构，后者代表弱分类和弱架构，知识分类越强，它就越要求个体对知识的主观认同和客观性遵守；反之，则赋予个体对知识更多的自主性，只有那些能够通过学校的选择进入更好阶段的学生才有机会成为学业的成功者，"他们中的少数人将有机会去创设话语，并开始意识到话语不是神秘的，并且也没有固定的秩序"④。

其次，他认为教育话语具有意义的潜在可能（meaning potential）⑤，并且，他认为教育策略含有其内在的规则体系，这些规则体系调控着教育的

---

① ［法］P. 布尔迪约，［法］J. -C. 帕斯隆. 继承人：大学生与文化［M］. 邢克超，译. 北京：商务印书馆，2002：26.

② BERNSTEIN B. Pedagogy , Symbolic Control, and Identity：Theory, Research, Critique ［M］. Lanham：Bowman & Littlefield Publishers, Inc. 2000：4.

③ BERNSTEIN B. Pedagogy , Symbolic Control, and Identity：Theory, Research, Critique ［M］. Lanham：Bowman & Littlefield Publishers, Inc. 2000：10.

④ BERNSTEIN B. Pedagogy , Symbolic Control, and Identity：Theory, Research, Critique ［M］. Lanham：Bowman & Littlefield Publishers, Inc. 2000：11.

⑤ BERNSTEIN B. Pedagogy , Symbolic Control, and Identity：Theory, Research, Critique ［M］. Lanham：Bowman & Littlefield Publishers, Inc. 2000：27.

沟通过程，其调控的目的是让其认可的规则和意义的潜在可能得以实现。

这些意义的潜在可能让教育中的沟通不会平等地对待所有的教育话语，而是以潜在的方式进行意义方面的选择。为了分析教育的社会功能，他提出架构（framing）的概念来分析教学交流中的话语方式，而 framing 在英文解释中有"If someone frames something in a particular style or kind of language, they express it in that way"的译项，也就是 frame 是用来描述一个人组织语言和表达背后的规则体系，是一个人的话语风格和方式。因此，他将 frame 指向内在于区域性、互动性教学关系中的沟通控制，包括父母与子女、教育与学生、社会工作者和当事人[①]。

最后，根据话语方式与社会秩序结合方式的不同，他将话语分为两种，即对应着社会阶层关系的社会秩序规则和对应着知识本身的规则[②]。前者对应的话语方式是规约性话语（regulative discourse），其用来评价个体行为的社会价值，例如勤劳勇敢等；后者对应的是教导性话语（instructional discourse），其用来标示知识的选择、排列方式、进程等。其中，架构（framing）与教导性话语和规约性话语的对应关系表现见式6-1[③]：

$$Framing = \frac{instructionaldiscourse \ ID}{regulativediscourse \ RD}$$
（式6-1）

中产阶层的儿童在认知的符码特色上更倾向于弱架构的符码，也就是说他们的语言符码更具有一般性和高度的普遍性，从而，他们也就更容易与学校的符码特点进行对接，从而更容易获得较高的学业评价。

（4）威利斯的反学校文化

不管是社会再制理论还是文化再制理论，都是强调一种社会的视角，而没有从阶层自我选择的视角来进行教育的导入。英国学者保罗·威利斯采用了"洞察"和"反学校文化"的概念来描述劳工阶层子弟为什么会继承父业从而进入阶层再生产的问题，他提出"要解释中产阶级子弟为何从事中产阶

① BERNSTEIN B. Pedagogy, Symbolic Control, and Identity: Theory, Research, Critique [M]. Lanham: Bowman & Littlefield Publishers, Inc. 2000: 12.

② BERNSTEIN B. Pedagogy, Symbolic Control, and Identity: Theory, Research, Critique [M]. Lanham: Bowman & Littlefield Publishers, Inc. 2000: 13.

③ BERNSTEIN B. Pedagogy, Symbolic Control, and Identity: Theory, Research, Critique [M]. Lanham: Bowman & Littlefield Publishers, Inc. 2000: 13.

级工作，难点在于解释别人为什么成全他们。要解释工人阶级子弟为何从事
工人阶级工作，难点却是解释他们为什么自甘如此"①。

对于原因，威利斯认为是工人阶层子弟亚文化的一种文化主动和洞察
（penetration），是工人阶层子弟对自己所认可的文化观念的一种宣示状态，
他强调"社会行动者不是意识形态的被动承担者，而是积极的占有者——通
过斗争、争论，对结构进行部分洞察，实现对现存结构的再生产"②。所谓工
人阶级的文化洞察就是"当劳动力的体力支出不只代表着自由、选择和超
越，还代表着工人阶级嵌入剥削和压迫的制度中的时候，工人阶级文化中就
出现了一个重要时刻——在这一时刻，所有通向未来的大门都关闭了。前者
向人们承诺未来；后者向人们揭示现在"③。

这种文化的洞察让他们否认知识对自己具有现实的意义，他们"看透
了"对"这一基础教学范式的各种重复性的、操纵性的修饰，而无论他们是
否被美其名曰'社会实用性'或'进步教育'理论"④。对通过学校教育进
行阶层跃升并实现身份转换这一信条，他们表达了彻底失望的情绪，由于对
现有教育体系和管理的主动据斥，他们主动性的文化样态走向学校主流文化
的对立面，这让他们的主动精神游离于学校主流文化之外，而学校也通过学
业负面评价的方式让他们的自我实现预言得到确证，这让他们在确证中进一
步认同自己的文化观念，也让他们失去了主流学校文化的认可，这个过程让
"家伙们"在一种文化自主的合谋中走向学业失败的境地。

---

① [英] 保罗·威利斯. 学做工：工人阶级子弟为何继承父业 [M]. 秘舒，凌旻华，
　译. 南京：译林出版社，2013：1.
② [英] 保罗·威利斯. 学做工：工人阶级子弟为何继承父业 [M]. 秘舒，凌旻华，
　译. 南京：译林出版社，2013：226.
③ [英] 保罗·威利斯. 学做工：工人阶级子弟为何继承父业 [M]. 秘舒，凌旻华，
　译. 南京：译林出版社，2013：153.
④ [英] 保罗·威利斯. 学做工：工人阶级子弟为何继承父业 [M]. 秘舒，凌旻华，
　译. 南京：译林出版社，2013：164.

参考文献

一、哲学部分

[1] 张岱年. 中国哲学大纲 [M]. 北京：中国社会科学出版社，1982.

[2] 冯友兰. 中国哲学简史 [M]. 赵复三，译. 北京：生活·读书·新知三联书店，2009.

[3] 吴怡. 中国哲学发展史 [M]. 台北：三民书局股份有限公司，1989.

[4] 邓晓芒.《纯粹理性批判》讲演录 [M]. 北京：商务印书馆，2013.

[5] [古希腊] 亚里士多德. 形而上学 [M]. 苗力田，译. 北京：商务印书馆，3.

[6] [古希腊] 亚里士多德. 尼各马科伦理学 [M]. 苗力田，译. 北京：中国社会科学出版社，1999.

[7] [法] 让-雅克·卢梭. 爱弥儿 [M]. 李平沤，译. 北京：商务印书馆，1978.

[8] [法] 埃蒂耶那·博诺·德·孔狄亚克. 人类知识起源论 [M]. 洪洁求，洪丕柱，译. 北京：商务印书馆，1989.

[9] [奥] 路德维希·维特根斯坦. 哲学研究 [M]. 韩林合，译. 北京：商务印书馆，2015.

[10] [美] 威廉·詹姆斯. 实用主义 [M]. 陈羽伦，孙瑞禾，译. 北京：商务印书馆，1997.

[11] [美] 约翰·杜威. 确定性的寻求 [M]. 傅统先，译. 上海：上海人民出版社，2004.

[12] [美] 弗兰克·梯利. 西方哲学史（增补修订版）[M]. [美] 伍德，葛力，译. 北京：商务印书馆，1995.

[13] [英] 伯特兰·罗素. 西方哲学史（上卷）[M]. 何兆武，李约瑟，译. 北京：商务印书馆，1963.

[14] [瑞士] 费尔迪南·德·索绪尔. 普通语言学教程 [M]. 高明凯，译. 北京：商务印书馆，2015.

二、现象学部分

[1] [德] 伊曼努尔·康德. 纯粹理性批判 [M]. 韦卓民, 译. 武汉: 华中师范大学出版社, 2004.

[2] [德] 伊曼努尔·康德. 未来形而上学导论 [M]. 李秋零, 译. 北京: 人民大学出版社, 2015.

[3] [德] 伊曼努尔·康德. 论教育学 [M]. 赵鹏, 何兆武, 译. 上海: 上海人民出版社, 2005.

[4] [德] 威廉·弗里德里希·黑格尔. 哲学史讲演录 (四) [M]. 贺麟, 王太庆, 译. 北京: 商务印书馆, 2009.

[5] [美] 维拉德·梅欧. 胡塞尔[M]. 杨富斌, 译. 北京: 中华书局, 2002.

[6] [德] 埃德蒙德·胡塞尔. 纯粹现象学通论——纯粹现象学和现象学哲学的观念 (I) [M]. 李幼蒸, 译. 北京: 中国人民大学出版社, 2004.

[7] [德] 埃德蒙德·胡塞尔. 逻辑研究 [M]. 倪梁康, 译. 上海: 上海译文出版社, 1998.

[8] [德] 埃德蒙德·胡塞尔. 内时间意识现象学 [M]. 倪梁康, 译. 北京: 商务印书馆, 2010.

[9] 倪梁康. 胡塞尔现象学通释: 增补版 [M]. 北京: 商务印书馆, 2016.

[10] [德] 埃德蒙德·胡塞尔. 欧洲科学危机和超验现象学 [M]. 张庆熊, 译. 台北: 唐山出版社, 1990.

[11] [德] 马丁·海德格尔. 路标 [M]. 孙周兴, 译. 北京: 商务印书馆, 2000.

[12] [德] 马丁·海德格尔. 存在与时间 [M]. 陈嘉映, 王庆节, 译. 北京: 生活·读书·新知三联书店, 2014.

[13] [美] 汉娜·鄂兰. 责任与判断 [M]. 蔡佩君, 译. 新北: 左岸文化, 2016.

[14] [美] 汉娜·鄂兰. 心智生命 [M]. 苏友贞, 译. 台北: 立绪文化事业有限公司, 2007.

[15] [美]汉娜·鄂兰. 人的条件[M]. 林宏涛, 译. 台北: 商周出版, 2017.

[16] [法] 伊曼纽尔·列维纳斯. 生存及生存者 [M]. 张乐天, 译. 杭州: 浙江人民出版社, 1987.

[17] [法] 伊曼纽尔·列维纳斯. 从存在到存在者 [M]. 吴蕙仪, 译. 南京: 江苏教育出版社, 2005.

[18] [法] 伊曼纽尔·列维纳斯. 总体与无限: 论外在性 [M]. 朱刚,

译．北京：北京大学出版社，2016.

[19]［美］赫伯特·施皮格伯格．现象学运动［M］.王炳文，张金言，译．北京：商务印书馆，2011.

三、社会学部分

[1]［法］埃米尔·涂尔干．社会分工论［M］.渠东，译．北京：生活·读书·新知三联书店，2013.

[2]［法］爱弥尔·涂尔干．道德教育［M］.陈光金，等译．上海：上海人民出版社，2001.

[3]［法］E.迪尔凯姆．社会学方法的准则［M］.狄玉明，译．北京：商务印书馆，1995.

[4]［法］爱弥尔·涂尔干．教育思想的演进［M］.李康，译．北京：商务印书馆，2016.

[5]［美］帕深思，［美］莫顿．现代社会学结构功能论选读［M］.黄瑞祺，编译．台北：巨流图书公司，1981.

[6]［美］塔尔科特·帕森斯．社会行动的结构［M］.张明德，等译．南京：译林出版社，2012.

[7]［美］罗伯特·K.默顿．社会理论和社会结构［M］.唐少杰，等译．南京：译林出版社，2008.

[8]［德］卡尔·马克思．1844年经济学哲学手稿［M］.中共中央马克思恩格斯列宁斯大林著作编译局．北京：人民出版社，2018.

[9]［英］保罗·威利斯．学做工：工人阶级子弟为何继承父业［M］.秘舒，凌旻华，译．南京：译林出版社，2013.

[10]［德］斐迪南·滕尼斯．共同体与社会——纯粹社会学的基本概念［M］.林荣远，译．北京：北京大学出版社，2010.

[11]［德］马克斯·韦伯．社会学的基本概念［M］.顾忠华，译．桂林：广西师范大学出版社，2010.

[12]［德］马克斯·韦伯．支配社会学［M］.康乐，简惠美，译．桂林：广西师范大学出版社，2010（日版脚注）.

[13]［德］马克斯·韦伯．经济与历史；支配的类型［M］.简惠美，等译．桂林：广西师范大学出版社，2010.

[14]［德］奥斯华·史宾格勒．西方的没落［M］.陈晓林，译．台北：桂冠图书股份有限公司，1975.

[15]［法］布莱士·帕斯卡尔．思想录［M］.何兆武，译．北京：商务

印书馆，1995.

[16] [法] 亨利·柏格森. 时间与自由意志 [M]. 吴士栋，译. 北京：商务印数馆，1958.

[17] [德] 许茨. 社会实在问题 [M]. 霍桂桓，译. 北京：华夏出版社，2001.

[18] [美] 舒茨. 社会世界的现象学 [M]. 卢岚兰，译. 台北：桂冠图书股份有限公司，1991.

[19] [法] 皮埃尔·布尔迪厄. 实践理论大纲 [M]. 高振华等，译. 北京：中国人民大学出版社，2017.

[20] [法] 皮埃尔·布尔迪厄. 实践理性：关于行为的理论 [M]. 谭立德，译. 上海：三联书店，2007.

[21] [法] 皮埃尔·布尔迪厄. 实践感 [M]. 蒋梓桦，译. 上海：译林出版社，2009.

[22] [法] 皮埃尔·布尔迪厄. 帕斯卡尔式的沉思 [M]. 刘晖，译. 北京：生活·读书·新知三联书店，2009.

[23] 包亚明. 文化资本与社会炼金术——布尔迪厄访谈录 [M]. 上海：上海人民出版社，1997.

[24] [英] 巴兹尔·伯恩斯坦. 教育、符号控制与认同 [M]. 王小凤等，译. 北京：中国人民大学出版社，2017.

[25] [美] 赫伯特·马尔库塞. 单向度的人——发达工业社会意识形态研究 [M]. 刘继，译. 上海：上海译文出版社，2014.

[26] [法] 雷蒙·阿隆. 社会学主要思潮 [M]. 葛志强，胡秉诚，王沪宁，译. 上海：上海译文出版社，2005.

[27] [美] 彼得·柏格，[美] 汤姆斯·乐格曼. 知识社会学：社会实体的建构 [M]. 邹理民，译. 台北：巨流图书有限公司，2005.

[28] [美] 彼德斯. 交流的无奈：传播思想史 [M]. 何道宽，译. 北京：华夏出版社，2003.

[29] [美] 巴林顿·摩尔. 专制与民主的社会起源：现代世界形成过程中的地主与农民 [M]. 王茁，顾洁，译. 上海：上海译文出版社，2012.

四、教育社会学部分

[1] 叶澜. 教育研究方法论初探 [M]. 上海：上海教育出版社，2014.

[2] 陆有铨. 现代西方教育哲学 [M]. 北京：北京大学出版社，2012.

[3] 李德显. 课堂秩序论 [M]. 桂林：广西师范大学出版社，2000.

[4] 谭光鼎，王丽云. 教育社会学：人物与思想 [M]. 上海：华东师范大学出版社，2008.

[5] 陈奎憙. 教育社会学 [M]. 台北：三民书社，2007.

[6] 林清江. 教育社会学新论 [M]. 台北：五南图书出版公司，1989.

[7] 林清江. 文化发展与教育革新 [M]. 台北：五南图书出版公司，1990.

[8] 金耀基. 从传统到现代 [M]. 北京：法律出版社，2010.

[9] [英] A.N. 怀特海. 科学与近代世界 [M]. 何钦，译. 北京：商务印书馆，1989.

[10] [英] A.N. 怀特海. 观念的冒险 [M]. 周邦宪，译. 南京：译林出版社，2014.

[11] [英] A.N. 怀特海. 教育的目的 [M]. 庄莲平，王立中，译. 上海：文汇出版社，2012.

[12] [美] 阿尔伯特·爱因斯坦. 爱因斯坦论科学与教育 [M]. 许良英，等译. 北京：商务印书馆，2016.

[13] [美] 莱斯利·P·斯特弗，[美] 杰里·盖尔. 教育中的建构主义 [M]. 高文，徐斌燕，程可拉，译. 上海：华东师范大学出版社，2002.

[14] [美] 约翰·杜威. 民主·经验·教育 [M]. 彭正梅，译. 上海：上海人民出版社，2009.

[15] [法] 丹尼斯·库什. 社会科学中的文化 [M]. 张金岭，译. 北京：商务印书馆，2016.

[16] [美] 安妮特·拉鲁. 不平等的童年 [M]. 张旭，译. 北京：北京大学出版社，2009.

[17] [英] 布列克里局·杭特. 教育社会学理论 [M]. 李锦旭，译. 台北：桂冠图书股份有限公司，1976.

[18] [美] 基辛. 文化人类学（二）[M]. 张恭启，丁嘉云，译. 台北：巨流图书公司，1989.

[19] [美] 哈维兰，等. 文化人类学：人类的挑战 [M]. 陈相超，冯然，等译. 北京：机械工业出版社，2014.

[20] 康永久. 教育学原理五讲 [M]. 北京：人民教育出版社，2016.

[21] 康永久. 教育制度的生成与变革：新制度教育学论纲 [M]. 北京：教育科学出版社，2003.

[22] 孙风强. 康德曲行认知条件对教育社会学的启示 [M]. 北京：中央编译出版社，2019.

[23] 孙风强. 韦伯主义的行动诠释——民办高校农家子弟学习获得感研究 [M]. 天津：天津人民出版社，2022.

五、期刊与英文部分

［1］钟启泉．"知识教学"辨［J］．上海教育科研，2007（4）．

［2］李德显，李海芳．论交往视域下的教育要素［J］．教育科学，2013（4）．

［3］钟启泉．"课堂互动"研究：意蕴与课题［J］．教育研究，2010（10）．

［4］李德显．合作学习的经验与局限［J］．教育科学研究，2005（11）．

［5］钟启泉．知识建构与教学创新——社会建构主义知识论及其启示［J］．全球教育展望，2006（8）．

［6］张良才，李润洲．论教师权威的现代转型［J］．教育研究，2003（11）．

［7］林秀珠．从文化再生产视角解析中国教育的城乡二元结构［J］．教育科学研究，2009（2）．

［8］董永贵．突破阶层束缚——10位80后农家子弟取得高学业成就的质性研究［J］．青年研究，2015（3）．

［9］康永久．作为知识与意向状态的童年［J］．教育研究，2019（5）．

［10］康永久．教师知识的制度维度［J］．教育学报，2008（3）．

［11］康永久．科学世界及其教育学［J］．南京社会科学，2014（3）．

［12］康永久．深度定位的教师专业发展［J］．教育研究与实验，2012（1）．

［13］李德显，孙凤强．个体社会认知的曲行结构及其教育促进——从《小马过河》说起［J］．教育科学，2019，35（5）．

［14］孙凤强，李德显．基于个体明见性的道德教育［J］．教育学报，2022，18（4）．

［15］L. F. Ward. Social Dynamics. New York：A. D. Appleton Co，1883.

［16］M. Apple. Education and Power（Routledge and Kegan Paul，London，1982）．

［17］H. Giroux.'Theories of Reproduction and Resistance in the New Sociology of Education：A Critical Analysis', Harvard Educational Review, vol. 53, no. 3（1983）．

［18］R. King.'Weberian Perspectives and the Study of Education', British Journal of Sociology of Education, vol. 1, no. 1（1980）．

后　记

　　"子夏问曰：巧笑倩兮，美目盼兮，素以为绚兮。何谓也？子曰：绘事后素。曰：礼后乎？子曰：起予者商也，始可与言诗已矣。"自己云里雾绕地写到这里，却也感觉到理屈词穷。"巧笑倩兮"是我每天都在想的，如果生命的底色是"素"，那么我的"绘事"梦想就是"巧笑倩兮"，至于这个目标在哪里，尼采说，走就是了。

　　"走就是了"其实是一句大实话，这里涉及我们日常一句很强势的话，"做自己生命的主人"。可是，我并不认为我们可以做生命的主人，因为这主人的背后蕴含着丰富的他者影响，也就是说这里有太多别人给我们塑造的生命样式，我们可以想象一下，一提到"生命的主人"这句话，我们想到的东西不是"如何"去做生命的主人，我们更多想到的是生命被逼迫的样子。鲁迅说："真的猛士，敢于直面惨淡的人生，敢于正视淋漓的鲜血。这是怎样的哀痛者和幸福者？""淋漓的鲜血"是我所逃避的，我不敢正视，惨淡的人生也曾经让我灰心丧气。然而，尼采的话给了我很多勇气，他在《悲剧的诞生》中进行了梦的体验之讨论，即"他以全部的理解力体验到的，不仅是愉悦美好的图像；还有严肃、阴暗、伤心、阴沉的画面，突然的压抑，意外事件的捉弄，诚惶诚恐的期待，总之，是整部活生生的《神曲》，连同其中的《地狱》篇"。

　　因此，我想提出自己的生命态度，那就是体验这生命给我的所有，如果我们没有办法体验到自己的生命，那么我们就没有办法去延长自己的生命。就像蜜蜂一样辛勤地积累百花的花粉，将这花粉做成蜂蜜；就像"绘事后素"一样，将生命的底色还原成素色，然后将自己的体验作为颜料拼命涂抹在这素色的画布上。在这里，我并不将自己看作生命的主人，而是将自己看

240

作一个生命的参与者去参与生命现象。事实上，当外在世界在我们心灵上投下第一缕光线的时候，当这一缕阳光试图去表达诚意，去呈现一个无目的的互相欣赏的时候，我们不是那个戴着假面的演员，当我们在选择面具并戴上面具的一刻，我们就已经产生了某种程度的认同，并因为这种认同而自主地参与了其中的狂欢。

罗马有个皇帝说，当死神向我微笑的时候，我就张开双臂拥抱他，我想说的是，当生命给我诱惑的时候，我接纳他，当生命给我苦难的时候，我品尝他，我不想显示自己有多么伟大，因为我的生命除了我自己这个听众以外并没有其他的受众，他是他者被还原之后造物所留给我自己的最美好的礼物，这礼物既有苦辣酸甜，也有喜怒哀乐。康德说"我因此就得扬弃知识，以便替信念留有余地"，我相信这句话，或者说，与知识的客观性相比，我更相信知识的主观性，而主观性里，"信念"是一个很重要的东西，至少它对我来说很重要，它能够让我获得生命里的"前科学"之物，也就是说"难以言表"的东西，这些东西就像一个召唤，让我砥砺前行。

胡塞尔也曾经对"科学"做过同样的批判，他在《逻辑研究》里说，科学的现状就在于不同意将个体的信念与普遍有效的真理区分开来，事实上，能够让我们获得并生成获得感的东西并不是一个生命理性的东西。如果我们特别相信那种外在的普遍有效性的客观性，那就是绕过了自己的生命体验去讨论生命体验，最后只能是一种无本之木。事实上，科学在科学家那里是生命的归纳逻辑，也就是科学家将自己的生命体验用科学的语言说出来，但是，它一旦被请进书本中，它就死掉了，自此之后，它开始走向演绎的逻辑。

我相信这个演绎的逻辑具有重要的思考价值，但是，我不相信这种方法具有思考的意义，因为对我来说，我只能用自己的脑子作为量杯去丈量世界给我的身体信息，并且，不偏不倚地将之写出来。很多时候，我就像一个初学垂钓的人等待着灵感的降临，期待身体这个家伙给我的只言片语，有时候，我又像一个固执的老头，像《老人与海》里的那个老家伙，去逼问身体给出自己想要的答案，也许这就是文人的悲哀吧，写出好东西就沾沾自喜，写不出好东西就恨自己的身体不够灵敏。但是，做身体的搬运工这个行当我还是愿意接受的，尽管身体像一匹桀骜的马一样，但大多数情况下他对我还是比较配合，而我除了用有限的言辞和聊以自慰的话语去描述、去聆听他之外，也确实无能为力。因此，如果说有人去言说可以扼住命运的咽喉，我选择相信，但我做不到，我既不可能去扼住命运的咽喉，也不可能张开双臂去拥抱，我能做的是"绘事后素"，拿掉别人给我的东西，用自己的眼睛和心灵与生命交谈。

另外一个问题，个人的生命具有意义吗？我认为这个生命没有意义，或者说没有外在的"现成"的意义可以供我们去追求。这个逻辑甚至可以追溯到苏格拉底和孔子，苏格拉底去追问"正义"是什么的时候，他并没有将"给每个人他应该得到的东西"这个概念作为意义的追求，他所要追求的正义是现实生活的样子，他的学生柏拉图改变了他老师的这种启发式意义追求方式，将意义问题第一次摆在了人类生活的面前。柏拉图的意义是一个回避现实生活的"理念"，从某种角度上说，将一种"理念"作为人生的意义去信任、去追求总是与柏拉图有关系。柏拉图的弟子亚里士多德认为"自己知道的判断才是一个好判断"，这句话正好可以说是柏拉图的理念向现实生活的转变向度。然而，中世纪的神学为了将人的信仰转向上帝，他们选择了柏拉图的学说而没有选择亚里士多德的学说，为此，"后现代转向"也就在人生意义问题的外在理念与自己知道的"判断"之间挣扎。

尼采宣称："难道有这种可能！这位老圣人在森林中竟毫无所闻，不知道上帝死掉了。"此时，一切意义的问题开始走向被重新估价的时代，因为这代表着用他人之口说出的东西不再成为我自己的人生向导。

可是，一旦我们经历了漫长的"盲目相信"时期，我们就会不自觉地被"再制"，也就是说，我们会以浑然不觉的方式认为我们自己相信的东西就是真实的。此时，怀疑就会与盲目相信相伴而随，怀疑和独断的盲目相信甚至是一回事，就像维特根斯坦说的，"如果你想怀疑一切，你就什么也不能怀疑。怀疑这种游戏本身就预先假定了确实性"。

因此，意义的存在或者构成追求的目标更多与经验视角的现成性有关，它代表着一种权威的运行方式，也许是从这个视角上说，尼采用"上帝死了"这句话来宣布旧世界的死亡。当然，在思考这个问题的时候，我还想到了"天地不仁，以万物为刍狗"这句话，当然还有他的后文，"圣人不仁，以百姓为刍狗"。如果生命真的有什么意义，那么它也不是追求的意义，而是悬置的意义，也就是说，从我们自己的身体体验入手思考外在的意义。生命本身没有意义，如果有人告诉你生命是有意义的，那么这个人要么就是在骗，要么就是在利用，因为生命就是生命，生命是自己的，而自己只有一个，没有其他人可以告诉我们自己的生命具有什么意义！

最后一个问题，思考有方法吗？

思考在这个时代是很奢侈的一件事情，若干年过去后，我们就会发现我们生活在一个思想真空的时代。这一点可以从我们的影视作品中看到，除了抗日剧、历史剧以及美剧、韩剧等，关于当代的，就只剩下娱乐节目和婆媳家庭情感剧了，这个时代甚至可以用海德格尔所说的"无思"的时代来形容。

然而思考还是需要的，同时也需要一些方法，这个方法就是思想家与问题的重新架构。老师再也不是一个教授知识的人，他变成了一个知识的中间人，或者说知识就像百货公司货架上的商品，而老师的职责就像一个服务员，要能够从学习者那里了解他的学习需要，并帮助他们从货架上找到自己的商品，这需要一些方法和运气。

就方法而言，我们需要重新从自己的生命体验出发。在柏拉图那里，它很像牛顿力学的思考方式，就是从外部的相对静止的物体出发去讨论自己的思考，但是，在后现代知识大爆炸的时候，追求那个相对静止物开始变成了夸父逐日般的永无休止。这也许是量子时代的重要贡献吧，它让思考从外部的相对静止物上转开，开始追求自己内心的那个静止物，这个静止物就是"体验"，就像宫崎骏所说的，发生过的事情你永远都不会忘记，只是你想不起来了。

我们自己内心的事情就是体验，这个体验有个标志性的事情可以供大家考虑。如果一件事我们没有为它去消耗"心力"，那么这件事就不会给我们留下印象，但是，一旦我们为了这件事情去消耗"心力"，我们就会每时每刻地去关注这件事，消耗心力的东西就是我们的内心意向，而与意向相关的东西就是我们的体验。

对于体验我们有两种东西可以思考，这两种思考对我们自己来说都是有意义的事情。其一，还原别人给我们的东西，这个别人给我们的东西大多都没有经历我们的意向，或者说它并没有经历我们的"心力"，它就像我们日